图强化学习
原理与实践入门

○ 谢文杰　周炜星 ◎ 编著 ○

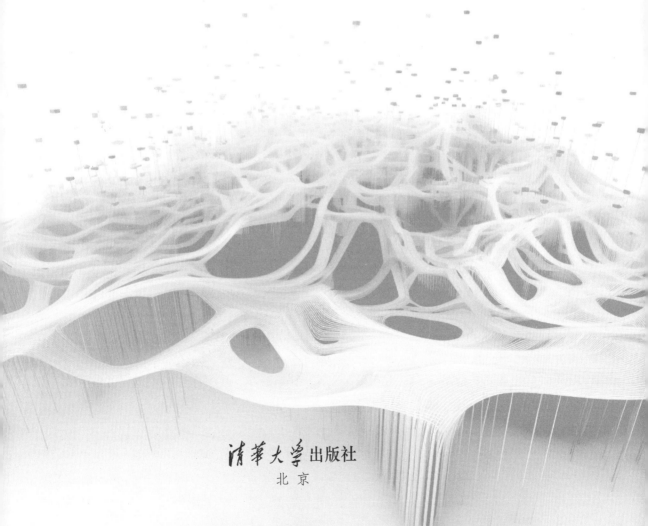

清华大学出版社
北京

内 容 简 介

图强化学习是深度强化学习的重要分支领域。本书作为该领域的入门教材，在内容上尽可能覆盖图强化学习的基础知识，并提供应用实践案例。全书共 10 章，大致分为三部分：第一部分（第 1～3 章）介绍图强化学习研究对象（复杂系统、图和复杂网络）；第二部分（第 4～7 章）介绍图强化学习基础知识（图嵌入、图神经网络和深度强化学习）；第三部分（第 8～10 章）介绍图强化学习模型框架和应用实践案例，并进行总结和展望。每章都附有习题并介绍了相关阅读材料，以便有兴趣的读者进一步深入探索。

本书可作为高等院校计算机、图数据挖掘及相关专业的本科生或研究生教材，也可供对图强化学习感兴趣的研究人员和工程技术人员阅读参考。

图书在版编目（CIP）数据

图强化学习：原理与实践入门/谢文杰，周炜星编著. —北京：清华大学出版社，2024.3
ISBN 978-7-302-65599-2

Ⅰ．①图… Ⅱ．①谢… ②周… Ⅲ．①机器学习-研究 Ⅳ．①TP181

中国国家版本馆 CIP 数据核字（2024）第 036567 号

责任编辑：杜 杨 申美莹
封面设计：杨玉兰
责任校对：胡伟民
责任印制：曹婉颖

出版发行：清华大学出版社
　　　　网　　　　址：https://www.tup.com.cn, https://www.wqxuetang.com
　　　　地　　　　址：北京清华大学学研大厦 A 座　　　　邮　　编：100084
　　　　社　总　机：010-83470000　　　　邮　　购：010-62786544
　　　　投稿与读者服务：010-62776969, c-service@tup.tsinghua.edu.cn
　　　　质　量　反　馈：010-62772015, zhiliang@tup.tsinghua.edu.cn
　　　　课　件　下　载：https://www.tup.com.cn, 010-83470236
印　装　者：艺通印刷(天津)有限公司
经　　销：全国新华书店
开　　本：185mm×260mm　　　　印　张：17　　　　字　数：460 千字
版　　次：2024 年 3 月第 1 版　　　　印　次：2024 年 3 月第 1 次印刷
定　　价：69.00 元

产品编号：102002-01

前　言

在现实世界和虚拟世界中，图无处不在，网络也无处不在。例如，人类社会关系图、蛋白质作用关系图和化学分子图等。在微观尺度、介观尺度和宏观尺度上，图和网络都直接影响着人类的生活、工作和学习，如与人类息息相关的社会网络、交通网络、贸易网络和信息网络等。人体包括生物神经网络和血液循环网络等，这些网络是人类身体的直接组成部分。因此，人类既是图或网络的集合体，也是其他网络或系统的组成部分。从复杂系统角度看，人类本身就是一个极其复杂的系统，或者是复杂系统的系统。同时，人类处在复杂系统之中，或处在系统的系统之中。换而言之，人类处在网络之中，或处在网络的网络之中。

图或网络作为复杂系统的有效表示，也是复杂系统的常用分析工具和研究方法。图数据和图方法可以度量、预警、预测和控制复杂系统的脆弱性和稳健性。新冠疫情和局部战争等不确定事件的频频发生，使人们的日常生活、学习和工作都受到了不同程度的冲击。在信息社会中，网络化和系统化为人类提供了基础的生存设施和便利的生活环境，也使人类社会系统处在各种事件冲击之中和灾难爆发的边缘。在复杂系统中，一些微小的扰动可以通过网络进行扩散和放大，加剧系统脆弱性以及突发事件的危害和不确定性，正如人们所熟知的"蝴蝶效应"和"黑天鹅"事件等。

2013 年，深度强化学习算法初露锋芒，在 Atari 游戏中取得了惊人的成果，到 2015 年，深度强化学习智能体达到了人类的游戏控制水平。深度强化学习算法从原始图像的像素信息中学习游戏控制的智能策略，其游戏控制水平在一些视频游戏中超过了人类玩家。深度强化学习算法在智力游戏领域展现了强大的决策能力和学习能力。2016 年，Google 公司 DeepMind 团队的研究人员在顶级期刊 *Nature* 推出 AlphaGo，该智能程序战胜了围棋世界冠军，震撼了全世界。2022 年，人工智能公司 OpenAI 通过自然语言处理工具和深度强化学习算法，学习和理解人类语言，研发的聊天机器人程序 ChatGPT（Chat Generative Pre-trained Transformer）震惊了世界。ChatGPT 能像人类一样聊天交流、撰写邮件、翻译语言、编写代码、撰写论文等。人类为了处理所面对的诸多复杂系统问题，寄希望于深度强化学习，并设计出强大的决策智能体，辅助人类完成复杂智能决策，适应多变、动态且随机的复杂环境。

近年来，人工智能技术和算法的蓬勃发展极大拓展了智能算法的应用范围。人们能够更加便捷地分析和研究图数据和网络数据，特别是机器学习算法能有效地挖掘图数据和网络数据的结构信息和语义信息。图嵌入、网络嵌入、图机器学习和图深度学习等机器学习算法为复杂图和复杂网络相关的问题和智能决策任务提供了强大的技术支持。图神经网络算法融合诸多图机器学习和图深度学习技术，是分析图数据和网络数据的高效且通用框架，是提取图结构信息和图语义信息的有效工具，是探索复杂智能决策的重要工具和方法。图神经网络模型针对图数据专门设计了很多操作算子，处理和分析不同类型的图数据和网络动力学过程，为度量、预警、预测和控制复杂系统结构特征和演化特征提供新思路和新方法。图强化学习融合图神经网络模型和深度强化学习模型，拓展图或网络相关复杂问题的求解思路和分析方法，具有较大的发展前景和应用价值。

本书内容安排

图强化学习涵盖了很多人工智能、机器学习和深度学习相关理论、方法和技术。本书用三大部分简要介绍图强化学习相关的理论、方法和应用。

第一部分：图强化学习研究对象

复杂系统、图和网络是图强化学习的主要研究对象。复杂系统是复杂决策问题的背景和来源。图强化学习主要解决复杂系统中图相关的决策问题。一般而言，复杂问题背后都有一个复杂系统。复杂系统相关的理论和方法对图强化学习方法具有引导和启示作用。

复杂图和复杂网络方法是表示和研究复杂系统的常用方法。图论作为古老的数学学科，一直以来都是专业人员的研究领域，科学家们积累了大量的图理论和方法。图论相关的理论和方法为复杂社会系统、复杂物理系统和复杂生物系统的研究提供了思想源泉。

近年来，复杂网络方法飞速发展，在不同学科和领域取得了耀眼的成绩。在一些复杂问题和复杂系统中，复杂网络分析占据重要地位，是大数据时代中多源异构数据分析的有效方法，是各个领域专家学者审视各自领域内问题的新工具和新视角。在现实世界中，图相关和网络相关的问题很多，如网络关键节点识别、网络免疫、传染病防控等，都能用图或网络方法高效地求解。

第二部分：图强化学习的基础知识

图机器学习和强化学习方法是图强化学习的基础方法。我们介绍图嵌入、图神经网络、强化学习和深度强化学习方法。图强化学习方法并非一个全新的研究范式和研究方法，是深度强化学习方法在图数据或图问题中的拓展应用。图强化学习融合图神经网络模型和深度强化学习模型，在复杂智能决策任务中表现出了巨大潜力。

图神经网络方法是图嵌入和网络嵌入方法的拓展，深度强化学习方法是强化学习的拓展。图神经网络模型和深度强化学习模型作为机器学习领域两大热门研究领域，是人工智能和机器学习的前沿技术，具有较大的发展潜力。深刻理解和掌握图神经网络和深度强化学习方法，是入门图强化学习方法的基础。

一般而言，图嵌入和网络嵌入是浅层学习，是理解图神经网络模型的基础。图神经网络模型具有可扩展性和普适性，是图数据和网络数据分析最具潜力的研究方向。图嵌入和网络嵌入是图机器学习的研究内容，将学习机制引入图上的搜索问题或其他问题。相较于经典的图理论和复杂网络分析方法，图机器学习算法更适用于大规模图数据和复杂图或复杂网络决策问题。

在图强化学习中，图神经网络模型作为特征提取和表示学习的主要模块，是智能决策优劣的关键。图神经网络模型具有大量的参数，强化学习算法的主要任务是更新和学习模型参数。如何有效地融合两者的优势，解决复杂图或复杂网络相关决策问题，是图强化学习的核心内容。

第三部分：图强化学习模型框架和应用实践案例

图强化学习方法融合图神经网络模型和深度强化学习模型。第三部分包括图强化学习模型构建框架和实现细节。图和网络作为图强化学习的研究对象，是图强化学习的基础。一些图相关的组合优化问题因为"组合爆炸"，属于 NP 难问题。因此，如何找到有效的解决办法具有重要的研究价值和实用价值。

我们将图或网络数据分析看作 5 个层层进阶的过程，依次为图理论方法、复杂网络分析方法、图嵌入和网络嵌入方法、图神经网络方法、图强化学习方法。在图数据或网络数据相关的决策问题上，图强化学习融合图神经网络模型的表示学习能力和深度强化学习的决策优化能力，具有非常大的研究价值和应用潜力。

本书适合人群

* 高年级本科生
* 专业硕士研究生
* 机器学习爱好者
* 强化学习爱好者

关于作者

谢文杰，男，湖南浏阳人，应用数学博士，上海市晨光学者。现任华东理工大学商学院金融学系副教授、硕士研究生导师、金融物理研究中心成员，主要研究复杂金融网络、图强化学习、深度强化学习、系统风险管理，发表 SCI/SSCI 收录论文 40 多篇，被引 800 余次。2016 年获上海市自然科学奖二等奖（4/5），主持完成 4 项国家或省部级科研项目。

周炜星，男，浙江诸暨人。教育部青年长江学者、上海领军人才、教育部新世纪优秀人才、上海市曙光学者、上海市青年科技启明星。现任职华东理工大学商学院、数学学院，二级教授，博士生导师，金融物理研究中心主任，兼任中国管理科学与工程学会理事、金融计量与风险管理分会副理事长，中国系统工程学会理事、金融系统工程专业委员会副主任，中国工业统计教学研究会金融科技大数据分会副理事长，中国数量经济学会经济复杂性专业委员会副理事长，中国"双法"研究会理事、能源经济与管理研究分会常务理事，中国复杂性科学学会副理事长。担任《计量经济学报》、*Journal of International Financial*

Markets, Institutions & Money（*JIFMIM*）、*Financial Innovation*、*Fractals*、*Frontiers in Physics*、*Fluctuation and Noise Letters*、*Entropy*、*Journal of Network Theory in Finance*、*Reports in Advances of Physical Sciences* 等国内外期刊的编委。主要从事金融物理学、经济物理学和社会经济系统复杂性研究，以及相关领域的大数据分析。先后主持包括 4 项国家自然科学基金在内的 10 余项国家级和省部级项目。出版学术专著《金融物理学导论》1 部，发表 SCI/SSCI 收录论文 210 多篇，他引 7000 余次，11 篇论文入选 ESI 高被引论文，H 指数 47，连续 8 年进入爱思唯尔发布的中国高被引学者（数学）榜单。论文主要发表在 *JIFMIM*、*JEBO* 和 *QF* 等主流金融经济期刊及 *PNAS*、*Rep. Prog. Phys.* 等重要交叉学科期刊上。获 2016 年度上海市自然科学二等奖（1/5）。

致谢

本书模板来源于 ElegantBook，感谢制作者的辛苦付出！感谢 Open AI Baselines 社区，感谢 Stable-Baselines 社区，感谢 NetworkX 社区，感谢 PyTorch-Geometric 社区。感谢清华大学出版社编辑申美莹老师和相关工作人员。

本书的参考资料和参考文献可扫描下方二维码获取。

参考资料　　　　　　　　参考文献

谢文杰　周炜星
2023.09

符 号 列 表

G	图或网络
V	网络节点集合
v_i	编号为 i 的节点
$\mathcal{N}_i$	节点 i 的邻域
E	网络连边集合
$\boldsymbol{A}$	网络邻接矩阵
$\boldsymbol{L}$	网络拉普拉斯矩阵
$\boldsymbol{D}$	网络度矩阵
$\boldsymbol{I}$	单位矩阵
$\boldsymbol{\Lambda}$	特征值矩阵
$\boldsymbol{u}$	特征向量
$\boldsymbol{U}$	特征向量矩阵
$f(x)$	输入参数 x 的函数
$\tanh(x)$	tanh 激活函数
$\sigma(x)$	sigmoid 激活函数
α	机器学习模型的参数学习率
$\mathcal{S}$	智能体状态集合
S	智能体状态随机变量
s	智能体状态取值
$\mathcal{A}$	智能体动作集合
γ	智能体累积奖励折扣系数
τ	智能体轨迹数据
$V_\pi(s)$	状态 s 的价值函数
$Q_\pi(s,a)$	状态 s 和动作 a 的价值函数
π	策略函数
$\boldsymbol{\nabla}$	梯度
$\boldsymbol{\theta}$	策略函数参数
$\boldsymbol{w}$	值函数参数

目　　录

第一部分　图强化学习研究对象

第二部分　图强化学习基础知识

第三部分　图强化学习模型框架和应用实践

第一部分　图强化学习研究对象

第1章
图与复杂系统

内容提要

- 图
- 复杂系统
- 决策系统
- 复杂系统建模
- 复杂系统表示
- 复杂系统决策
- 图表示

- 图数据集
- 图可视化工具
- 复杂网络
- 优化问题
- 图的普遍性
- 图的表示性
- 图的抽象性

1.1 为什么是图

图存在于人类日常生活、工作、学习的方方面面，图与每一个人都息息相关。人类出行需要地图软件规划的路线图、道路交通网络图、地铁路线网络图等信息。图（Graph）包含对象（Object）和对象之间的关系（Relation）。换言之，图包含节点（Node）和节点之间的连边（Edge）。例如，地铁网络图中节点为地铁站，连边为地铁站之间的轨道线路。在现实世界和虚拟世界中，对象多种多样，无处不在。万事万物都可作为研究对象，且万事万物之间都有关系或者可以构建关系。因此现实世界和虚拟世界中图具有普遍性，图分析具有广泛的应用价值和研究意义。

1.1.1 图的普遍性

在生活中，人类处在一个个巨大的社交网络之中，如朋友网络、亲戚网络等。在工作中，人类处在同事关系网络、公司关联网络之中。在科学研究中，人类研究物理世界中的粒子之间作用网络、化学中的分子作用网络、生物学中的蛋白质作用网络等。在学习过程中，人类处在一个庞大的同学网络、校友网络、师生关系网络之中。人类时时刻刻处在一个个交叉耦合、相互关联、相互影响的多重、多关系、多尺度的网络或图之中。

一般来说，我们不严格地区分图和网络的差异，可以认为两者是相同的概念，只是不同的表述。严格来说，图在一些特定的领域中，如数学、计算机领域应用较多，这些领域

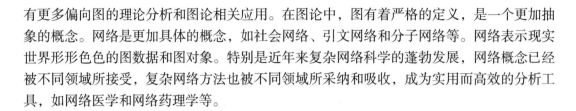

有更多偏向图的理论分析和图论相关应用。在图论中，图有着严格的定义，是一个更加抽象的概念。网络是更加具体的概念，如社会网络、引文网络和分子网络等。网络表示现实世界形形色色的图数据和图对象。特别是近年来复杂网络科学的蓬勃发展，网络概念已经被不同领域所接受，复杂网络方法也被不同领域所采纳和吸收，成为实用而高效的分析工具，如网络医学和网络药理学等。

1.1.2　图的表示性

为了更好地理解和分析复杂社会经济系统，人类可以使用图来抽象所处的复杂环境系统，以更加方便地理解和分析所面对的复杂环境。人类使用简化和抽象化方法建模复杂环境，以便更好地适应和改变环境，在可持续发展的道路上不断前进。简单的方法很难表示复杂系统的特征和性质，图和网络则能高度抽象复杂系统的数据类型和分析方法。人类观察、度量、理解、预测、控制复杂系统的前提是量化和建模复杂环境，并基于复杂系统的特征和性质完成智能决策，这也是人类生活、工作和学习的主题。由于图和网络的普遍性，人类针对图或网络的观察、度量、理解、预测、控制随处可见，基于图和网络的智能决策也是人工智能时代的主题，如自动驾驶、生物制药等。

在化学科学研究领域中，分子结构可以表示为分子图，图中的节点表示原子，节点之间的关系可以表示原子间的化学键。在生物学研究领域，神经系统可以表示成神经网络，神经元为网络节点，神经突触等为网络连边。在社会科学研究领域，图可以表示社会网络结构，社会中的个体可以表示为图节点，社会关系可以表示成图连边。图能表示复杂系统的结构和属性特征，能从系统角度分析和理解实际复杂系统。复杂系统的结构和属性与图的复杂结构和动力学特征属性具有一致的数学表示形式。基于图或网络的复杂系统分析适用于不同的任务和问题，也能融合不同的经典分析工具和研究方法。

1.1.3　图的抽象性

图作为复杂系统的简化和抽象，是人类探究复杂系统的重要研究工具和路径。图的抽象性使得复杂系统中的图或网络具有极大的普适性和表示性，适用于不同的科学领域和复杂环境。在绝大部分情况下，经过简化和抽象的图结构也同样复杂，人们需要发展和开发更多的优秀分析工具和方法进行研究，以便于我们在面对环境的复杂性时，能更加从容地搜索应对策略和问题解决之道，例如疫情下超级大城市物资运输和配送问题、高密度人群中疫情防控问题等。因为复杂系统环境具有动态性、复杂性、随机性、不可观察性等特征，因此复杂现实问题的求解过程异常复杂。当复杂环境系统发生异常或灾难时，人类社会经济系统也显得异常脆弱，容易造成无法挽回的损失和伤害。

面对复杂环境系统的动态性、复杂性、随机性和不可观察性等特征，为了在复杂现实环境中进行智能决策，人类需要对复杂现实环境进行建模或简化。一般而言，复杂环境建模或复杂问题建模过程是一个模型抽象的过程或者简化的过程。在模型简化和抽象过程中，模型不可避免地需要丢弃很多现实环境信息，只保留一些重要的或者容易采集的信息。人类局限于现有计算条件和求解器性能，也不得不简化环境模型，以便在有限的计算资源和时间内求得问题的解。

一般而言，抽象和简化复杂环境问题使得问题能顺利求解或者存在可行解。但是，抽象和简化模型也引入了另一个问题。在复杂现实环境中，简化和抽象后的问题模型所对应的解的可行性有待验证。很多情况下抽象模型或简化模型与现实环境的差距使得模型的解已经不适用于现实环境。环境模型和现实世界的鸿沟一直以来也是强化学习的重要问题，需要在问题求解过程中予以关注。实际应用过程中的虚实映射问题，是深度强化学习方法求解复杂智能决策问题时需要面对的重要挑战，直接关系到深度强化学习模型的泛化性和可拓展性。

1.2 图与复杂系统

图抽象自复杂环境和复杂系统之中，刻画了复杂系统特征和复杂问题结构，为复杂决策问题提供了形式化方法或求解工具。图具有较强的表示性和普遍性，是研究和分析复杂社会经济系统重要且有效的工具。社会系统、金融系统、生态系统等，都是复杂系统的具体实例，也是人类社会这个复杂巨系统的组成部分，或称作子系统。人类生活的复杂环境就是一个复杂系统的系统（由系统组成的系统），或是复杂系统的系统的系统。融合图分析和复杂网络分析能够更好地刻画、度量和研究复杂系统。

现实世界是一个多尺度的复杂巨系统，如常见的道路交通系统：在小尺度上，道路交通系统包括学校中连接不同教学楼、食堂和宿舍的校内道路网络；大一点来说，包括学校大门外连接所在城市的公共道路交通系统；再大一点，包括连接全国各个城市的省级高速公路网络；更大一点，包括连接国际性大都市和国际性航运枢纽的国际航运网络等。不同尺度的交通网络系统承载了不同层次的能量、物质和信息的流通，服务于人类社会经济生活、工作和学习的方方面面。复杂系统建模和复杂网络方法是人类研究物质、能量和信息流通中相关决策问题的分析方法和工具。

现实世界是一个多层耦合系统，融合了多个系统。例如，全球贸易网络与全球运输网络之间的耦合，国家道路交通网络和国家航运网络之间的耦合，社会关系网络和金融投资网络之间的耦合等。多层次的耦合系统之间传递能量、物质和信息。例如，电力网络和信息网络之间的耦合使得电力系统容易发生级联失效等现象。电力网络的失效使得信息网络（控制网络）中计算机节点失去了电力支持，导致信息网络节点也发生了失效；而信息网络节点失效又会引发其他电力系统的节点失效，发生了网络级联失效，扩大了风险传染范围。

1.2.1 复杂系统定义

复杂系统随处可见，且定义非常之多。人们基于现实世界中复杂系统和复杂问题的理解和抽象，归纳总结出复杂系统一些共性特征，为建模、理解和研究复杂系统提供统一框架。《复杂》一书作者梅拉尼·米歇尔给出了复杂系统的通俗定义[1]：

定义 1.1 复杂系统

复杂系统由大量相互作用的个体组成，且不存在中央控制，通过简单的规则产生出复杂的集体行为和复杂的信息处理，并通过学习和进化产生适应性。复杂系统存在三个共性：

- 复杂的集体行为：个体简单，规则也简单，不存在中央控制或领导者，但集体却产生出复杂的行为模式。
- 信号和信息处理：复杂系统中个体之间存在信息、信号的传递和作用，个体能够接收信号和处理信息。
- 适应性：所有的系统通过学习和进化产生适应性，即改变自身的行为以增加生存或成功的机会。

定义复杂系统本身就是一个复杂问题。梅拉尼·米歇尔给出了复杂系统三个非常重要的特征。定义首先强调复杂系统的组成部分或者组成个体数量之大。相对而言，小规模数量的个体组成的系统比较简单。一般复杂系统对应个体数量较大的系统，因此我们很难通过中央控制模块来控制复杂系统，或者根本就不存在中央控制模块。在复杂系统中，个体之间存在简单的或复杂的交互规则，由于个体数量之大，个体之间交互作用数量之多，加上环境的随机性因素，大量个体在简单规则下，系统涌现出复杂宏观行为模式，复杂系统呈现出超出人类认知或者预测的集体行为。

复杂系统的组成个体能感知环境信号或者其他个体的信号，并对信息进行处理，为个体行为决策提供有效信息。在复杂系统中，从个体微观行为和简单交互规则到涌现出的复杂集体行为之间的跨越，以及所隐含的动力学过程，一直以来都是领域专家研究的重要问题。在金融市场中，大量个体交易者之间的相互影响和交易行为导致金融危机的发生、传导和演化，也一直是金融领域专家学者关心的重点问题。对人类而言，复杂系统中的一些不可预测的系统行为有一定的破坏性和冲击性，如地震灾害、金融危机等。因此人类亟需通过对复杂系统的认知和研究来提升人类自身的适应性。

1.2.2 复杂系统的图表示

复杂系统由大量个体组成，个体之间通过简单规则或复杂规则进行交互。在实际分析过程中，非常复杂的交互行为可以简化成简单交互规则，基于个体之间产生交互作用，形成具有复杂集体行为模式的复杂系统。图是表示大量复杂系统的重要工具和方法。图本身和复杂系统具有相似的内涵。复杂系统中大量个体对应图中节点，每一个节点对应一个个体。复杂系统中个体之间的交互作用关系对应图中节点之间的连边。复杂系统动力学演化规律对应网络动力学演化规律。图的结构特征表征可以表示复杂系统的结构特征。图的演化特征可以表征复杂系统的演化特征。图的微观、介观和宏观特征规律可以用来刻画不同尺度、不同层次的复杂系统结构特征和集体行为特征。图中节点和连边的特征属性能够表示复杂系统个体和作用关系的特征属性。

在生物科学领域中，复杂生物系统是主要研究对象，细胞、器官、循环系统等都是复杂生物系统。复杂生态系统中食物链表示捕食者和被捕食者之间的关系。生物体包含了血液循环系统、呼吸系统、神经系统等。细胞中蛋白质之间作用关系网络是从系统性和整体性的视角来建模和研究生物科学问题。部分基因和疾病关系网络图如图 1-1 所示。单个基因对疾病的影响研究众多，融合很多基因和疾病关系构建基因和疾病关系网络，为研究人员提供了一个崭新的视角来分析不同疾病的病因，为精准治疗和疾病早期发现提供更具价值的信息。

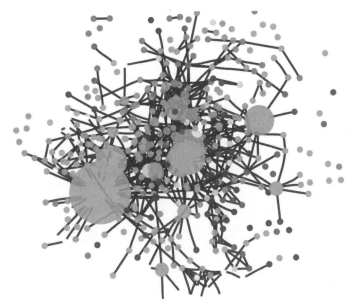

图 1-1　基因与疾病关系网络图

1.2.3　复杂系统问题与图

将复杂系统表示成图的目的是解决复杂系统中的复杂问题。复杂系统用复杂网络或复杂图表示后，复杂系统的相关问题可以转化成复杂网络或复杂图问题。例如，在复杂交通系统中的导航问题中，我们构建道路交通网络和交通图后，可以用图理论中最短路径问题求解算法进行分析，如经典的迪杰斯特拉（Dijkstra）算法等。在考虑道路交通流量权重的交通网络中，我们可以基于加权图中最短路径算法求解路径寻优问题。

一般而言，人们将复杂系统建模成复杂网络或复杂图，是因为经典图论研究中已经存在大量的相关问题的经典求解方法。我们将复杂系统建模、抽象后，能与经典图问题进行类比或对应，从而获得较好的解决方案。图论是古老的数学分支，很多科学领域和工程应用都汲取了图论的思想和方法，推动不同学科的发展，解决了大量现实世界中的复杂决策问题。

1.3　复杂系统与强化学习

复杂决策问题的求解过程要面对环境系统的复杂性、模型的复杂性、方法的复杂性、计算的复杂性和问题求解的复杂性等挑战。科学家们需要寻找合适的、高效的方法来求解和

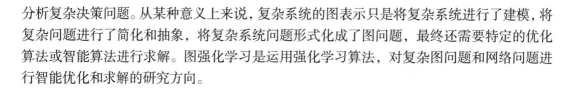

分析复杂决策问题。从某种意义上来说,复杂系统的图表示只是将复杂系统进行了建模,将复杂问题进行了简化和抽象,将复杂系统问题形式化成了图问题,最终还需要特定的优化算法或智能算法进行求解。图强化学习是运用强化学习算法,对复杂图问题和网络问题进行智能优化和求解的研究方向。

1.3.1　强化学习

强化学习是一类求解复杂环境问题或复杂系统问题的方法,特别是针对序贯决策问题有着较好的性能和通用性。序贯决策问题是指问题的解是由一连串的动作构成,且前后动作之间互相关联和影响。强化学习、监督学习和无监督学习是机器学习的三类学习方法。

在计算机视觉领域中,经典的猫和狗的图像识别问题是典型的分类问题,属于监督学习。猫和狗的图像识别的答案是一个字符:0 或 1,分别表示猫和狗,此类问题无须用强化学习算法进行求解。在棋类博弈中,对弈双方为了赢得博弈,需要一连串的决策行为,或者是不同行为的组合,此类问题适合用强化学习算法求解。

我们将复杂系统建模或抽象成图和网络后,只是对问题进行了形式化,完成了复杂系统或者复杂环境的表示和建模。我们的最终目的是解决复杂决策问题,因此将复杂环境问题转化成复杂网络或者复杂图问题后,需要探索解决图问题的方法,而强化学习或者深度强化学习能很好地完成此类问题的优化和求解,图强化学习是人工智能时代重要的研究领域和发展方向。

强化学习属于机器学习的一类方法,与监督学习和无监督学习构成了机器学习的三大研究方向。机器学习和深度学习是人工智能浪潮的关键驱动力。一直以来,强化学习就是人工智能领域的重要研究方向。近年来深度学习技术蓬勃发展,深度神经网络模型具有强大的表示能力和学习能力。深度神经网络加持的深度强化学习模型表现出更加强大的决策能力。随着 AlphaGo 战胜人类围棋世界冠军,深度强化学习更是接连取得了突飞猛进的成果,在一些重要领域都取得了举世瞩目的前沿成就。例如,AlphaFold 2 高精度地预测蛋白质折叠结构,OpenAI FIVE 智能系统玩多人策略类游戏,诸多例子都验证了深度强化学习模型的巨大发展潜力和研究价值。

环境的复杂性使智能体或人类难以评估行为的价值,而只能获得行为的即时回报信号,如视频游戏中的即时奖励。在深度强化学习模型中,智能体需要最大化长期的、累积的奖励值等长期目标。长期目标和累积收益包括连续的动作所产生的奖励或收益之和。一般的监督学习和无监督学习方法很难高效地完成此类智能决策任务,而强化学习是解决此类序贯决策问题的主要方法和工具。而且,大量复杂决策问题可以建模成序贯决策问题。

1.3.2　智能决策

面对复杂系统中的智能决策问题,复杂系统被建模成图或复杂网络后,需要通过图分析或复杂网络分析方法来搜索和构建复杂问题的解。一般而言,问题的求解过程就是图分析过程,可以分析图结构或者图动力学特征,或者结合图结构和图动力学规律进行分析和求解。经典的智能优化算法或启发式算法融合了大量领域知识和专家经验知识，人类的经验直接影响了求解过程。为了简化问题，研究者提出很多假设，并在假设的基础上构建很多特定的特殊解。随着人工智能技术的发展，深度学习使得强化学习重新焕发生机。基于问题的定义和抽象的环境模型，深度强化学习通过端到端的学习，将问题的求解过程进行自动学习和更新，减少人为因素的影响，如选取特征变量和过多的人为假设等。深度强化学习方法使得智能模型更具泛化能力和决策能力，更加适合复杂系统背景下复杂决策问题的求解和优化。

1.3.3　基于强化学习的智能决策

基于强化学习的智能决策模型框架如图 1-2 所示。强化学习的重要组成部分是智能体和复杂环境模型。智能体与环境模型交互获得复杂环境的经验轨迹数据，包括环境状态和即时回报。强化学习算法通过智能体的经验轨迹数据更新策略函数，在当前的环境状态下，智能体基于当前的策略函数作出智能行为动作与环境模型交互。复杂环境模型接收到智能体动作后环境状态发生改变，转移到下一个状态，并返回给智能体以及即时回报或即时奖励。如此反复迭代，智能体获得越来越多的经验轨迹数据，优化策略函数，提升智能决策水平。

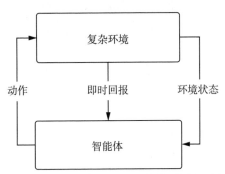

图 1-2　基于强化学习的智能决策模型框架示意图

在现实决策问题中，环境系统的复杂性使得研究人员很难清晰地了解和刻画系统的动力学特征。但是，智能体与系统的交互来收集系统状态信息以及环境模型的反馈信息，如即时回报。智能体依靠反复与复杂系统或复杂环境模型进行交互来采样经验轨迹数据，优化自身的智能体策略函数。智能体初始的策略函数并非最优策略，因此智能体与复杂环境的交互过程也是试错的过程。强化学习智能体的试错过程非常接近人类学习的真实过程。机器学习的过程模仿人类学习的过程，基于强化学习的智能决策过程也是对人类智能行为的模仿。

1.4　复杂系统与智能决策

图和网络方法提供解决复杂系统决策问题的一个视角或一种方法，但并非是唯一的选择。图强化学习方法是基于图和强化学习方法来解决复杂系统决策问题，融合图和深度强化学习智能算法完成智能决策，在复杂问题求解过程中构建合理且普适的智能决策模型，

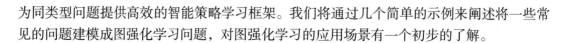

为同类型问题提供高效的智能策略学习框架。我们将通过几个简单的示例来阐述将一些常见的问题建模成图强化学习问题，对图强化学习的应用场景有一个初步的了解。

1.4.1 复杂金融系统风险管理问题

1. 问题提出

复杂金融系统是社会经济系统的重要组成部分，直接关联了人们生活、工作和学习的方方面面。复杂金融系统是一个融合了个体、机构和政府部门的多尺度、多层次、动态演化的复杂巨系统。作为重要的参与者，人类的情绪波动、有限理性、有限信息处理能力等特点使得决策过程中容易犯各种各样的错误，也使得金融市场同时具有了稳健性和脆弱性。如何对金融系统性风险进行度量、预警和防控，一直以来是金融领域专家和学者研究的重点问题。

2. 问题形式化

为了度量、预警和防控金融系统性风险，我们需要对金融系统进行有效建模，任何一个模型都不可能细致刻画复杂金融系统的方方面面。复杂金融网络相关研究关注复杂金融网络动力学特征和演化规律，探究如何将复杂金融系统的演化规律应用在很多金融问题之中。例如，科研人员基于复杂金融网络度量系统性风险，将金融系统风险管理问题形式化为复杂金融网络结构和动力学规律的度量和预测问题。复杂金融网络的节点可以表示复杂金融系统中的个体，如个人投资者、机构投资者、监管部门等；复杂金融网络的连边表示金融市场中个体之间的交互行为，如投资者之间的信息共享行为、监管部门的监管行为、股票买卖行为等；系统性风险问题可以建模成复杂金融网络中网络稳定性问题或网络韧性等特征指标。

在系统性金融风险防控中，金融机构之间的关联关系可以建模成金融网络模型，而系统性金融风险直接与网络稳健性和韧性相关。因此金融系统的崩盘可以对应复杂金融网络的崩溃、连通性剧变或网络级联失效等。在金融市场中，机构之间传导的金融风险被金融关联网络放大。因为信息级联和风险传染等原因，市场迅速从正常状态进入崩溃的边缘，从而引发系统性金融危机。

一只股票投资者之间信息流网络结构示意图如图 1-3 所示。网络中每一个节点对应一个股票交易者，每条边对应信息流动，网络连边方向表示信息流动的方向，由特定的算法识别出投资者之间信息流动关系，进而分析金融市场投资者之间信息交流特征。金融市场中投资者信息交流可以表示投资者之间的面对面交流或者投资论坛的信息共享等行为。金融系统是异常复杂的巨系统，个人投资者和机构投资者基于金融市场信息进行投资行为决策，决策过程中投资者对市场信息的处理、交流和共享直接影响了其他投资者，也影响了整个金融投资市场。金融市场中大量相互关联的投资者通过简单的买卖行为，使得金融市场产生复杂的集体行为和宏观规律，影响着市场的发展和人们的日常生活。

图 1-3 中仅包含了部分金融市场投资者，也缺少更加细致的投资者信息和市场信息。信息流网络拓扑结构中蕴藏金融市场信息和投资者交易行为信息。如何解构信息流网络拓扑结构中蕴含的金融市场信息具有极大挑战。虽然图能抽象和建模复杂系统，但只能对复杂系统的某部分或者侧面进行表示和建模，一般而言，抽象的网络表示的优劣由所要解决

的问题所决定。从另一个角度来说，图或网络也无法完美地表示复杂系统，只是对复杂系统某个侧面的简化和抽象。

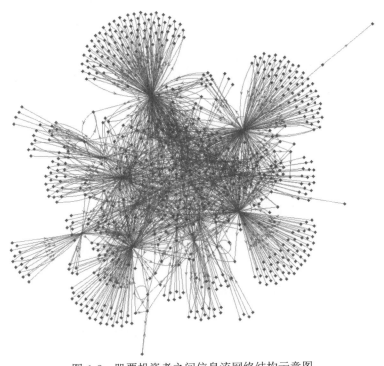

图 1-3　股票投资者之间信息流网络结构示意图

在大部分现实复杂问题中，复杂决策问题与特定的环境因素和系统特征变量相关。如果抽象和简化后的图模型或网络模型能较好地表示特定的环境因素和特征变量，就能较好地解决特定的问题和适应特定的环境。因此，我们不需要完美地复制复杂系统，一般情况下也不可能做到，只要将必要的决策信息抽象到图或网络模型中即可，过于复杂的图或网络模型反而加大了模型求解的难度。在复杂系统中，不同问题对应的图模型或网络模型不一样，图表示的优劣需要最终的问题求解来衡量。在金融市场中，复杂系统的通用建模规则和图构建方法是复杂金融问题建模的基础，也是复杂金融问题求解和分析的关键。

3. 问题求解

如何预警系统性金融风险、如何度量复杂金融网络结构演化的突变行为特征等问题都可以融合图强化学习算法进行更加智能的学习和决策，构建更具普适性和高效性的求解方法。图强化学习是一个具有强大学习能力和决策能力的模型框架。在金融市场系统性金融风险的度量、预警和防控方面，图强化学习具有较大的应用潜力。

在复杂金融系统中，个体（投资者、组织或机构）受到冲击时，如何评估金融系统性风险，如何在有限资源的情况下设计风险预防和控制策略，如何在有限条件下识别和切断风险传染路径，这些问题都可以建模成图上的优化问题，融合智能学习算法（深度强化学习）进行训练和学习，构建有效的策略模型，应对复杂金融系统风险管理问题。图强化学

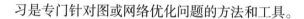
习是专门针对图或网络优化问题的方法和工具。

1.4.2　复杂社会系统舆情传播和虚假信息防控问题

1. 问题提出

复杂社会系统中信息网络是人们日常生活的一部分，微信和微博等社交媒体将社会中的每一个人都深度关联在一个错综复杂的信息网络之中。人们在社交媒体中分享自己的爱好、兴趣、知识、思想等。社交网络的便捷性和可达性使得社会系统更加高效，知识得到更加快速的传播，优秀思想也能更加深度地普及。

但是，社交网络也能传播负面情绪、虚假信息等具有破坏性的内容。负面情绪和虚假信息依托社交媒体的高渗透性而传播得更快，影响更广，破坏性也更大。因此，如何有效地识别和防控网络舆情和虚假信息显得尤为重要。复杂网络的稳健性和脆弱性是复杂系统的两面。在社会系统中，信息网络同样扮演了两个截然不同的角色，既能促进知识和信息的交流和传播，也能促进虚假信息、负面情绪和病毒的传播。

2. 问题形式化

复杂社会系统中舆情传播和虚假信息防控问题可以转化成复杂网络控制和关键节点识别等问题。在社交媒体中，个体可以建模成网络节点，而通信关系、好友关系、关注关系等可以建模成网络连边，而个体的属性可以建模成网络节点属性。网络舆情传播的监控过程可以建模成网络关键节点识别和关键路径识别问题。同时，虚假信息防控问题可以建模成网络节点分类问题或者网络异常节点识别问题等。

近年来复杂网络控制领域取得了很多优秀研究成果，获得了较多学者的研究和关注，同时也有着较大的应用前景。网络关键节点识别问题也一直是复杂网络研究的热点问题，如网络节点中心性和网络连边中心性等相关研究成果都为舆情传播和虚假信息防控提供了分析和研究方法，图强化学习方法也能提供更多研究思路和分析方法。

3. 问题求解

复杂网络节点中心性和网络连边中心性指标能刻画网络中关键节点（连边）和重要性节点（连边）。研究人员通过对网络关键路径的识别，同样也能确定有重要影响力的连边序列或节点序列，作为网络中信息传播路径，并依次采取针对性的预防和控制策略。网络中最大影响力研究成果能作为问题求解的有效方法，同时结合智能算法有效地训练和学习智能策略，高效地识别出网络中极具影响力和传染性的节点。深度强化学习、图神经网络模型、图强化学习模型等智能算法将为此类问题求解提供强有力的工具和方法。

1.5　应用实践

智能决策系统模型构建过程一般包含了提出问题、形式化问题和解决问题三步。科学研究中提出问题甚为重要，实际应用中待求解的问题可能已经存在，模型化问题和工程化求解问题是智能决策系统建模过程中耗费大量人力和物力资源的环节。科技工作者、专业人员和工程师们需要努力形式化问题和解决问题。图强化学习模型是求解复杂智能决策问题的重要方法，形式化问题具有通用且类似的流程及步骤。示例中对问题求解部分只是做了大概的描述，并没有涉及问题求解的细节，问题求解过程是图强化学习算法的主要内容，也是最具挑战的部分。

图强化学习算法融合了图和强化学习方法。图作为研究对象，同时也是模型方法和分析工具，一直以来就是复杂系统中复杂决策问题的重要求解方法。掌握图强化学习算法需要对图模型和图方法有基本了解，可以通过一些开源的图数据集、开源图分析工具、网络分析软件来学习图和网络相关基础知识。强化学习以及深度强化学习是近年来蓬勃发展的前沿领域，是人工智能和机器学习领域最具潜力和应用前景的研究方向。

图数据分析过程和一般数据分析过程类似，从数据整理、数据分析到结果可视化，都是图强化学习和图数据分析的基础。在进行智能决策过程中，图数据需要特定的数据格式和数据结构，也需要专门的图数据分析软件和图数据分析算法，最后依赖专门的可视化工具进行图数据可视化和结果可视化。

1.5.1　图数据集

1. Network Repository 网络数据库

图作为图强化学习的重要概念和关键方法，是入门图强化学习需要掌握的基础知识。巧妇难为无米之炊，进行网络分析之前，我们可以先对现实世界和复杂系统中的图和网络进行了解和分析。Network Repository 是一个融合了 6600 多个现实网络的资料库。Network Repository 图数据涵盖了不同领域的复杂网络，如生物、物理、社会学、经济学、金融学等。Network Repository 网站也提供了可交互的网络分析工具，能够进行初步的网络分析。Network Repository 网站提供了图可视化分析工具，使用者能够更加直观地理解和分析复杂网络数据。Network Repository 网站包含了大量的复杂网络资源，除了数据本身，还包括了大量文献资料，为入门复杂网络研究提供了大量优质资源。

2. SNAP 图数据集

斯坦福大学 SNAP（Stanford Network Analysis Project）提供了一个优秀的复杂网络数据库 "Stanford Large Network Dataset Collection"。SNAP 同时也是一个高效的网络分析工具包，提供了大量的图数据分析接口。

1.5.2　图可视化和分析工具

1. Cytoscape

Cytoscape 是一个开源软件平台，可用于可视化复杂网络并将其与任何类型的属性数据集成分析。Cytoscape 提供了许多应用程序（插件），可用于各种问题和研究领域，包括生物信息学、社交网络分析和语义网络分析等。由 Cytoscape 软件绘制的酵母基因作用关系网络图如图 1-4 所示。

图 1-4　酵母基因作用关系网络图

Cytoscape 软件除了可视化网络图，还提供了大量的网络分析算法，能够计算大量的图或网络指标，为网络分析提供大量简单易用的模块，是入门复杂网络分析的优秀工具。

2. Gephi

Gephi 是领先的图形和网络可视化和分析软件。Gephi 为不同系统和平台提供了安装包，且开源和免费，广泛应用于复杂网络分析领域。

⋙ 第 1 章习题 ⋘

1. 什么是图？请列举现实生活中的例子。
2. 什么是复杂网络？请列举现实生活中的例子。
3. 什么是复杂系统？请列举一例。
4. 简述基于强化学习的智能决策框架。
5. 复杂系统有哪些特征？
6. 如何刻画复杂系统？
7. 如何可视化复杂网络？

第 2 章
图论基础

内容提要

- ❏ 图论
- ❏ 图概念
- ❏ 图理论
- ❏ 图论历史
- ❏ 对偶图
- ❏ 可视图
- ❏ 水平可视图
- ❏ 树
- ❏ 完全图
- ❏ 二部图
- ❏ 图同构
- ❏ 最大独立集
- ❏ 最小点覆盖
- ❏ 旅行商问题

2.1 图论的起源

18 世纪 30 年代，瑞士数学家欧拉（Euler）解决了哥尼斯堡七桥问题，发展出图论，欧拉成为了图论创始人。一般而言，人们将哥尼斯堡七桥问题作为图论起源，哥尼斯堡七桥问题示意图如图 2-1 所示。

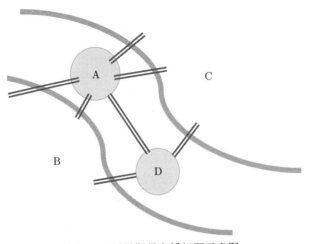

图 2-1 哥尼斯堡七桥问题示意图

2.1.1 提出问题

普鲁士的哥尼斯堡有一条河，河岸两边分别为 B 和 C。河上有两个小岛，分别为 A 和 D，图中七座桥把两个岛与河岸连接起来，其中两个小岛 A 和 D 也有桥相连。哥尼斯堡人提出一个问题：旅行者从 4 个点（A、B、C 和 D）中一个点出发，如何才能不重复地一次走完所有七座桥并回到出发点。众多的哥尼斯堡人和游人都试图找到一条行走路线满足上述问题的要求。

2.1.2 形式化问题

瑞士数学家欧拉将哥尼斯堡七桥问题形式化，转化成一个几何问题，即有名的一笔画问题。欧拉在哥尼斯堡七桥问题示意图的基础上，将问题进行了简化，使图 2-1 抽象成如图 2-2 所示的哥尼斯堡七桥问题拓扑结构。

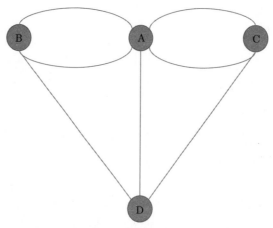

图 2-2　哥尼斯堡七桥问题拓扑结构示意图

图 2-2 中四个节点（A、B、C 和 D）分别对应两个小岛和河两岸。7 条连边分别对应 7 座桥，将河岸和小岛连起来。从问题提出到形式化问题的过程中，欧拉用图对问题进行了抽象，获得了哥尼斯堡七桥问题的拓扑结构图。哥尼斯堡七桥问题转化成：是否能够从图中一个节点出发，经过所有连边一次，最后回到起始节点？

2.1.3 求解问题

如何来解决问题？简而言之，哥尼斯堡七桥问题要求从一个点出发又回到原点，每条连边只能经过一次，因此所有节点必须有进有出，则每个节点连接的边必须是偶数条。但是，图 2-2 中四个节点都与奇数条连边相连，因此不存在从一个点出发，旅行者不重复地一次走完所有七座桥并回到出发点的路线。

数学家欧拉不满足于仅仅解决此问题，且给出了连通图可以一笔画的充要条件：奇点的数目不是 0 个就是 2 个。如果图中与节点相连的连边数目为奇数，此节点称为奇点；具有偶数条连边的节点称为偶点。一个图想一笔画成，中间点必须均是偶点，奇点只可能出现在两端。哥尼斯堡七桥问题中起始点和终止点为相同节点，因此奇点必须为 0 个，但是图 2-2 中四个节点都是奇点。因此，哥尼斯堡七桥问题中，旅行者从一个点出发，不重复地一次走完所有七座桥并回到出发点的路线不存在。

2.2 图论的发展

自哥尼斯堡七桥问题以来，图论经过近几百年的发展，取得了诸多成果，发展了诸多理论，如随机图理论、拓扑图论、几何图论、代数图论等。

2.2.1 随机图理论

1959 年，匈牙利科学家 Erdös 和 Rényi 发表随机图理论[2]（Random Graph Theory），两人提出的随机图模型一般称作 ER 图。经过 60 多年的发展，随机图理论在各个领域的模型、理论和应用方面都取得了丰富的研究成果，特别是广泛运用在自然科学和社会科学领域。随机图作为基准模型，与特定现实网络进行对比分析，从而挖掘复杂现实网络的结构特征。复杂网络的特征结构差异揭示了复杂系统的演化机制差异。经典随机网络模型中网络节点度分布满足泊松分布，而现实世界中大量复杂网络的度分布满足胖尾分布。

ER 随机网络的作者之一 Erdös（埃尔德什）是一位传奇的数学家，其数学研究领域十分广泛。埃尔德什一生与 500 多人合作，合作者遍布世界各地。1983 年，埃尔德什获得沃尔夫奖，表彰他在数论、组合论、概率论、集合论和数学分析方面的工作，同时也表彰他对全球数学家的激励。国际知名华裔数学家陶哲轩也受到埃尔德什亲自指导和鼓励。埃尔德什发表论文 1400 余篇，也因此被称为 20 世纪的欧拉。因为埃尔德什合作者众多，所以有人定义了埃尔德什数（Erdös Number），简称埃数。埃尔德什自己的埃数为 0，埃尔德什的直接合作者的埃数为 1，与埃数为 1 的人合写论文但是没有与埃尔德什合作过的人埃数为 2，以此类推。

2.2.2 拓扑图论

拓扑是分析几何图形在连续改变形状后还能保持不变的一些性质的研究学科。拓扑学广泛应用在泛函分析、李群论、微分几何、微分方程和其他许多数学分支之中。图可以看作几何图形，图在空间中布局可以任意变化，但是不影响图结构。图拓扑结构只和节点间的位置相关而不考虑节点的形状和大小，一个随机图的拓扑结构示意图如图 2-3 所示。图 2-3 中节点之间的相对位置具有极其复杂的结构特征。

拓扑图论（Topological Graph Theory）是传统的图论方向之一。20 世纪初，图论作为低维拓扑的分支，得到了大量科研工作者的关注（比如现在的纽结理论）。众所周知的"四色定理"就是拓扑图论领域的经典研究问题。四色问题的内容是"任何一张地图只用四种颜色就能使具有共同边界的国家着上不同的颜色。"也就是说在不引起混淆的情况下，一张地图只需四种颜色进行标记。四色定理又称四色猜想、四色问题，是世界三大数学猜想之一。

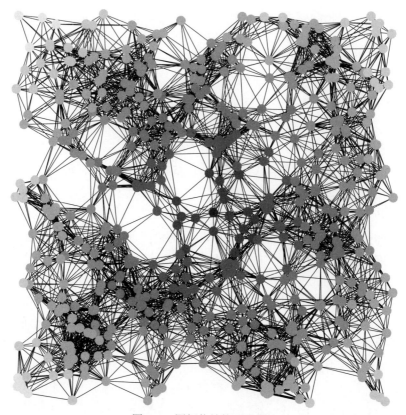

图 2-3　图拓扑结构示意图

2.2.3　几何图论

几何是数学中最基本的研究内容之一，是研究空间结构及性质的一门学科。数学研究领域中几何、分析和代数具有同样重要的地位，并且关系极为密切。几何图论（Geometric Graph Theory）侧重于研究平面上由直线边（或更一般地，由简单的弧表示的边）绘制的图形的组合和几何特性。

2.2.4　代数图论

代数是研究数、数量、关系、结构、代数方程与代数方程组的通用解法及其性质的数学分支。代数的研究对象不仅是数字，还有各种抽象化的结构。代数只关心各种关系及其性质，代数图论（Algebraic Graph Theory）是两个分支的组合，第一个分支是研究与图相关的代数对象，第二个分支是使用代数工具来推导图的属性。

2.3　图论的概念

图论作为基础学科，大量的基础概念是深入理解和应用图论方法的基础，如图节点、连边、路径、邻接矩阵、邻域、最短路、子图、连通分量等。

2.3.1　图定义

图（Graph）作为图强化学习（Graph Reinforcement Learning）的核心概念，具有简单而普适的性质，是建模复杂系统的有效工具和方法，下面给出了图的简单定义。

> **定义 2.1　图**
>
> 图由节点和连边组成，表示为 $G = (V, E)$，其中 G 表示图，V 为图的节点（Node）或顶点（Vertex）集合。E 为图的连边（Edge）或弧（Arc）集合，连接了图中两个节点。

图由节点和连边组成，节点和连边是图论基础概念。一般而言，图用数学语言可以表示为 $G = (V, E)$，其中 G 表示图，V 为图中节点或顶点集合，E 为图的连边或弧集合，简单图中一条连边连接两个节点。图有多种分类，如有向图和无向图，有权图和无权图，有环图和无环图等。

哥尼斯堡七桥问题对应的简单图示例如图 2-4 所示。与哥尼斯堡七桥问题的拓扑结构图 2-2 相比，图 2-4 中去掉了重复连边。图 2-4(b) 图给出了节点重新用数字编号后的拓扑结构表示。图 2-4 中连边没有方向，也没有权重，是一个无权无向图。

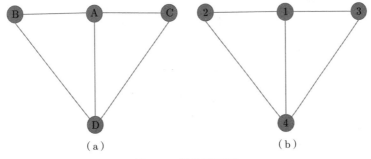

图 2-4　简单图示例

2.3.2　节点

图 $G = (V, E)$ 中节点集合 V 表示复杂系统中对象或实体。在社会关系图中，节点表示社会个体，如公司员工、在校学生。在经济体贸易网络中，节点集合表示了参与贸易的经济体、地区或经济组织。同时，图节点也可以是一个图，表示图与图之间的关系，刻画组织与组织之间的关系或系统与系统之间的关系，如学术文献中各个学科引文网络的网络等。

图 2-4 左图中四个节点分别编号为 A、B、C 和 D；图 2-4 右图中四个节点分别编号为 1、2、3 和 4；四个节点分别对应哥尼斯堡七桥问题中的两个小岛和河两岸。

2.3.3　连边

图 $G = (V, E)$ 中连边集合 E 表示复杂系统中实体对象之间的关系。社会关系图中节点表示社会个体，连边可以表示个体之间的朋友关系、同事关系、雇佣关系等；经济体贸易网络中节点集合表示经济体，连边可以表示产品买卖关系、合作关系或竞争关系等。同时，连边具有不同的属性，如权重信息、关系强弱等。在特定系统中，图具有特定含义，因此对应的节点和连边具有特定含义。图 2-4 左图中 5 条连边分别可以表示成 AB、AC、AD、BD 和 CD。

2.3.4 邻接矩阵

邻接矩阵（Adjacency Matrix）是图信息和图结构最常用的表示形式，具体定义如下：

定义 2.2 邻接矩阵

图 $G = (V, E)$ 的邻接矩阵可以表示为 $\boldsymbol{A} \in \{0,1\}^{N \times N}$，其中 N 表示图中节点数量。邻接矩阵 $\boldsymbol{A}$ 的第 i 行第 j 列的元素为 a_{ij}，表示节点 v_i 和 v_j 之间的连接关系。$a_{ij} = 1$ 表示节点 v_i 和 v_j 之间存在一条连边，$a_{ij} = 0$ 表示节点 v_i 和 v_j 不相连。

哥尼斯堡七桥问题的拓扑图（图 2-4）的邻接矩阵可以表示为

$$\boldsymbol{A} = \begin{bmatrix} 0 & 1 & 1 & 1 \\ 1 & 0 & 0 & 1 \\ 1 & 0 & 0 & 1 \\ 1 & 1 & 1 & 0 \end{bmatrix} \tag{2.1}$$

哥尼斯堡七桥问题的拓扑图的邻接矩阵对角线元素都为 0，说明图中节点与自身没有连边。在无向图中，图连边没有方向，如好友关系中 i 是 j 的好友，同时 j 也是 i 的好友。在有向图中，连边具有方向，如投资者股票交易网络中连边方向表示股票买卖方向。图 2-4 为无向图，因此邻接矩阵为对称矩阵，即矩阵元素满足 $a_{ij} = a_{ji}$。邻接矩阵性质蕴含图的特征结构信息，因此矩阵分析方法广泛应用于图分析之中。

2.3.5 度

节点的度（Degree）为图中节点最常用的一个特征性质指标，度量与节点相连的连边数量，其计算公式为

$$k_i = \sum_{j=1}^{N} a_{ij}, \tag{2.2}$$

其中：N 为图中节点数量；a_{ij} 为图邻接矩阵元素。图节点度表示节点的局部连接度，可以作为节点中心性或重要性的度量指标。

2.3.6 邻域

图中节点通过连边互相关联，共同组成复杂图结构。对节点而言，与之关联的节点集合尤为重要，如社会朋友关系网络中朋友圈子对个体的影响非常重要。一般而言，节点邻域（Neighborhood）定义如下：

定义 2.3　邻域

在图 $G = (V, E)$ 中，$\mathcal{N}_i$ 表示节点 v_i 的邻域，表示所有与节点 v_i 直接相邻的节点集合。

　　图中节点 v_i 的邻域 $\mathcal{N}_i$ 定义为与节点 v_i 距离为 1 的节点集合，如图 2-5 所示。图 2-5 左图为原始网络，中间位置最大的节点为 v_i。右图为左图的子图，表示节点 v_i 的邻域，包含邻域节点与节点 v_i 的连接情况以及邻域节点之间的连接情况。在实际应用中，我们可以定义高阶邻域，如 k 阶邻域定义为与节点 i 距离小于等于 k 的节点集合。在无特殊说明的情况下，节点 v_i 的邻域 $\mathcal{N}_i$ 不包含节点 v_i 本身。在图神经网络模型中，节点从邻域节点汇聚信息的过程区分自身节点信息和邻域节点信息的转换方式。

　　图 2-5 左图是一个包含 500 个节点的图，中心较大节点为 1 阶邻域最大的节点，即度最大的节点，图 2-5 右图是左图中度最大节点的邻域节点对应的图结构，也称作自我图（Ego Graph）。对于大多数图而言，自我图与星状图很相似。图 2-4 中节点 A 的邻域节点集合为 $\{B, C, D\}$，节点 B 的邻域节点集合为 $\{A, D\}$，节点 C 的邻域节点集合为 $\{A, D\}$。

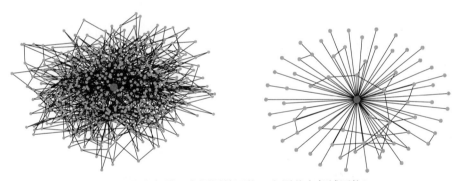

图 2-5　节点邻域（左图原始网络，右图节点邻域网络）

2.3.7　途径

定义 2.4　途径

图中途径（Walk）定义为顶点序列 $v_1, v_2, v_3, \cdots, v_n$，且节点 v_i 与节点 v_{i+1} 之间存在连边，其中 $1 \leqslant i < n$。

　　途径示例如图 2-6 所示。

　　图 2-6 中顶点序列 $v_0, v_1, v_2, \cdots, v_9$。一般来说，两节点之间的途径不止一条，同时可能存在多个顶点序列连接着两个节点。图论中与途径非常接近的两个概念为迹（Trail）和路径（Path），具体定义如下：

定义 2.5　迹

不存在重复连边的途径为迹（Trail）。

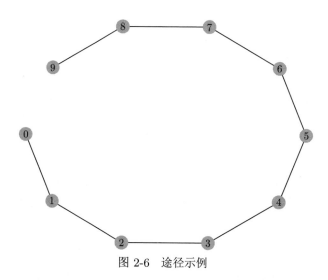

图 2-6　途径示例

所有的路径中最短的一条路径计作两个节点之间的最短路径。实际应用中图中节点间最短路径概念很常见，如地图路径规划、物流配送路径优化、网络效率优化等。

2.3.8　最短路

在现实世界中，距离是一个常用的概念，应用于生活的方方面面。同时，在复杂系统中距离也是影响个体之间交互作用的重要因素。如国际贸易网络中，影响经济体之间贸易关系的一个非常重要的因素就是经济体之间的距离（包括物理距离和关系网络距离等），特别是大宗商品的远距离运输，影响着贸易成本和运输效率。

欧氏空间中定义了很多距离，包括绝对值距离、欧氏距离、闵式距离、马氏距离等。图或网络中节点之间的距离属于非欧空间的距离，不能简单应用欧氏空间中距离的定义和计算公式。图或网络中节点之间最短路是广泛使用的概念，具体定义如下：

图中最短路径分析的计算复杂度较高。在超大规模图和网络中，两两节点之间的最短路径长度计算非常之难，因此基于最短路径的其他图相关变量或指标也同样具有较高的计算复杂度，如节点介数中心性指标等。

2.3.9　带自环图

自环是指图中节点自己与自己的连边,带自环图如图 2-7 所示。在一些图分析和计算过程中,我们需要加入自环,而在一些特定的运算中需要删除自环。图 2-7 中顶点 v_0, v_1, v_2, v_3 都带有自环。

图 2-7 中四个顶点 v_0, v_1, v_2, v_3 构成完全图 K_4。图 2-7 的邻接矩阵可以表示为

$$A = \begin{bmatrix} 1 & 1 & 1 & 1 \\ 1 & 1 & 1 & 1 \\ 1 & 1 & 1 & 1 \\ 1 & 1 & 1 & 1 \end{bmatrix} \tag{2.4}$$

图 2-7 的邻接矩阵为所有元素全为 1 的矩阵。邻接矩阵对角线上的 1 对应节点的自环连边。一般而言,除了图或网络的可视化拓扑结构图,邻接矩阵是图或网络最为直接的表示形式。

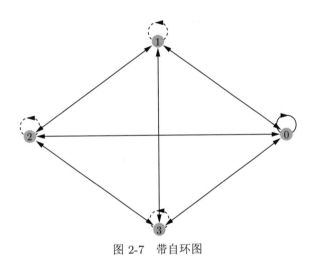

图 2-7　带自环图

图强化学习的目标是学习一个智能决策函数,而决策函数以学习的图或网络的有效表示为基础,适应不同的图问题和现实决策问题。邻接矩阵可以直接表示图结构,邻接矩阵性质或特征也反映图结构相关性质或特征,相关理论有如随机图理论、谱图理论(Spectral Graph Theory)等。

2.3.10　圈

圈是指路径中顶点序列 $v_1, v_2, v_3, \cdots, v_n$,且节点 v_1 与节点 v_n 为同一个节点,如图 2-8 所示。

圈也是欧拉当年证明哥尼斯堡七桥问题的重要概念。在有向图中,回路是指从某点出发,最终又回到该点。因此可以说,图中一个节点有回路必须至少有一条边出和一条边入。如果某点只有输出或输入连边,那该点就没有回路。

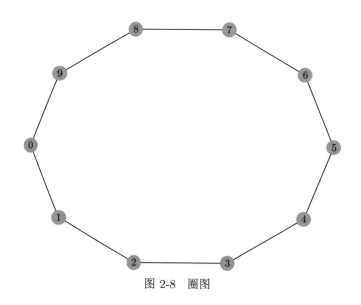

图 2-8　圈图

2.3.11　子图

基于图建模复杂系统和复杂环境时，图模型在很多情况下并不能完全地刻画整个复杂系统。在社会网络分析中，众多的现实社会网络案例都只是整个社会网络的一部分，也就是一个子集。研究人员从宏观、介观和微观层面分析复杂系统和复杂图，子图是从介观或微观尺度分析复杂图的重要工具。在图理论中，子图（Subgraph）定义如下：

> **定义 2.8　子图**
>
> 图 $G = (V, E)$ 的子图可以表示为 $G' = (V', E')$，其中节点子集 $V' \subset V$，边子集 $E' \subset E$。同时，在集合 E' 中，与连边相关联的节点都必须包含在节点集合 V' 中。

子图是整图的局部结构或微观结构。在图和网络分析中，子图分析具有重要的作用和价值。特别是图神经网络模型中，基于子图采样等技术是处理超大规模图数据的关键技术。

2.3.12　连通分量

连通性是一个非常重要的图性质，连通分量（Connected Component）的定义如下：

> **定义 2.9　连通分量**
>
> $G' = (V', E')$ 表示图 $G = (V, E)$ 的子图。其中，节点子集 $V' \subset V$，子集 V' 中任意两个节点之间都至少存在一条路，且集合 V' 中节点不与任何集合 V/V' 中节点相连，即不与任何不在集合 V' 中的节点相连，那么 G' 称作一个连通分量。

在实际应用中，图的连通性量化图的诸多性质，即反映实际复杂系统的诸多性质。在传染病疫情防控中，需要破坏图（社会网络）的连通性，让节点（社会个体）之间尽可能不连通（社交接触），切断传染病的传播路径。在知识传播网络中，需要尽可能增强图（如科学家合作网络等）的连通性，强化知识传播效率和知识可达性。

2.3.13 最大连通子图

图中最大连通子图定义为节点数量最多的连通分量。一般而言，最大连通子图是由图中关键节点组成，包含图中主要功能节点，如图 2-9 所示。

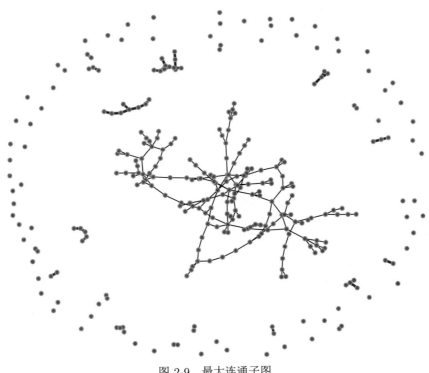

图 2-9 最大连通子图

图 2-9 的中心位置为最大的连通分支，是图的最大连通子图。最大连通子图周边还围绕着一些小的连通分支，但是那些连通分支中节点数量明显少于中心的最大连通子图。一般而言，图的最大连通子图决定整个图的重要性质和特征结构。在贸易网络中，最大连通子图包含全球大部分经济体之间的贸易关系，同时贸易量也占据全球贸易量总和的绝大部分。如果图中只包含一个连通分量，则为连通图（Connected Graph），具体定义如下：

> **定义 2.10 连通图**
>
> 图 $G = (V, E)$ 中只有一个连通分量，那么 G 是连通图。连通图中任意两个节点之间都存在路径相连。

2.3.14 简单图

图可以作为复杂世界或复杂系统的抽象表示形式，以简化复杂对象和复杂关系。简单图（Simple Graph）是最常用的图模型，具体定义如下：

定义 2.11　简单图

图 $G = (V, E)$ 为简单图，则图 G 中既无自环（节点到自身的连边），也无多重边。

　　在实际分析中，绝大部分图都是简单图，不存在自环也没有重边。在科研论文引用网络中，节点表示一篇论文，节点之间连边表示论文之间的引用关系。因为论文不能引用自身，因此论文引用网络图中没有自环。而且，同一篇论文不能重复引用同一篇论文，因此无多重边，而且连边关系只表示引用关系，无多重含义。

2.3.15　平面图

定义 2.12　平面图

在图论中，平面图是指可以画在平面上，且不同的边互不交叠的图。

　　如果一个图 G 无法画在平面上，满足不同的边互不交叠，那么图 G 不是平面图，或者称为非平面图。一般而言，图中节点越少，连边越少，越有可能是平面图。相反，越复杂的图越有可能是非平面。简单完全图 K_5 和完全二分图 $K_{3,3}$ 是最小的非平面图，示例如图 2-10 所示。

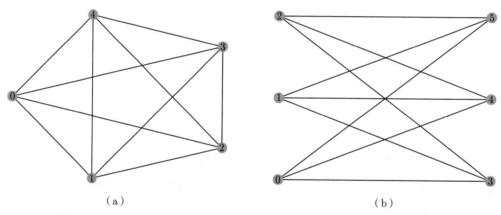

（a）　　　　　　　　　　　　　　（b）

图 2-10　最小的非平面图示例：（左）完全图 K_5 和（右）完全二分图 $K_{3,3}$

　　简单完全图 K_5 作为最小的非平面图，其他少于或等于 4 个节点的简单图都是平面图。

2.3.16　对偶图

　　对偶图的定义如下：

定义 2.13　对偶图

原始有向网络表示成 $G = (V, E)$，其中 $V = \{v_1, v_2, \cdots, v_N\}$ 表示原始网络节点集合，且 $E = \{e_1, e_2, \cdots, e_M\}$ 表示原始网络边集合。原始网络 $G = (V, E)$ 的对偶图可以表示成 $G^* = (V^*, E^*)$，其中 $V^* = E = \{e_1, e_2, \cdots, e_M\}$，表示对偶图的节点集

合，也就是原始网络中的连边集合。原始网络中每一条边与对偶图中一个节点对应。对偶图中连边由原始网络中连边之间的连接关系决定。

原始有向网络可以表示成 $G = (V, E)$，其中 $V = \{v_1, v_2, \cdots, v_N\}$，表示原始网络节点集合，且 $E = \{e_1, e_2, \cdots, e_M\}$，表示原始网络边集合，原始图如图 2-11 所示。原始网络 $G = (V, E)$ 的对偶图可以表示成 $G^* = (V^*, E^*)$，其中 $V^* = E = \{e_1, e_2, \cdots, e_M\}$，表示对偶图的节点集合，也就是原始网络中的连边集合，满足 $V^* = E$，说明原始网络中每一条边对应对偶图中一个节点。原始网络是有向图时，对偶图中的连边也需要保留连边的方向属性，从原始图转化成对偶图的简单例子如图 2-12 所示。

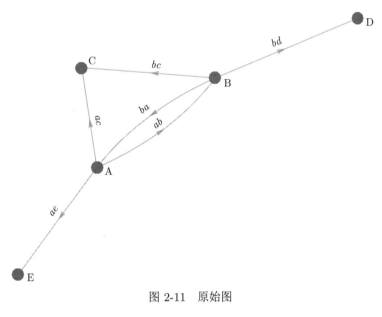

图 2-11　原始图

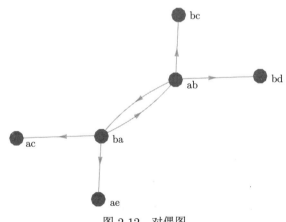

图 2-12　对偶图

图 2-11 包含 5 个节点 $\{A, B, C, D, E\}$，6 条边 $\{ab, ba, ac, ae, bc, bd\}$。因此，图 2-12 中有 6 个节点 $V^* = \{ab, ba, ac, bc, bd\}$。在对偶图的构建过程中，关键步骤是如何构建连边

关系。比如考虑对偶图节点 ab 和 bc 之间是否存在连边，我们需要考虑对偶图中两个节点（ab 和 bc）对应的原始网络中的连边（ab 和 bc）是否连接在一起。换言之，原始网络中是否存在一条边 ab 一步跳到另一条边 bc。因为原始网络中存在一个有向路径 $a \to b \to c$，因此对偶图中节点 ab 和 bc 之间存在一条有方向的边，且从 ab 指向 bc。但是 ac 和 bc 之间不存在连边，因为原始网络中，虽然两条边共用一个顶点 C，但是不存在直接的有向路径。

2.3.17 树

在图论中，树结构较为常见，日常生活、工作和学习中也容易遇到树结构数据，如生物演化树等。在计算机算法中，基于树搜索的算法也很多，具有广泛的应用。

> **定义 2.14 树**
>
> 树是任意两个顶点间有且只有一条路径的图。

任意两个顶点间有且只有一条路径的图，或者只要没有回路的连通图就是树，二叉树如图 2-13 所示。

图 2-13 中心节点为根节点，分叉成 2 个子树，子节点继续分叉为两个枝干，一直迭代下去，6 次迭代后形成了图 2-13。在机器学习中，与树相关的算法较多，如决策树、随机森林、蒙特卡洛树搜索等。

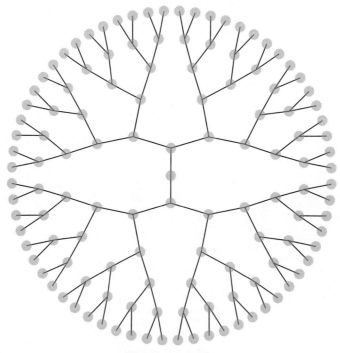

图 2-13 二叉树

2.4　经典图示例

图结构普遍存在于物理世界和虚拟世界之中，而诸多经典的图结构得到了大量的研究和关注，如完全图、二部图、彼得森图、星状图、网格图、正十二面体图等。

2.4.1　完全图

包含 25 个节点的完全图 K_{25} 拓扑结构图如图 2-14 所示。图 2-14 对节点进行了编号，用圆形表示，连边用直线表示。完全图虽然连边很多，但是结构简单，各个节点具有同质性，完全图中每一个节点都直接与其他 $(n-1)$ 个节点相连。完全图虽然结构简单，但是应用较多，可以作为很多网络结构指标的参照实体。在计算图的连边密度时，我们可以将完全图中连边作为连边密度为 1 的特殊情况，将完全图作为参照对象进行对比分析。

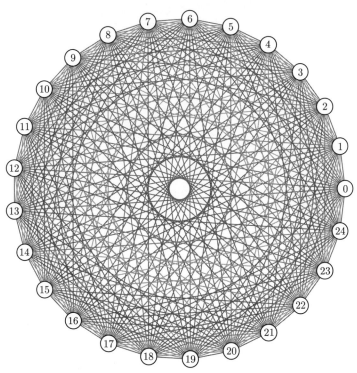

图 2-14　完全图 K_{25}

在图论中，补图（Complement Graph）是基于完全图的重要概念。图 G 的补图是一个跟 G 有着相同节点的图，而且这些节点之间有边相连当且仅当在图 G 中它们之间没有边相连。一般而言，图 G 的补图是完全图 K_n 去除 G 的连边集合后得到的图 $K_n - G$。一般情况下，复杂环境建模过程中，如果我们不清楚所研究对象之间的关系，可以假设节点之间构成完全图，然后结合相关算法进行计算和分析。同时，我们也可以假设两两之间有边相连，且每条边都有一个权重，表示节点之间关系的强弱。

2.4.2 二部图

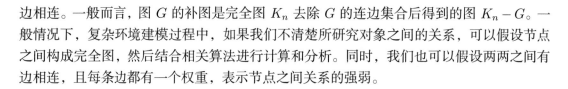

如果将图中节点划分为两个互不相交的子集 A 和 B，两个子集节点数量分别为 n 和 m，并且图中的每条边的两个顶点分别属于这两个不同的顶点集，则称图为二部图。二部图又称作二分图，是图论中的一种特殊结构，一般为一个无向图。如果分别属于不同集合的节点之间都两两相连，则为完全二部图，可表示成 $K_{n,m}$。

完全二部图 $K_{3,5}$ 的拓扑结构示意图如图 2-15 所示。图 2-15 中完全二部图 $K_{3,5}$ 一共有 8 个节点，从 0 开始进行了编号，可分成 A 和 B 两个集合。集合 A 包含图中左边编号为 0, 1, 2 的三个节点，集合 B 包含图中右边编号为 3, 4, 5, 6, 7 的五个节点。集合 A 中三个节点之间互不相连，同时集合 B 中五个节点之间互不相连。集合 A 中每个节点都与集合 B 中五个节点都相连，且集合 B 中每个节点都与集合 A 中三个节点都相连。

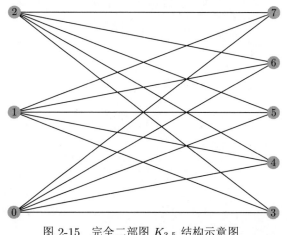

图 2-15　完全二部图 $K_{3,5}$ 结构示意图

在电子商务分析中，二部图应用较多，如客户群体和商品集合之间的商贸关系可以建模成一个二部图。图中节点分成了没有交集的两个集合：客户集合和商品集合。客户 i 购买商品 j，则在客户 i 和商品 j 之间构建一条连边。在商贸关系的二部图模型中，商品和商品之间没有购买关系，同时客户与客户之间也没有购买关系，因此客户群体和商品集合之间贸易关系是一个标准的二部图。在二部图模型的基础上，我们可以基于图推荐算法对客户进行购买意愿的预测，从而为客户推荐可能感兴趣的商品，提高电子商务平台的营业收入，方便客户搜索商品，优化客户的消费体验。

2.4.3 彼得森图

彼得森图（Petersen Graph）是由 10 个顶点和 15 条边构成的连通简单图。彼得森图一般画作五边形中包含有五角星的造型。彼得森图不是平面图，因而没有一种布局形式或者画法使得边与边没有交点，彼得森图常常被用于证明中的例子或反例。

彼得森图的一种布局形式如图 2-16 所示。

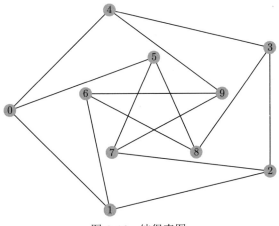

图 2-16 彼得森图

2.4.4 星状图

星状图结构比较特殊，对于 n 个节点的星状图，中心节点与其他 $n-1$ 个边缘节点相连，而 $n-1$ 个边缘节点之间不相连。n 个节点的星状图一共包含了 $n-1$ 条边。一个星状图的简单表示如图 2-17 所示。

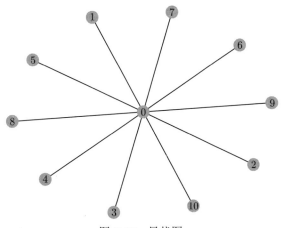

图 2-17 星状图

在实际应用中，星状图比较常见。在金融市场的股票交易过程中，如果机构投资者下了一个大单卖出股票，市场撮合成交过程会匹配很多买入订单进行成交，用交易网络图表示就是一个星状图。中心节点对应卖出订单的机构投资者，而边缘节点对应买入股票的其他投资者。同时在电话通话网络中，如果出现某个节点边缘存在大量的节点，而边缘节点之间又极少有通话关系，一定程度上我们可以将其识别为一个异常节点，即可能为广告电话或者骚扰电话。当然，在移动通信网络中，星状网络的中心节点也很有可能是一些特定号码，如 10086 等。在特定的应用环境背景中，通用且常见的图结构反映特定的环境信息，揭示特定系统中个体行为规律或者复杂系统状态特征。

2.4.5 网格图

二维网格图，也称为矩形网格图或二维点阵图，一般表示成 $G(n,m)$。二维网格图 $G(6,6)$ 结构示意图如图 2-18 所示，展示了四种不同的表现形式。

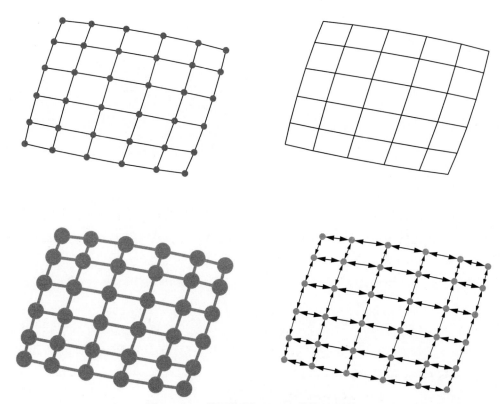

图 2-18 二维网格图 $G(6,6)$ 结构示意图

在一些基础模型中，二维网格图应用较为广泛，基础模型经常使用网格图进行数值模拟或者理论分析，同时作为参照实体进行对比分析。物理模型中网格图应用较多，网格图中节点可以对应原子，连边表示物理原子之间的关系。在一些元胞自动机研究中，网格图作为智能体的世界模型，智能体与网格图中相邻的智能体进行交互，模拟智能体行为规律。

2.4.6　正十二面体图

正十二面体是由 12 个正五边形所组成的正多面体，它共有 20 个顶点、30 条棱。正十二面体图结构示意图如图 2-19 所示。哈密顿路径的理论源自一个与正十二面体有关的问题：试求一条路径，沿正十二面体的棱经过它所有的顶点。

由图 2-19 可知，正十二面体的平面图中，12 个五边形依次排列。

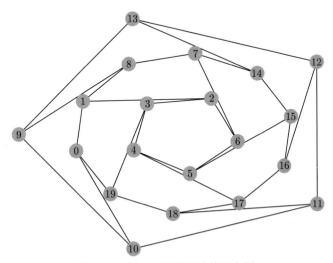

图 2-19　正十二面体图结构示意图

2.5　经典问题示例

图论发展至今，经典问题或类似问题层出不穷，很多基础类问题具有广泛的应用和影响，如图相似性问题、旅行商问题、最小点覆盖问题、最大割问题、最大独立集问题等。

2.5.1　图同构

如何度量两个图的相似性？或者更严格一些，如何判断两个图是否相同（或同构）？图同构（Graph Isomorphism）是图论中的经典问题。如果两个图 G_1 和 G_2 具有相同数目的边和相同数目的顶点，且顶点和连边有着一一对应的关系，对应的顶点具有相同的连接性，则图 G_1 和 G_2 称为图同构。

> **定义 2.18　图同构**
>
> 图 G_1 和 G_2 顶点和边数量相同，且边（具有方向性，即有向图）的连接性相同，则图 G_1 和 G_2 定义为同构。直观来说，如果 G_1 的点是由 G_2 的点映射得到，则图 G_1 和 G_2 为图同构。

两个完全二部图 $K_{3,4}$ 按照不同的布局形式展示，其不仅节点一一对应，连边也一一对应，那么称两图为同构图，如图 2-20 所示。

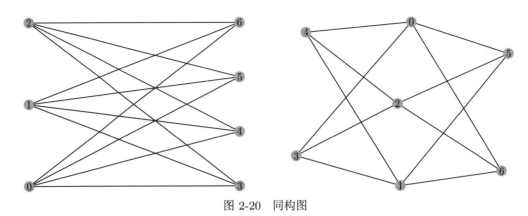

图 2-20 同构图

2.5.2 TSP 问题

旅行商问题（Traveling Salesman Problem，TSP）也叫作旅行推销员问题、货郎担问题，简称 TSP 问题。旅行商问题是最基本的路线规划问题，寻求旅行者由起始节点出发，通过所有给定的节点之后，最后再回到原点的最小路径成本。

旅行商问题也可以描述为旅行商到若干个城市旅行，各城市之间的费用是已知的，为了节省费用，旅行商需要从所在城市出发，经过每个城市旅行一次后返回出发城市，问旅行商应选择什么样的路线才能使产生的总费用最少？因此旅行商问题的解是一个回路。

35 个城市和每对城市之间的旅行商问题示例图如图 2-21 所示，TSP 问题定义为访问每一座城市一次并回到起始城市的最短回路。图 2-21 中起始城市编号为 0，图中回路可以表示成 {0, 7, 20, 9, 17, 30, 19, 16, 11, 6, 27, 12, 26, 31, 22, 4, 3, 33, 10, 15, 23, 24, 8, 34, 29, 32, 14, 1, 21, 13, 5, 2, 28, 18, 25, 0}。在组合优化中，TSP 问题是 NP 难问题。在运筹学和理论计算机科学中，TSP 问题非常重要，也有着广泛的应用价值和研究价值。

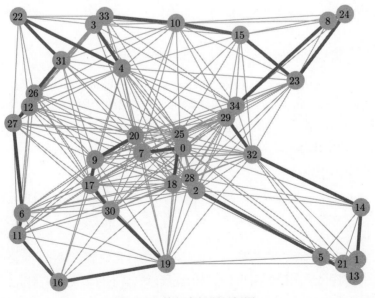

图 2-21 旅行商问题示例图

2.5.3　最小点覆盖问题

> **定义 2.19　点覆盖**
>
> 设 K 是图 G 的一个顶点子集，若 G 中每一条边至少有一个端点在 K 中，则称 K 是 G 的一个点覆盖。 ♣

图中最小点覆盖是指点数最少的点覆盖。最小点覆盖问题是组合优化中的 NP 难问题。在运筹学和理论计算机科学中，最小点覆盖问题非常重要，同样有着广泛的应用价值和研究价值。

2.5.4　最大割问题

> **定义 2.20　最大割问题**
>
> 图 $G = (V, E)$ 的切割可以表示为 $C = \{S, V/S\}$，将点集合 V 划分成两个不相交的子集 S 和 V/S，使得节点集合 S 和互补子集 V/S 之间的边数尽可能大。如果图为加权图，则最大割满足 S 和互补子集 V/S 之间的连边权重之和最大。 ♣

图 $G = (V, E)$ 对应的割集表示为 $E_c \subset E$，集合中边的一个端点属于 S，另一个端点属于 V/S。最大割问题就是找到使割集 E_c 的边数量最多或者累积权重最大的割。在现实世界的交通流量问题中，最大割问题与网络流量问题相关，有着广泛应用。

2.5.5　最大独立集问题

独立集是指图 $G = (V, E)$ 中两两互不相邻的顶点构成的集合。最大独立集问题定义如下：

> **定义 2.21　最大独立集问题**
>
> 图 $G = (V, E)$ 的最大独立集问题中，一个独立集是指一组顶点 $S \subset V$，该顶点集合中没有任意一对节点是相连的。最大独立集问题即为找到拥有最多顶点数量的独立集。 ♣

2.6　可视图

在复杂系统中，图能够刻画个体与个体之间的关系。时间序列作为描述复杂系统动力学特征规律的常用方法，也能转化成图来进行分析。时间序列作为复杂系统特征变量的观察值，时间序列信息蕴含复杂系统信息，将时间序列转化成图或网络后，复杂系统的动力学特征规律也同时转化成图或网络结构信息。融合图和网络分析的方法将为时间序列分析提供一个新视角。近些年来时间序列映射到网络的方法有很多[3-9]，如时序网络算法[10-11]、

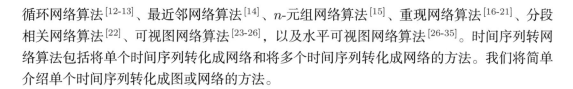

循环网络算法[12-13]、最近邻网络算法[14]、n-元组网络算法[15]、重现网络算法[16-21]、分段相关网络算法[22]、可视图网络算法[23-26]，以及水平可视图网络算法[26-35]。时间序列转网络算法包括将单个时间序列转化成网络和将多个时间序列转化成网络的方法。我们将简单介绍单个时间序列转化成图或网络的方法。

2.6.1　可视图算法

在图或网络构造过程中，关键步骤是定义图中节点和连边。可视图（Visibility Graph，VG）算法[23]是一种将单个时间序列转化成可视图的算法。我们给定时间序列 $\{x_i\}_{i=1,\cdots,L}$，可视图算法将每个时间点数据 x_i 定义为可视图中节点 i，可视图中节点 i 和节点 j 之间的连边关系由时间序列数值大小关系决定。时间序列数值大小关系和时序关系决定了时间序列的诸多性质。可视图中节点 i 和节点 j 之间的连边关系由公式定义，有

$$\frac{x_j - x_k}{j - k} > \frac{x_j - x_i}{j - i} \tag{2.5}$$

其中：$k \in (i, j)$。如果考虑节点 i 和节点 j 之间的连边关系，我们需要同时考虑两节点之间的数据 x_k。可视图网络可用 $G = (V, E)$ 表示，其中 $V = \{v_i\}$ 表示可视图节点集合，对应时间序列中数据点集合 x_i，$E = \{e_{ij}\}$ 表示可视图连边集合。元素 $e_{ij} = 1$ 表示节点 v_i 和节点 v_j 之间有边相连，说明原始时间序列中数据点 x_i、x_k 和数据点 x_j 满足式 (2.5)。

2.6.2　水平可视图算法

水平可视图（Horizontal Visibility Graph，HVG）算法[27]与可视图算法公式 (2.5) 类似。水平可视图中节点可视关系的定义进一步进行了简化。在水平可视图中，每个数据点对应一个网络节点，如果两个节点 x_i 和 x_j 可以水平看到对方，则将它们连接起来，意味着节点 x_i 和 x_j 之间没有数据点的数值超过这两个数据 x_i 和 x_j 的值，没有遮挡水平视线[33]。数学语言可以表示为

$$x_i, x_j > x_n \tag{2.6}$$

其中：$i < n < j$。时间序列中 x_i 和 x_j 之间的数据 x_n 都满足式 (2.6)。水平可视图可用 $G = (V, E)$ 表示，其中节点集合 $V = \{v_i\}$ 中节点与时间序列 $\{x_i\}_{i=1,\cdots,L}$ 数据一一对应，连边集合 $E = \{e_{ij}\}$ 对应水平可视图的邻接矩阵元素，$e_{ij} = 1$ 表示节点 v_i 和节点 v_j 是连接的。在无向水平可视图中，节点 i 的度定义为 $k_i = \sum_{j=1}^{N} e_{ij}$。水平可视图的简单示例如图 2-22 所示，是由一个包含 11 个数据点的时间序列转换而来。

图 2-22 上图纵坐标为时间序列数值大小，横坐标为时间刻度。图中水平线表示数据节点之间的连边关系。图 2-22 下图是将上图中节点之间的连边关系进行了更加直观的表示。下图中每一个圆点对应一个数据点，弧线对应节点之间的关系连边。从图中可知，水平可视图中相邻数据点对应的节点之间必定相连，因此水平可视图必定是连通图，也必定是平面图。

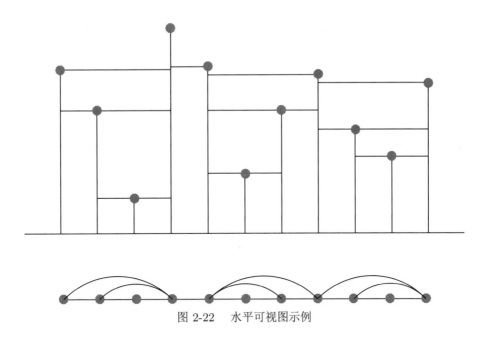

图 2-22　水平可视图示例

2.6.3　水平可视图度分布

度分布是最常见的图结构性质。Luque 等人提供了随机时间序列[27] 映射的水平可视图度分布的解析形式。同样，我们根据主方程推导分析也能对水平可视图度分布进行更深入的理解和分析。

完全随机时间序列数据之间不存在相关性，因此数据长度为 N 的随机时间序列的生成过程可以看成是将 N 个数字随机放入 N 个位置。第一步，随机选择一个位置并将最大的数字放在上面。因为位置是随机选取的，所以所选数据的数值的大小不影响时间序列的相关性。第二步，从剩余的 $N-1$ 个位置中选择一个位置，并放置第二大的数字。以此类推，在第 n 步中从剩余的 $N-n+1$ 个位置中随机选择一个位置，并在其上放置第 n 大的数字。如此生成的时间序列是随机时间序列，数据点之间不存在相关性[33]。

在此时间序列生成过程基础上，我们构建水平可视图。在第 n 步中，我们有一个大小为 $n-1$ 的序列，现在新增第 n 个数据点或图节点。在此分析中，我们用 $K(k,n-1)$ 表示度数为 k 的节点数量。当第 n 个数据放入序列中时，生成的 HVG 将有 n 个节点。因为第 n 个数据在已有的 $n-1$ 个数据中是最小的，所以新增节点只会将两条新边添加到 HVG 之中，如图 2-23 中虚线段所示。两条新边将连接到新增的第 n 个节点相邻的两个节点，因此新增节点也只影响相邻两个节点的度。同时，相邻两个节点的度数会增加 1。因为新节点是随机放置的，$n-1$ 个节点有相同的概率 $2/(n-1)$ 会改变度数，即度增加 1。当然第 n 个节点可能放置在 $n-1$ 个节点的开头或末尾，此时只有一个节点度增加 1。但是，当数量 n 非常大时，此类事件发生的概率非常小，可忽略这两种"极端"情况的影响。

在水平可视图中，我们添加一个新节点时，两个节点的度数增加 1，节点度从 k 变化

到 $k+1$，其余节点的度数保持不变。对于每个节点，度数改变的概率为 $2/(n-1)$，度数保持不变的概率为 $1-2/(n-1)$。因此，包含 n 个节点的 HVG 中度为 k 的节点数可以通过下面公式计算，即

$$K(k,n) = \left(1 - \frac{2}{n-1}\right) K(k, n-1)$$
$$+ \frac{2}{n-1} K(k-1, n-1) + \delta_{k2} \tag{2.7}$$

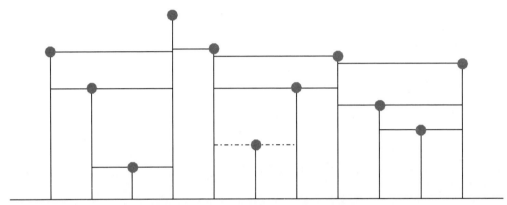

图 2-23　水平可视图中新增节点示意图

其中：$K(k,n)$ 为节点数量为 n 的水平可视图中度数为 k 的节点数量；δ_{k2} 为 HVG 中新节点（第 n 个节点）对度数为 $k=2$ 的节点数量的影响。HVG 中新节点的度数为 2，当度数 $k=2$ 时，度为 2 的节点数量需要加上新增节点，此时有 $\delta_{k2}=1$。当 $k \neq 2$ 时，则 $\delta_{k2}=0$。我们定义包含 n 个节点的 HVG 中度数为 k 的节点的概率为

$$p(k,n) = K(k,n)/n \tag{2.8}$$

将上式代入式 (2.7) 后，原公式 (2.7) 可改写成

$$p(k,n) \approx \left(1 - \frac{3}{n}\right) p(k, n-1) + \frac{2}{n} p(k-1, n-1) + \frac{\delta_{k2}}{n} \tag{2.9}$$

当水平可视图中节点数量很多时，可以近似得到

$$\delta_{k2}/n = 0, \quad n \to \infty \tag{2.10}$$

因此可以得到近似公式

$$p(k,n) \approx \left(1 - \frac{3}{n}\right) p(k, n-1) + \frac{2}{n} p(k-1, n-1) \tag{2.11}$$

公式近似过程中，同时也用到下列近似公式，即

$$\begin{cases} p(k-1,n) \approx p(k-1,n-1) \approx p(k-1) \\[2mm] p(k,n) \approx p(k,n-1) \approx p(k) \\[2mm] \dfrac{1}{n-1} \approx \dfrac{1}{n} \end{cases} \tag{2.12}$$

将式 (2.12) 代入式 (2.11)，得到

$$p(k) = \frac{2}{3} p(k-1) \tag{2.13}$$

水平可视图节点度的分布满足公式

$$\sum_{k=2}^{\infty} p(k) = 1 \tag{2.14}$$

因此，可以得到随机时间序列映射的水平可视图的度分布函数为

$$p(k) = \frac{3}{4} \left(\frac{2}{3} \right)^{k} \tag{2.15}$$

2.6.4　有向水平可视图度分布

图可以分成无向图和有向图，在水平可视图的基础上，我们还可以定义以时间为方向的有向水平可视图（Directed Horizontal Visibility Graph，DHVG）。有向水平可视图可以表示为 $G_d = (V_d, E_d)$，其中 $E_d = \{e_{ij}\}$ 是有向水平可视图 G_d 的邻接矩阵元素集合。在给定条件 $i < j$ 下，$e_{ij} = 1$ 表示存在从节点 v_i 到节点 v_j 的有向连边。因此，有向图 G_d 的邻接矩阵 $E_d = \{e_{ij}\}$ 是上三角矩阵元素集合，即有向水平可视图的邻接矩阵 E_d 是水平可视图的邻接矩阵的上三角部分。因此，有向水平可视图的节点 i 的度定义为 $k_i = k_i^{\mathrm{in}} + k_i^{\mathrm{out}}$，其中节点 i 的入度定义为 $k_i^{\mathrm{in}} = \sum_{j=1}^{N} e_{ji}$，出度定义为 $k_i^{\mathrm{out}} = \sum_{j=1}^{N} e_{ij}$。

一个包含 11 个数据点的有向水平可视图示例如图 2-24 所示。图 2-24 (a) 的纵坐标为时间序列数值大小，横坐标为时间刻度。图 2-24 (a) 中水平线表示了数据节点之间的连边关系，连边方向为时间方向。图 2-24 (b) 是将图 2-24 (a) 中节点之间的有向连边关系进行了重新绘制，可以更加直观地了解有向水平可视图的结构[33]。

基于无向水平可视图的度分布推导过程，同样可以推导出有向水平可视图的度分布情况[33]。在第 n 步中，我们从具有 $n-1$ 个数据的时间序列构造具有 n 个节点的有向水平可视图。$K_d(k, n-1)$ 定义为入度或出度为 k 的节点数量。p_{in} 和 p_{out} 分别表示入度和出度分布函数。因此，随机时间序列前后顺序是完全随机的，因此入度和出度分布函数一样，即

$$p_{\mathrm{in}} = p_{\mathrm{out}} \tag{2.16}$$

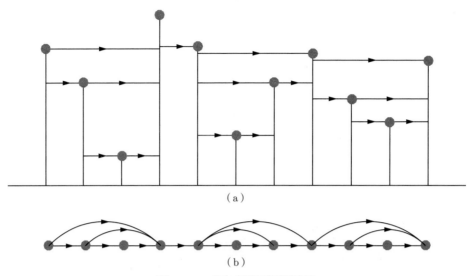

（a）

（b）

图 2-24　有向水平可视图示例

因此，我们可用 p_{d} 表示出度或入度分布函数。当将第 n 大的数据添加到有向水平可视图中时，只会新增两条新的有向边，如图 2-25 中带箭头虚线所示。

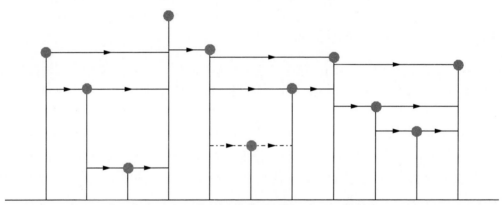

图 2-25　有向水平可视图新增节点示例图

图 2-25 中新增节点（第 n 个节点）的两条新边连接到相邻的两个节点。左节点的出度和右节点的入度将增加 1。由于新节点是随机放置的，因此只有一个节点的入度会增加 1，且只有一个节点的出度会增加 1，概率为 $1/(n-1)$。其他节点的度数保持不变，概率为 $1-1/(n-1)$。所以，包含 n 个节点的有向水平可视图中度为 k 的节点数量为

$$
\begin{aligned}
K_{\mathrm{d}}(k,n) = {} & \left(1-\frac{1}{n-1}\right) K_{\mathrm{d}}(k,n-1) \\
& + \frac{1}{n-1} K_{\mathrm{d}}(k-1,n-1) + \delta_{k1}
\end{aligned}
\tag{2.17}
$$

其中：δ_{k1} 为有向水平可视图中新节点（第 n 个节点）对入度（出度）分布函数的影响。新节点在有向水平可视图中的入度和出度都为 1，也就是说新节点的出度或入度 $k=1$ 的概

率为 1。如果 $k=1$，有 $\delta_{k1}=1$。当 $k \neq 1$ 时，有 $\delta_{k1}=0$。将 $p_\text{d}(k,n)=K_\text{d}(k,n)/n$ 定义为包含 n 个节点的有向水平可视图中节点入度或出度为 k 的概率，式 (2.17) 可以改写成

$$p_\text{d}(k,n)=\left(1-\frac{2}{n}\right)p_\text{d}(k,n-1)+\frac{1}{n}p_\text{d}(k-1,n-1) \tag{2.18}$$

当 $n \to \infty$ 时，有

$$\begin{cases} p_\text{d}(k-1,n)=p_\text{d}(k-1,n-1)=p_\text{d}(k-1), \\ p_\text{d}(k,n)=p_\text{d}(k,n-1)=p_\text{d}(k) \end{cases} \tag{2.19}$$

式 (2.19) 和式 (2.18) 联立后，可以得到

$$p_\text{d}(k)=\frac{1}{2}p_\text{d}(k-1) \tag{2.20}$$

应用概率公式

$$\sum_{k=1}^{k=\infty} p_\text{d}(k)=1 \tag{2.21}$$

可以得到有向水平可视图的度分布为

$$p_\text{d}(k)=\left(\frac{1}{2}\right)^k \tag{2.22}$$

显然，有向水平可视图中出度概率分布 $p_\text{out}(k)$ 和入度分布 $p_\text{in}(k)$ 是相同的，都为 $p_\text{d}(k)$。

2.7 应用实践

2008 年始于美国的金融危机波及全球，人们应对危机的策略比较乏力，比特币横空出世。比特币是一种虚拟货币，独立于金融之外，以对抗政府随意发行货币导致的恶意通货膨胀。2022 年 5 月 12 日比特币价格最低跌至 25401.29 美元，61 天内比特币价格变化情况如图 2-26 所示。图 2-26 纵坐标表示价格，横坐标为时间刻度。

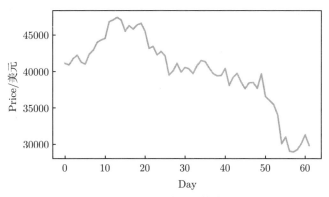

图 2-26　61 天内比特币价格变化情况

比特币是一种虚拟货币，数量有限，可以进行交易和买卖。近年来，比特币已经在很多国家成为可交易货币，也可以兑换成大多数国家的货币。比特币可以购买实物资产，如汽车等；也可以购买一些虚拟的物品，如网络游戏当中的衣服、帽子、装备等。

比特币 61 天内涨跌幅变化情况如图 2-27 所示。我们将涨跌幅取绝对值后得到波动率（Volatility）时间序列，图 2-27 中纵坐标表示波动率，横坐标为时间刻度。通过可视图算法，我们将波动率时间序列转化成可视图，示例如图 2-28 所示，分析所用程序代码可参见前言二维码中的配套资料。通过深入分析可视图网络结构能够为市场风险度量和市场状态识别提供有价值的信息。

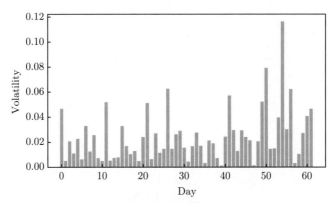

图 2-27　比特币 61 天涨跌幅变化情况

图 2-28　比特币波动率时间序列转化成可视图示例

❧ 第 2 章习题 ❧

1. 简述图相关历史。

2. 简述如何用邻接矩阵表示图结构。

3. 简述图节点度和邻域概念。

4. 什么是简单图?
5. 什么是平面图?
6. 什么是对偶图?
7. 图论中有哪些经典问题?
8. 基于时间序列构建可视图。
9. 运用 Network X 软件包构建网络,并可视化。

第 3 章
图与复杂网络

内容提要

- 复杂系统
- 复杂网络
- 多重网络
- 动态网络
- 异质网络
- 网络中心性
- 网络模块

- 网络模体
- 连边中心性
- 网络稳健性
- 网络效率
- 网络节点任务
- 网络连边任务
- 全局网络任务

3.1 复杂网络背景

图无处不在，网络无处不在。在一些场景中，对图与网络的称呼不做过多的区分。一般而言，图在计算机领域和数学领域应用较多，而网络在其他学科领域应用较多。图经常表示一些数学模型和特定的抽象概念，如对偶图、完全图等；网络经常表示一些实际复杂对象，如交通网络、关系网络等。

3.1.1 复杂网络简介

在现实世界中，图和网络都直接关联着人类的生活、学习和工作。在社会科学领域中，科学家合作网络[36] 表示科学家之间的合作关系，能够发掘不同学科、不同机构和不同学校之间的合作关系，更好地研究创新、知识和思想的传播及演变过程。在信息科学中，因特网[37-38] 和万维网[39] 加速了人类数据、信息和知识的分享和传播速度。在生物科学领域中，蛋白质作用网络[40-41]、酵母菌和人类基因表达网络[42] 等在人类医疗健康事业中发挥了重要作用。

形形色色的现实世界网络研究成果在不同学科中都发挥了重要的作用，也推动了各个学科的发展。地理和交通领域的河流网络和高速公路网络[43-45]、社会经济和金融系统中股票网络[46]、数理统计中时间序列可视图网络[12] 等都为人类打开了研究复杂系统的大门，从更多的角度、更多的层次、更多的分析方法研究和分析复杂系统。

3.1.2　复杂网络简史

复杂网络是有效建模和描述复杂系统的工具和方法[47]。复杂网络研究有着悠久历史，源自图论研究。18 世纪 30 年代，瑞士数学家欧拉（Euler）解决了哥尼斯堡七桥问题，发展出图论，成为图论创始人。1959 年匈牙利科学家 Erdös 和 Rényi 发表随机图理论[2]（Random Graph Theory）。经过 60 多年的发展，随机图理论在理论和模型方面都有丰富的研究成果。在自然科学和社会科学领域中，随机图理论作为基准理论得到了广泛的运用。Erdös 和 Rényi 提出的 ER 随机图模型更是在不同领域得到了广泛运用，为网络动力学模拟提供了基础模型。在经典随机网络模型中，节点度分布满足泊松分布。Erdös 的数学研究领域十分广泛，合作者也遍布世界各地。1983 年，埃尔德什获得沃尔夫奖，以表彰他在数论、组合论、概率论、集合论，以及数学分析方面的大量工作。

1967 年，哈佛大学社会学家、心理学教授 Milgram 研究社交网络并提出六度分离概念[48]。Milgram 发现社会网络中任意两个人之间可以通过平均长度为 6 的路径连接起来。六度分离的提出使得人们对大规模复杂网络有了更深入的认识，对很多社会现象和社会规律有了新的理解。世界这么小，很多新奇的社会现象也有了理论依据。

1973 年，哈佛大学 Granovetter 提出了弱连接理论[49]，发现马萨诸塞州牛顿镇居民在找工作过程中弱连接的关系比那些紧密的关系更能发挥作用，具有更大的价值。在现实生活中，此类现象也非常普遍，人们可以感受到弱连接关系在生活中的重要影响。

在人类社会中，物以类聚，人以群分。人类喜欢和自身相同或相似的个体构建关系。因为社会影响和社会选择的作用，网络模块中个体之间存在同质性。因此，面对一些需要异质性信息进行决策时，个体、邻居或所处模块能够提供的异质性信息非常有限。弱连接能够跨越不同模块，连接长距离异质性个体，一定程度上逃离了同质性信息的束缚。近年来，关于"信息茧房"的讨论也很多，人们禁锢在同质性信息之中而缺乏创新能力和突破动力，这个问题值得每一个人深思。

3.1.3　复杂网络应用

1998 年，Watts 和 Strogatz 在 *Nature* 杂志上发表论文 "Collective dynamics of 'small-world' networks"[50]。截至 2021 年 12 月，该论文已获得 24260 次引用。1999 年，Barabási 和 Albert 在 *Science* 杂志上发表论文 "Emergence of scaling in random networks"[51]。截至 2021 年 12 月，该论文已获得 41320 次引用。这两篇划时代的论文拉开了复杂网络研究热潮的序幕。

众多领域和学科的专家、学者们运用复杂网络方法研究丰富多样的现实网络，如社会科学领域的科学家合作网络[36]、人类性关系网络[52]、信息科学的因特网[37-38]、万维网[39]、生物科学领域的蛋白质作用网络[40-41]、酵母菌和人类基因表达网络[42]、地理和交通领域的河流网络和高速公路网络[43-45]、社会经济和金融系统中的股票网络[46]、数理统计中的时间序列可视图网络[12] 等。各个领域专家和学者从系统的角度，使用大量的复杂网络工具和技术重新审视和分析各自领域的关键问题，获得了非常有趣且有价值的研究成果。

网络科学与复杂性科学都跨越了不同学科，纷繁复杂的网络研究交叉融合了多个领域知识，也促进了不同学科之间的研究合作。网络科学已经渗透到自然科学和社会科学的方方面面，同时为人们日常生活、学习和工作提供了便利。基于网络拓扑结构类型，我们可以将复杂网络分成规则网络、随机网络、小世界网络和无标度网络等。常见的星状网络和网格网络是规则网络，ER 网络是著名的随机网络模型，WS 网络是小世界网络模型[50]，BA 网络是无标度网络模型[51]。各领域专家学者的研究重点各不相同，涵盖了复杂网络实证研究、理论研究、模型构建、复杂网络动力学等。网络动力学研究又包括网络传播、交通流、网络拥堵、网络同步、网络博弈和网络控制等。其中，网络博弈融合了囚徒博弈、雪堆博弈和少数者博弈等模型[47]。

在国际复杂网络研究领域，国内学者的研究成果也有着重要影响。复杂网络研究的综述性文献[53-54]是入门复杂网络研究和分析的很好的学习资料。国家自然科学基金重点项目联合网络研究组在复杂网络研究方面取得了丰硕成果，中国原子能科学研究院、上海交通大学和北京师范大学研究人员在其综述文献中详细介绍了网络科学发展简史、网络基本概念、网络分类、主要理论模型特性以及国内外复杂网络领域若干重要课题和研究进展。

复杂网络理论和图论有着紧密关系，图论中特征值、特征向量、拉普拉斯矩阵等都与网络结构和动力学直接相关。北京大学段志生教授等介绍了图论理论和方法对复杂网络研究的意义和作用[55]，北京师范大学狄增如教授团队和中国科技大学汪秉宏教授团队从统计物理学的方法和背景出发，分析了统计物理学在复杂网络分析中的应用和意义[56-57]。

3.1.4　复杂网络分析概述

复杂网络以图论为基础，在各个领域得到了广泛应用。图论中绝大部分定义和概念都能在复杂网络中得到应用。我们在引入图论中一些核心概念，进行复杂网络分析过程中，需要解决的问题是如何能够通过一些理论上的概念和定义，在实际复杂网络中获得对应的解释，找到图论中抽象概念的物理意义或者社会学意义等。在国际贸易网络中，一些贸易网络结构特征需要找到对应的经济学解释；在生物网络中，生物网络结构特征需要进行合理的生物学解释；在物理世界中，复杂网络概念和结构也需要找到合理的物理意义。

复杂网络作为表示复杂系统的重要工具，也是分析复杂系统的重要工具。在各个学科领域中，复杂系统的普遍性决定了复杂网络应用的广泛性，同时也容易被滥用或进行简单的概念迁移。如果应用复杂网络分析方法缺少融合问题背景或学科背景的解释和深入分析，只停留在复杂网络结构层面的描述分析和统计分析，而不能通过网络结构特征来挖掘特定科学背景中特定问题的结构和复杂问题解的结构，那么复杂网络分析方法将难以发挥其强大的图数据挖掘能力。

复杂网络分析方法可以帮助我们解构特定网络结构所蕴含的问题背景信息和学科专业相关信息，它的基础在于通用网络结构和网络动力学特征。网络结构分析方法有很多，比如应用统计物理学相关方法和机器学习方法等。我们将简要介绍一些复杂网络分析方法的概念和方法。

3.1.5 网络表示

在复杂网络分析和图数据挖掘中，图机器学习（Graph Machine Learning）、图深度学习（Graph Deep Learning）、图表示学习（Graph Representation Learning）、图强化学习（Graph Reinforcement Learning）等方法都有一些通用和核心任务。比如，如何表示网络？如何表示网络节点？如何表示网络连边？如何表示全局网络属性？因此，图和网络的表示是复杂网络分析和图数据挖掘中的核心问题，关系到问题描述、问题建模和问题求解等。

图和网络最直接的表示形式是邻接矩阵和权重矩阵。一般来说，复杂网络可以分成无权网络和加权网络。例如，贸易关系的重要性最直接的衡量指标就是贸易量，贸易量作为经济体之间贸易网络的权重矩阵元素值 w_{ij}，w_{ij} 表示经济体 i 出口到经济体 j 的贸易量，用贸易量矩阵 W 表示贸易网络结构，具体表示为

$$
\begin{bmatrix}
w_{11} & w_{12} & \cdots & w_{1,N-1} & w_{1N} \\
w_{21} & w_{22} & \cdots & w_{2,N-1} & w_{2N} \\
\vdots & \vdots & \ddots & \vdots & \vdots \\
w_{N-1,1} & w_{N-1,2} & \cdots & w_{N-1,N-1} & w_{N-1,N} \\
w_{N1} & w_{N2} & \cdots & w_{N,N-1} & w_{NN}
\end{bmatrix}
\tag{3.1}
$$

在权重矩阵中，矩阵大小为 $N \times N$，N 表示节点数量，即网络规模。

复杂网络另一个常用表示为邻接矩阵 A，邻接矩阵元素为 a_{ij}。例如，经济体贸易网络的邻接矩阵元素 $a_{ij} = 1$ 表示经济体 i 与经济体 j 之间存在贸易关系，即贸易量 $w_{ij} > 0$，具体表示为

$$
\begin{bmatrix}
a_{11} & a_{12} & \cdots & a_{1,N-1} & a_{1N} \\
a_{21} & a_{22} & \cdots & a_{2,N-1} & a_{2N} \\
\vdots & \vdots & \ddots & \vdots & \vdots \\
a_{N-1,1} & a_{N-1,2} & \cdots & a_{N-1,N-1} & a_{N-1,N} \\
a_{N1} & a_{N2} & \cdots & a_{N,N-1} & a_{NN}
\end{bmatrix}
\tag{3.2}
$$

显然，邻接矩阵所包含的网络信息比权重矩阵表示的网络信息要少。但在一些现实问题研究中，我们更加关注网络的拓扑结构性质，而对一些细节信息（例如权重和贸易量）可以忽略不计。因此，我们可以根据不同的问题和背景采用不同的网络表示方法。超大规模网络的邻接矩阵非常大，这会严重影响问题建模和计算求解过程。例如，如果图分析和网络分析算法的时间复杂度和空间复杂度较高，则在实际计算过程中，超大规模邻接矩阵的计算和存储都会存在挑战，对应问题求解的可行性也会较低。

邻接矩阵可以用于表示全局网络结构，同时其行向量也可表示节点的属性向量。然而，在网络规模较大时，矩阵的行向量维度也会变得较高。如果将行向量作为空间坐标，当 N 特别大时，空间维度也会达到 N。高维空间的计算和决策问题具有较大的复杂度。因此，我们将要介绍图嵌入、图学习、图表示等技术，旨在更好地表示网络、节点和连边。这些

技术可以将网络结构和属性信息从高维稀疏空间映射到低维稠密空间，以便更好地进行智能决策。最简单的节点属性是一些简单的网络结构指标，如节点度和节点强度等。

复杂网络基础概念包含图论中的基本图概念，如度、邻接矩阵、子图、最短路径、连通分量、最大连通子图、二部图、完全图和随机图等。在复杂网络分析中，许多结构指标和概念从图论中迁移而来，用于分析大量现实世界的复杂网络，并挖掘蕴含于这些网络中的信息。

复杂网络结构指标可以分作网络宏观指标、介观指标和微观指标。微观指标包括一些局部指标，主要针对节点定义。宏观指标是基于全局结构的度量指标，将节点和连边的全局信息作为图或网络的特征因素。介观指标包括网络模体、模块结构相关的一些指标。

3.2 节点指标

复杂网络由节点和连边构成，节点对应研究的个体，连边表示个体之间的关系。针对不同的问题和背景，节点和连边都有着特定的含义。节点指标是复杂网络分析最常用的工具和方法。

3.2.1 节点的度

节点的度作为节点最常用的属性，有着极其广泛的应用。在有向网络中，节点 i 的出度定义为

$$k_i^{\text{out}} = \sum_{j=1}^{N} a_{ij} \tag{3.3}$$

其中：N 为网络中节点总数量。节点 i 的出度 k_i^{out} 刻画从节点 i 出发的连边数量。例如，在贸易网络中 k_i^{out} 表示经济体 i 的商品出口国家的数量。在引文网络中，节点之间的关系为引用关系，一篇文章作为节点，出度为引用的参考文献数量。类似地，网络入度 k_i^{in} 定义为

$$k_i^{\text{in}} = \sum_{j=1}^{N} a_{ji} \tag{3.4}$$

例如，贸易网络中 k_i^{in} 表示经济体 i 的进口商品的国家数量。在引文网络中，节点入度为论文被引的论文数量，即论文被引用数。

度中心性是复杂网络分析中最常用的结构指标。在有向网络中，同样可以定义节点度为

$$k_i = k_i^{\text{in}} + k_i^{\text{out}} \tag{3.5}$$

无向网络的邻接矩阵为对称矩阵，满足 $a_{ij} = a_{ji}$，则

$$k_i = \sum_{j=1}^{N} a_{ij} = \sum_{j=1}^{N} a_{ji} \tag{3.6}$$

复杂网络的节点度表示了节点的中心性、重要性和关键性。例如，贸易网络中经济体的网络度中心性表示经济体的影响力，引文网络中论文的中心性衡量论文影响力和重要性等属性。

3.2.2　节点的强度

在加权网络中，节点度不一定能够准确地表示节点的中心性或重要性。在很多加权网络分析中，我们有必要同时考虑连边的权重来计算节点重要性和中心性。针对有向加权网络及其权重矩阵 $\boldsymbol{W}$，我们可以定义节点 i 的出强度为

$$s_i^{\text{out}} = \sum_{j=1}^N w_{ij} \tag{3.7}$$

其中：w_{ij} 表示节点 i 和节点 j 之间的权重系数。例如，复杂贸易网络中 s_i^{out} 表示经济体 i 的商品出口量 w_{ij} 的总和。同样，定义节点入强度为

$$s_i^{\text{in}} = \sum_{j=1}^N w_{ji} \tag{3.8}$$

例如，在复杂贸易网络中 s_i^{in} 表示经济体 i 贸易进口量总和。节点度和节点强度各具优缺点，适用于不同的网络问题和现实问题。网络结构指标和概念非常多，针对不同的网络结构特征进行了定义和测度。因此，不存在一种适用于所有问题的网络指标。一般而言，节点度和节点强度之间存在正相关关系。

3.2.3　聚簇系数

节点的聚簇系数（Clustering Coefficient）刻画网络节点的邻居节点之间的连接紧密程度。节点 i 的局部聚簇系数 $C_c(i)$ 是它的相邻节点之间的关系数与它们所有可能存在的关系数量的比值[50]，计算公式为

$$C_c(i) = \frac{\sum\limits_{i,j \in \mathcal{N}_i} a_{ij}}{k_i(k_i - 1)} \tag{3.9}$$

其中：$\mathcal{N}_i$ 为节点 i 的邻居节点集合；a_{ij} 为邻接矩阵元素；$a_{ij} = 1$ 表示节点 i 和节点 j 之间有边相连。同样，我们可定义整个网络的平均聚簇系数为

$$C_c = \frac{\sum\limits_{i=1}^N C_c(i)}{N} \tag{3.10}$$

很显然，星状网络的节点聚簇系数为 0，而完全图的节点聚簇系数为 1。换一个角度而言，在节点聚簇系数越高的网络中，三角形结构越多。在社会好友关系网络中，越高的聚簇系数表示朋友的朋友也是朋友的概率越高。

3.2.4　接近中心性

接近度（Closeness）中心性指标可以度量节点到其他节点的难易程度，也就是到其他所有节点距离的倒数的平均值

$$C(i) = \frac{L_i}{N-1} \tag{3.11}$$

其中：L_i 是从节点 i 到达其他节点（不计 i）的距离的倒数之和，具体计算公式为

$$L_i = \sum_{j=1}^{n_i} \frac{1}{l_{ij}} \tag{3.12}$$

其中，n_i 是节点 i 的可达节点数量，l_{ij} 是节点 i 到节点 j 之间的距离。因此，接近中心性可表示为

$$C(i) = \frac{\sum\limits_{j=1}^{n_i} \frac{1}{l_{ij}}}{N-1} \tag{3.13}$$

对于孤立节点 i，$C(i)$ 为 0。在分析有向网络时，式 (3.13) 计算的是出接近（Out-closeness）中心性。同样，我们也可以定义入接近（In-closeness）中心性，即度量其他节点到此节点的难易程度。

3.2.5　介数中心性

图论中节点之间的最短路径计算复杂度较高，且图中两两节点之间的最短路径不唯一，因此很多基于最短路径的网络指标具有较大的计算复杂性。介数（Betweenness）中心性是基于网络最短路径定义的节点的结构指标。介数中心性是指两节点间所有最短路径中经过某个给定节点的路径数目占最短路径总数的比例[58]，其计算公式为

$$B_t(i) = \sum_{st} \frac{n_{st}^i}{g_{st}} \tag{3.14}$$

其中：n_{st}^i 为从节点 s 到节点 t，且经过 i 的最短路径数量；g_{st} 为从节点 s 到 t 所有最短路径的总数量。在国际贸易网络中，高介数中心性的经济体由于影响着其他经济体之间的贸易流，在网络中的影响力不容小觑。在复杂网络中，较高介数中心性的节点扮演了桥梁的作用，一般链接了不同模块，对网络连通性或网络效率具有重要作用。

3.2.6　特性向量中心性

特性向量（Eigenvector）中心性是基于图和网络上的随机游走思想定义，用来衡量一些动力学过程中的节点中心性。在网络传播动力学中，随机游走思想应用较多，例如消息传播、病毒扩散、谣言扩散、风险传导等。随机游走过程可以建模成一个智能体从网络中

一个节点随机跳转到相邻节点。因此节点中心性不仅和该节点相连的边数量相关，也与该节点相连的节点的中心性相关。节点 i 的特性向量中心性 e_i 具体定义为

$$\lambda e_i = \sum_{j=1}^{N} a_{ij} e_j \tag{3.15}$$

其中：N 表示网络数量节点。邻接矩阵用 $\boldsymbol{A}$ 表示，邻接矩阵元素为 a_{ij}。邻接矩阵大小为 $N \times N$，则矩阵存在 N 个特征值，分别为 $\lambda_1, \lambda_2, \cdots, \lambda_N$。假设邻接矩阵的最大特征值为 λ，对应的特征向量为 $\boldsymbol{e} = [e_1, e_2, \ldots, e_N]^{\mathrm{T}}$，则可以表示成

$$\lambda \boldsymbol{e}^{\mathrm{T}} = \lambda[e_1, e_2, \cdots, e_N] = \left[\sum_{j=1}^{N} a_{1j} e_j, \cdots, \sum_{j=1}^{N} a_{Nj} e_j \right] \\ = \boldsymbol{A}[e_1, e_2, \cdots, e_N]^{\mathrm{T}} = \boldsymbol{A} \boldsymbol{e}^{\mathrm{T}} \tag{3.16}$$

特征向量中心性指标即为最大特征值所对应的特征向量，如果节点特征向量中心性指标值高，说明节点靠近网络中心，是值得高度关注的网络节点。在一些复杂决策问题中，特征向量中心性指标较大的节点具有较大传染性和影响力。

3.2.7 PageRank 中心性

PageRank 中心性指标是衡量有向网络中节点重要性的指标[59]，由谷歌创始人 Larry Page 提出，该算法用来进行网页排名，度量万维网中网页重要性程度，具体计算公式为

$$\boldsymbol{r} = c\boldsymbol{P}\boldsymbol{r} + (1-c)\frac{1}{N} \tag{3.17}$$

其中：$\boldsymbol{P} = \boldsymbol{A}\boldsymbol{D}^{-1}$；$\boldsymbol{A}$ 为网络的邻接矩阵；$\boldsymbol{D}$ 为度矩阵，对角线元素为节点度，其他元素为 0。参数 c 能够调节随机游走过程中智能体随机跳转到任意节点的概率。经过简单推导后，我们可以得到公式

$$\boldsymbol{r} = (1-c)(\boldsymbol{I} - c\boldsymbol{P})^{-1}\frac{1}{N} \tag{3.18}$$

在 PageRank 中心性计算公式中，参数 $c = 1$ 时，PageRank 中心性就退化成特征向量中心性。

3.2.8 权威值得分和枢纽值得分

权威值得分（Authorities）和枢纽值得分（Hubs）是 Kleinberg 提出的 HITS 算法所涉及的两项指标，也是中心性测度中不可分割的一对测度[60]。权威中心性高的节点是被大量核心中心性高的顶点所指向的节点，因此权威值得分与入度中心性指标具有较高的相关性。相反，枢纽值中心性高的节点是指向大量高权威中心性节点的节点，枢纽值得分与出度中心性指标具有较高的相关性。HITS 算法构造巧妙，理论上能够为节点中心性提供较

多的信息，所以指标相对复杂。为了对比分析不同网络权威值得分或枢纽值得分，枢纽值或权威值得分将根据节点在该分量中的百分比来表示，节点得分（枢纽值或权威值）之和等于 1。

节点中心性分析是复杂网络研究的重要课题。在复杂网络结构分析中，不同中心性指标刻画了节点不同位置属性，多样性的指标具有不同的特征规律。在不同现实问题中，不同节点中心性指标发挥不同的作用。如何选择合适的节点中心性指标，需要结合特定的问题背景以及问题特征进行综合考虑，或者尝试不同的节点中心性指标，比较不同指标的决策效果，选择最优的指标进行问题求解和分析。

3.2.9 k 核中心性

节点度中心性是常用的中心性指标。但是，节点度中心性只能衡量相邻节点数量，并不能刻画相邻节点之间的连接信息。k 核（k-core）算法能识别出节点的 k 核中心性。k 核是指删除度小于等于 $k-1$ 的节点后，剩下的度大于等于 k 的所有节点。换言之，删除节点后，k 核中每个节点的度值至少为 k，每个节点至少和 k 个其他节点连接。k 越大，k 核中节点集合在整个网络中处于越核心位置。显然，k 值越大，所得到的 k 核节点集合越小。

k 核算法去除图或网络中不重要的节点（度较小节点），得到核心节点集合，k 核算法为迭代算法。首先我们将网络中度值为 1 的节点和相邻的连边删除，则剩余节点中会有一些节点的度变小。如果仍存在度为 1 的节点，继续删除度为 1 的节点，直到剩余网络中节点的度值都大于 1，算法将被删除的全部节点的 k 核值记作 1。

类似地，我们可采取同样的方法删除度小于 2 的节点，被删去的全部节点的 k 核值记作 2。k 核算法是一个迭代算法，得到的 k 核结构是嵌套结构。k 核集合里面包含了阶数较大的 $(k+1)$ 核集合等。同时，我们也可以发现 k 核中节点集合构成的剩余子图不一定是连通子图。k 核中心性示例图如图 3-1 所示。

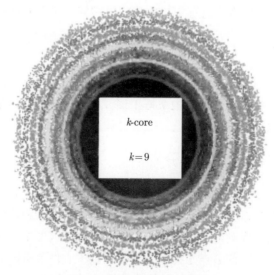

图 3-1 k 核中心性示例图

k 核图使用 LaNet-vi 进行可视化[61]。图 3-1 中算法提供了一种直接方法来区分不同层次结构和组织结构。每一层都由单个 k 值索引标记，节点由不同颜色表示。图 3-1 中最内圈的节点的 k 核值 $k = 9$，最外层节点的 k 核值可记作 1。图 3-1 从外圈到内圈，k 核值越来越大，越靠近中心 k 核值越大。

3.3 网络连边指标

网络的节点和连边是复杂网络分析最核心的研究对象，也是组成复杂网络的基本单元。节点中心性和重要性研究应用非常广泛，连边中心性和重要性也同样具有重要的研究价值和应用价值。图论中对偶图的节点是原始网络的连边。因此当我们计算原始网络的连边重要性和中心性时，可以将原始网络转化成对偶图，然后应用对偶图中节点的重要性和中心性指标来度量原始连边的重要性和中心性。

对偶图的思想巧妙地关联了节点中心性和重要性指标与连边中心性和重要性指标，使得网络节点重要性和中心性的所有指标都能够用来度量连边重要性和中心性。一般而言，复杂网络分析是建立在图论基础之上，因此深入理解和挖掘图论的相关理论和方法，为复杂网络分析提供更多具有洞见的思想，也提供诸多有效分析网络结构和动力学特征的工具和研究方法。

3.3.1 连边权重

网络连边的中心性指标衡量连边在网络结构和功能中的重要性和关键性。针对加权网络，复杂网络结构可以用权重矩阵表示，矩阵元素为连边权重，而连边权重可以直接作为连边重要性指标或中心性指标。例如，国际贸易网络中商品贸易网络可以用贸易量作为权重。在权重矩阵中，第 i 行第 j 列元素表示经济体 i 出口至经济体 j 的贸易量或者贸易量占经济体 i 总出口量的比例等。

3.3.2 显著性测度

连边权重是衡量连边重要性和中心性的绝对量。在实际情况下，连边重要性对于节点而言具有相对性，绝对量反而影响问题求解和分析。例如，国际贸易网络中一千万人民币的贸易量对较小经济体而言，是非常重要的贸易关系，但是对于较大经济体而言可能就不那么重要。

在复杂加权网络中，连边重要性识别方法[62]通过过滤不显著的连边构建复杂网络的核心骨架网络。假设复杂网络中节点之间的权重矩阵元素为 v_{ij}，表示从节点 i 到节点 j 的连边权重。我们定义节点之间的流出相对权重矩阵 $\boldsymbol{W}^{\text{out}}$，其中矩阵元素 w_{ij}^{out} 表示节点 i 流出到节点 j 的权重 v_{ij} 占节点 i 的总流出权重的比例：

$$w_{ij}^{\text{out}} = \frac{v_{ij}}{s_i^{\text{out}}} \tag{3.19}$$

同样，我们可以定义节点之间的流入节点相对权重矩阵 $\boldsymbol{W}^{\mathrm{in}}$，其中矩阵元素 w_{ij}^{in} 表示从节点 i 流入节点 j 的权重 v_{ij} 占节点 j 的总流入权重的比例：

$$w_{ij}^{\mathrm{in}} = \frac{v_{ij}}{s_j^{\mathrm{in}}} \tag{3.20}$$

基于相对权重比例矩阵 $\boldsymbol{W}^{\mathrm{in}}$ 和 $\boldsymbol{W}^{\mathrm{out}}$，连边重要性识别方法[62] 定义每一条边 $i \to j$ 的显著性指标 α，具体计算公式为

$$\alpha_{ij}^{\mathrm{out}} = 1 - \left(k_i^{\mathrm{out}} - 1\right) \int_0^{w_{ij}^{\mathrm{out}}} (1-x)^{k_i^{\mathrm{out}}-2}\,\mathrm{d}x = \left(1 - w_{ij}^{\mathrm{out}}\right)^{k_i^{\mathrm{out}}-1} \tag{3.21}$$

其中：k_i^{out} 为节点 i 的出度；w_{ij}^{out} 为节点 i 到节点 j 的权重所占比例。对于节点 i 而言，式 (3.21) 衡量连边 $i \to j$ 的显著性。我们从式 (3.21) 可以看出当 w_{ij}^{out} 越大时，显著性指标 $\alpha_{ij}^{\mathrm{out}}$ 越小，说明网络连边 $i \to j$ 对于节点 i 的流出权重越显著，且越重要。同样，我们可以定义网络连边 $i \to j$ 对节点 j 的显著性指标 $\alpha_{ij}^{\mathrm{in}}$，具体计算公式为

$$\alpha_{ij}^{\mathrm{in}} = 1 - \left(k_j^{\mathrm{in}} - 1\right) \int_0^{w_{ij}^{\mathrm{in}}} (1-x)^{k_j^{\mathrm{in}}-2}\,\mathrm{d}x = \left(1 - w_{ij}^{\mathrm{in}}\right)^{k_j^{\mathrm{in}}-1} \tag{3.22}$$

其中，k_i^{in} 是节点 i 的入度。w_{ij}^{in} 表示节点 i 到节点 j 的权重与节点 j 入强度的比例。式 (3.22) 表明，当权重所占的比例 w_{ij}^{in} 越大时，显著性指标 $\alpha_{ij}^{\mathrm{in}}$ 越小，说明网络连边 $i \to j$ 对于节点 j 的流入权重越显著、越重要。更详细的连边显著性定义可以参考连边重要性识别方法的原始文献资料[62]。

在复杂加权网络中，连边 $i \to j$ 存在两个端点，一个是流出节点 i，一个是流入节点 j，或者称之为源节点和目标节点。例如，在国际贸易网络中，出口经济体和进口经济体。复杂加权网络存在一种情况，$i \to j$ 对于流出节点 i 而言是显著的，并不一定代表对于流入节点 j 而言连边 $i \to j$ 也是显著的。同样，如果 $i \to j$ 对于流入节点 j 而言是显著的，但是并不一定代表对于流出节点 i 而言也是显著的。在人类社会网络中，此种情况也非常常见。例如，一方将另一方当作重要的朋友，但是另一方却不一定把他当作重要的朋友。一般而言，连边的重要性对于两个端点而言是非对称的。

因此，对于一条连边 $i \to j$ 可以计算两个显著性指标 $\alpha_{ij}^{\mathrm{out}}$ 和 $\alpha_{ij}^{\mathrm{in}}$，如何确定连边 $i \to j$ 的显著性? 我们将给出两种定义方式来衡量连边 $i \to j$ 的显著性。如果我们只要连边 $i \to j$ 双方节点 i 和节点 j 一方认为连边 $i \to j$ 显著，那么连边 $i \to j$ 就是显著的，可以定义

$$\alpha_{ij}^{\min} = \min\left(\alpha_{ij}^{\mathrm{out}}, \alpha_{ij}^{\mathrm{in}}\right) \tag{3.23}$$

因此，在给定的显著性水平 α 下，如果 $\alpha_{ij}^{\mathrm{out}} < \alpha$ 或者 $\alpha_{ij}^{\mathrm{in}} < \alpha$，就认为复杂网络中连边 $i \to j$ 是显著的，即满足

$$\alpha_{ij}^{\min} < \alpha \tag{3.24}$$

另一种方法是需要连边 $i \rightarrow j$ 关联的节点 i 和节点 j 都认为连边 $i \rightarrow j$ 显著，那么连边 $i \rightarrow j$ 就是显著的，因此定义

$$\alpha_{ij}^{\max} = \max\left(\alpha_{ij}^{\text{out}}, \alpha_{ij}^{\text{in}}\right) \tag{3.25}$$

因此，在给定的显著性水平 α 下，如果 $\alpha_{ij}^{\text{out}} < \alpha$ 且 $\alpha_{ij}^{\text{in}} < \alpha$，就认为复杂网络中连边 $i \rightarrow j$ 是显著的，即

$$\alpha_{ij}^{\max} < \alpha \tag{3.26}$$

一般而言，显著性 $\alpha_{ij}^{\min}$ 和显著性 $\alpha_{ij}^{\max}$ 与权重 v_{ij} 之间存在负相关，也就是权重 v_{ij} 越大，显著性 $\alpha_{ij}^{\min}$ 和显著性 $\alpha_{ij}^{\max}$ 越小，连边越显著，也越重要。因此，连边重要性识别方法[62] 定义的显著性指标同样包含权重 v_{ij} 越大，则连边越显著，越重要。

3.3.3　边介数中心性

类似于节点的介数中心性，基于网络最短路径同样可以定义连边的介数中心性。连边 ij 的介数中心性是指两个节点间所有最短路径中经过连边 ij 的路径数目占最短路径总数的比例[58]，其计算公式为

$$b_{ij} = \sum_{st} \frac{n_{st}^{ij}}{g_{st}} \tag{3.27}$$

其中，n_{st}^{ij} 表示从节点 s 到节点 t 且经过连边 ij 的最短路径数量。g_{st} 为从节点 s 到节点 t 所有最短路径的总数。高介数中心性的连边在节点间的最短路径之中具有重要的作用，删除具有高介数中心性的连边将增加一些节点间的最短路径长度，在网络中的影响力较大[58,63]。

3.3.4　共同邻居数

网络连边对应的两个节点的共同邻居数量可以衡量网络关系的重要性。在无权网络中，直接用共同邻居数量来衡量连边重要性，表示为

$$\beta = \sum_{z \in \mathcal{N}_i \cap \mathcal{N}_j} 1 = |\mathcal{N}_i \cap \mathcal{N}_j| \tag{3.28}$$

其中：$\mathcal{N}_i$ 表示节点 i 的邻域节点集合。$\mathcal{N}_i \cap \mathcal{N}_j$ 表示节点 i 和 j 的共同邻居集合。

在复杂加权网络中，连边重要性用共同邻居的连边权重之和表示，具体计算公式为

$$\beta = \sum_{z \in \mathcal{N}_i \cap \mathcal{N}_j} \frac{w_{iz} + w_{zj}}{2} \tag{3.29}$$

其中：z 为节点 i 和 j 的共同邻居，w_{iz} 为节点 i 和邻居 z 的连边权重。

3.3.5　网络关系 Adamic/Adar 量

在加权网络中，如果共同邻居 z 自己具有较多的邻居（节点度较大），那么就减少了连边 ij 的重要性程度，因此引入 Adamic/Adar 变量[64] 来度量连边重要性，计算公式为

$$\gamma = \sum_{z \in \mathcal{N}_i \cap \mathcal{N}_j} \frac{w_{iz} + w_{zj}}{\log(1 + s_z)} \tag{3.30}$$

其中：$s_z = \sum\limits_{u \in \mathcal{N}_z} w_{zu}$，表示共同邻居的节点强度。

3.3.6　网络关系 Resource Allocation 量

类似 Adamic/Adar 量的定义，可以加大邻居贸易量的影响程度，定义连边重要性变量 Resource Allocation[65]，计算公式为

$$\zeta = \sum_{z \in \mathcal{N}_i \cap \mathcal{N}_j} \frac{w_{iz} + w_{jz}}{s_z} \tag{3.31}$$

其中：$s_z = \sum\limits_{u \in \mathcal{N}_z} w_{zu}$，表示共同邻居的节点强度。

3.4　网络模体结构

网络模体（Network Motif）是指在网络中重复出现的子网络的结构模式，其频率远远高于随机网络中子网络出现的频率。模体被认为是复杂网络中扮演重要功能角色的基本构建单元，也能作为网络结构的特征属性进行分析。

3.4.1　模体的定义

模体作为网络子图，同样由节点构成，不同数量节点的模体具有不一样的复杂度，可以简单分成三元模体（3 个相连节点构成）、四元模体（4 个相连节点构成）等。

3.4.2　无向网络的四元模体

四元无向模体的结构示意图如图 3-2 所示。四元无向模体由四个节点组成，而且四个节点必须相连，不存在孤立节点。

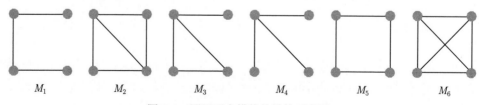

图 3-2　四元无向模体的结构示意图

在无向网络中，最简单的四元模体结构为图 3-2 中模体 M_1，四个节点和三条边组成了链式结构，链式结构是复杂网络中最简单和最常见结构。模体 M_4 是一个星状结构模体，中心节点度为 3，边缘节点度为 1。模体 M_6 是完全图结构，一般实际网络中出现的概率较低。例如，股票交易网络中模体 M_6 可以作为异常交易的信号。在市场中撮合成交过程中，股票交易网络出现四个交易者之间互相买卖股票的可能性极低，极有可能是有意为之，具有极大的股票操纵嫌疑。

3.4.3 有向网络的三元模体

三元有向模体结构示意图如图 3-3 所示。在有向网络中，三元模体结构共有 13 种，分别用 $M_1, M_2, \cdots, M_{13}$ 表示，不同模体有着特殊含义和结构特征。同时，相同的模体在不同的实际网络中也具有不同的实际意义和解释。

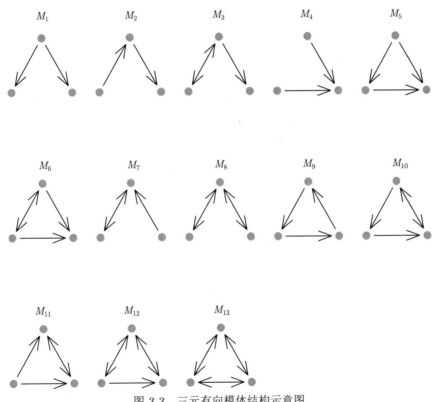

图 3-3 三元有向模体结构示意图

图 3-3 中模体 M_1 是一个星状结构模体，中心节点出度为 2。模体 M_2 是链式结构，模体 M_4 是星状结构。模体 M_5、M_6、M_7、M_{10}、M_{11}、M_{12}、M_{13} 是社会网络中研究较多的"朋友的朋友也是朋友"的三角形结构。模体 M_9 中 3 个节点构成了一个有向闭合圈结构。模体结构对网络功能与网络动力学具有关键作用，而且不同背景下网络中模体代表的意义更加丰富和多样。在生物领域中，不同蛋白质网络结构有着不同功能。在传染病和信息传播过程中，模体对社会网络结构和传播动力学过程具有重要影响。

针对给定的复杂网络，我们可以枚举网络中模体 i 出现的相对频率 p_i，构建模体出现的比率向量 $\boldsymbol{p} = (p_1, p_2, \cdots, p_{13})$，模体比例满足 $\sum\limits_{i=1}^{13} p_i = 1$。因此，我们可以定义模体 M_i 出现频率的 z-score，计算公式为

$$\eta_i = \frac{p_i - \langle p_i \rangle}{\sigma(p_i)} \tag{3.32}$$

其中：p_i 表示实际网络中模体 i 出现的比例；$\langle p_i \rangle = \sum\limits_{j=1}^{n} p_i^j / n$ 和 $\sigma(p_i)$ 是模体生成的 n 个随机网络中模体 i 出现比例 p_i^j 的平均值和标准差。因此模体属性向量可以表示为

$$\boldsymbol{\eta} = (\eta_1, \eta_2, \cdots, \eta_{12}, \eta_{13}) \tag{3.33}$$

$\boldsymbol{\eta}$ 作为实际网络的结构特征表示向量，能够作为网络分类或图分类的特征向量。

3.4.4　有向网络三元模体与节点位置结构

模体的分布能够表征网络结构特征。进一步分析可以发现，模体中的节点位置具有差异性。有向网络共有 13 个不同的三元有向模体[66]，其位置结构示意图如图 3-4 所示。

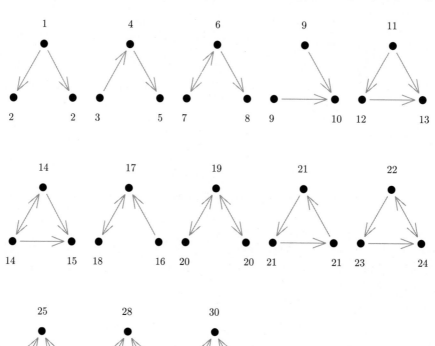

图 3-4　三元有向模体位置结构示意图

模体在微观层面揭示个体之间的关联结构。例如，如果连边关系表示个体之间的依赖关系，模体 $2 \leftarrow 1 \rightarrow 2$ 代表一个人依赖另外两个人的情况。模体 $3 \rightarrow 4 \rightarrow 5$ 意味着一个人依赖于另一个人，而另一个人又依赖于第三个人。模体 $A \rightarrow B \rightarrow C \rightarrow A$ 表示个体 A 依赖个体 B，个体 B 依赖个体 C，个体 C 也依赖个体 A 的情况。

我们可以在 13 个三元有向模体中识别出 30 个不同的模体位置[67]，如图 3-4 所示，图中节点旁边的数字是模体中"唯一位置"的编号。在复杂网络中，同一个节点可以出现在不同的模体之中，因此也能出现在不同的模体位置。针对给定的复杂网络，我们可以枚举节点 i 在 30 个不同位置出现的相对频率，用 $p_{i,j}$ 表示节点 i 在模体位置 j 出现的频率，依次枚举后可以得到节点 i 的模体位置结构属性向量 $\boldsymbol{p}_i = (p_{i,1}, p_{i,2}, \cdots, p_{i,30})$。显然，位置结构属性向量中元素满足 $\sum_{j=1}^{30} p_{i,j} = 1$。

因此，我们定义节点 i 在位置 j 出现频率的 z-score：

$$\Theta_{i,j} = \frac{p_{i,j} - \langle p_{i,j} \rangle}{\sigma(p_{i,j})} \tag{3.34}$$

其中：$\langle p_{i,j} \rangle = \sum_{i=1}^{N} p_{i,j}/N$ 和 $\sigma(p_{i,j})$ 是模拟生成的随机网络中节点的 $p_{i,j}$ 的平均值和标准差[68-69]。因此，节点位置结构的属性向量可以表示为

$$\boldsymbol{\Theta}_i = (\Theta_{i,1}, \Theta_{i,2}, \cdots, \Theta_{i,29}, \Theta_{i,30}) \tag{3.35}$$

位置结构的属性向量作为节点表示向量，可以作为一种节点属性的表示形式，具有较为明确的位置属性和结构特征，相较于一些网络嵌入和网络机器学习、图深度学习算法而言，具有较好的可解释性。节点 i 和 m 之间的结构相似性被定义为 $\boldsymbol{\Theta}_i$ 和 $\boldsymbol{\Theta}_m$ 之间的相关系数，公式为

$$C_{i,m} = \frac{\sum_j [(\Theta_{i,j} - \langle \Theta_i \rangle)(\Theta_{m,j} - \langle \Theta_m \rangle)]}{\left[\sum_j (\Theta_{i,j} - \langle \Theta_i \rangle)^2\right]^{1/2} \left[\sum_j (\Theta_{m,j} - \langle \Theta_m \rangle)^2\right]^{1/2}} \tag{3.36}$$

其中：j 表示网络节点位置编号。

3.5　网络模块结构

在很多社会网络中，物以类聚人以群分，个体总是处于社团、圈子或组织之中。在复杂网络研究中，社区发现（Community Detection）算法，又称模块发现是被广泛研究并使用的方法和工具，可应用于节点分类等任务。例如，在市场营销中，市场研究人员为了对客户进行分类，实现精准营销，可通过模块发现算法对所构建的社会网络中的个体进行分类。

3.5.1 网络模块定义

复杂网络科学家 Newman 在 2003 年提出模块度（Modularity）的概念，是评估网络模块划分好坏的度量指标，具体含义是计算模块内顶点的连接边数与随机情况下的边数之差，复杂网络模块度 Q 的计算公式为

$$Q = \frac{1}{2m} \sum_i \sum_j \left(a_{ij} - \frac{k_i k_j}{2m} \right) \delta(c_i, c_j) \tag{3.37}$$

在无权网络中，公式中 a_{ij} 为邻接矩阵的元素，k_i 为节点的度；在加权网络中，公式中 a_{ij} 为权重矩阵的元素，k_i 应换成为节点的强度 w_i。公式中的 m 表示连边总数量，计算公式为

$$m = \frac{1}{2} \sum_i \sum_j a_{ij} \tag{3.38}$$

在式 (3.37) 中，函数 $\delta(c_i, c_j)$ 表示节点 i 的分类 c_i 是否和节点 j 的分类 c_j 相同，如果节点 i 和节点 j 属于同一个分类或模块，则 $\delta(c_i, c_j) = 1$，具体表示如下：

$$\delta(c_i, c_j) = \begin{cases} 1, & c_i = c_j \\ 0, & c_i \neq c_j \end{cases} \tag{3.39}$$

功能或属性相似的节点拥有相似的拓扑性质[70]，因而很多复杂网络存在模块结构。复杂网络中模块内部的成员之间联系相对紧密，而各模块间的联系相对稀疏[71-72]。基于模块结构的节点重要性指标和影响力指标不仅考虑节点的个体特征，还融合网络模块的结构信息。

融合网络模块信息[73]能够充分挖掘复杂网络节点的结构属性和特征。基于 Newman 等人提出的经典模块化算法，我们能够对复杂网络进行模块划分[74-76]，识别节点在复杂网络中的位置结构，基于模块划分结果定义模块内度和参与系数等指标，衡量节点对模块内外的影响力及其重要性。

3.5.2 模块内度

模块内度衡量节点在所处模块内部的影响力和重要性，刻画节点与模块内部其他节点的连接程度，具体计算公式表示如下[73]：

$$Z_i = \frac{k_{i,s} - \overline{k}_{i,s}}{\sigma_s} \tag{3.40}$$

其中：$k_{i,s}$ 表示节点 i 在模块 s 内与模块内部其他节点的连边数量。$\overline{k}_{i,s}$ 是模块 s 内所有节点的 $k_{i,s}$ 的平均值。σ_s 是模块 s 内所有节点的 $k_{i,s}$ 的标准差。如果节点 i 在模块 s 内与许多节点存在网络关系，Z_i 值就越大，节点 i 对模块内的其他节点影响力越大。

3.5.3　参与系数

参与系数衡量节点除所处模块 s 以外，与其他模块中节点的连接均匀程度。参与系数用 P 表示，计算公式为[73]

$$P_i = 1 - \sum_{s=1}^{N_M} \left(\frac{k_{i,s}}{k_i} \right)^2 \tag{3.41}$$

其中：$k_{i,s}$ 是节点 i 与模块 s 中节点的连边数量，k_i 是节点 i 的度，N_M 表示网络中模块的总数量。参与系数接近 1 表示节点 i 的邻居节点均匀分布在所有的模块之中，参与了其他网络模块的连接；若 $P=0$，则表示节点 i 的所有邻居节点都和 i 在相同模块 s 之中，没有参与其他网络模块的连接。

3.5.4　模块外度

参与系数 P 可衡量节点影响力在各个模块中均匀分布程度，但无法测度节点在模块外影响力的大小。模块外度衡量节点与模块外节点的连接程度，能够刻画节点对于模块外部的节点的影响力大小[77]。模块外度可用 B 表示[77]，具体计算公式为

$$B_i = \frac{m_{i,s} - \overline{m_{i,s}}}{\sigma_s} \tag{3.42}$$

其中：$m_{i,s}$ 是节点 i 与模块 s 以外的其他节点的连边数量，$\overline{m_{i,s}}$ 是模块 s 内所有节点 $m_{i,s}$ 的平均值，σ_s 是模块 s 内所有节点 $m_{i,s}$ 的标准差。

3.5.5　模块稳定性

在动态演化的复杂网络中，模块中成员流动性决定模块稳定性[78]。在一些社团组织中，组织成员活跃程度高，流动性大；在一些组织中，组织成员比较固定，流动性较小。为了刻画不同网络模块中成员流动性随时间变化情况，我们定义组织中成员流动性统计量 $\phi(t)$[78]：

$$\phi(t) = \frac{|V(t) \bigcap V(t-1)|}{|V(t) \bigcup V(t-1)|} \tag{3.43}$$

其中：$V(t)$ 表示 t 时刻网络模块成员集合，$|V(t) \bigcap V(t-1)|$ 表示 t 和 $t-1$ 时刻网络模块成员集合 $V(t)$ 和 $V(t-1)$ 中相同成员的数量（交集大小）。$|V(t) \bigcup V(t-1)|$ 表示 t 和 $t-1$ 时刻网络模块成员集合 $V(t)$ 和 $V(t-1)$ 中所有成员的数量（并集大小）。$\phi(t)$ 越大说明社团组织流动性低，相邻时间里社团组织成员变化较小。

我们定义模块平均流动性 Φ 刻画模块成员流动性的演化规律，具体计算公式为

$$\Phi = \frac{\sum\limits_{t=2}^{\tau} \phi(t)}{\tau - 1} \tag{3.44}$$

其中：τ 为模块的生命周期，$\phi(t)$ 为模块在 t 时刻流动性的统计量。

3.6 网络全局结构

网络结构特征可以从不同视角并在多个尺度上进行分析，如节点、连边、模体、模块（或社团）和全局网络结构特征，如图 3-5 所示。随着尺度越来越大，涵盖的网络信息也越来越多。随着网络研究视角的多样化，全方位的复杂网络分析将挖掘更多网络结构信息和特征规律。

从模体视角而言，节点为一元模体，连边为二元模体，以及上述的三元模体、四元模体等。节点之间可以构建连边，多个节点和连边可以构建具有特定结构和功能的模体，而具有类似结构的子图可以构成模块，模块与模块之间的关系构成全局网络。图 3-5 中节点、连边、模体、模块和全局网络结构特征横跨微观尺度、介观尺度和宏观尺度，为全方位、多尺度分析复杂网络结构提供大量的研究工具和方法。

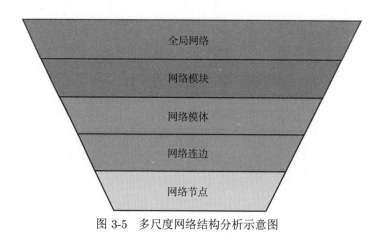

图 3-5　多尺度网络结构分析示意图

在复杂网络分析中，很多全局网络结构特征可以基于更小尺度的结构特征进行计算和表示，例如，13 个有向三元模体的分布向量可以作为全局网络结构特征向量。我们将介绍一些复杂网络全局结构特征指标和分析工具。

3.6.1 网络密度

网络密度 ρ 定义为网络存在的连边数量和完全图连边数量的比值，可以衡量连边的稠密程度。简单图（无自环）的网络密度 ρ 的具体计算公式为

$$\rho = \frac{\sum_i \sum_j a_{ij}}{N(N-1)} \tag{3.45}$$

其中：N 表示节点数量，a_{ij} 为网络邻接矩阵元素，$a_{ij} = 1$ 表示节点 i 和 j 之间存在一条连边。无自环的简单图的邻接矩阵对角线元素为 0。因此，无向完全图的连边数量为 $N(N-1)/2$。在很多复杂系统中，连边关系可以作为系统的一个重要特征。例如，股票关联网络中网络密度可以作为衡量股票市场系统性风险的指标。

3.6.2　网络同配性和异配性

复杂网络中的边连接两个节点，两个节点的度大小不一，如星状网络中边缘节点和中心节点的度差异较大，都是度大的节点连接度小的节点。在很多现实社会网络中，度大的节点（个体）倾向于和其他度大的节点（个体）连接。连边两端的节点度的相关性是重要的网络结构特性。如果网络中的节点趋向于和自身度相近的节点相连，就称网络具有同配性（Assortativity）；反之，就称网络具有异配性（Disassortativity）。网络同配性（或异配性）的程度可用度相关系数 r 表示为

$$r = \frac{M^{-1}\sum_i j_i k_i - \left[M^{-1}\sum_i \frac{1}{2}(j_i+k_i)\right]^2}{M^{-1}\sum_i \frac{1}{2}(j_i^2+k_i^2) - \left[M^{-1}\sum_i \frac{1}{2}(j_i+k_i)\right]^2} \tag{3.46}$$

其中：M 表示连边数量，$i=1,\cdots,M$ 表示连边的编号，j_i 和 k_i 表示连边 i 的两个顶点的度。我们使用系数 r 来衡量网络的异配性。相关系数 r 满足 $-1 \leqslant r \leqslant 1$，系数 $r>0$ 表示网络是同配网络，系数 $r<0$ 表示网络是异配网络。

3.6.3　网络稳健性

网络稳健性定义较多，且具有不同的含义。例如，网络结构在受到冲击时保持网络结构不变的能力，或是当节点和连边被移除时网络保持连通性不变的能力等。网络稳健性和网络韧性相关，具有相似的内涵。在复杂网络受到冲击时，节点和连边会失效。在计算实验中，我们可以通过删除节点和连边建模节点和连边失效，进而研究网络稳健性。

我们计算移除节点后剩余网络的最大连通子图的节点数量，并计算其与原始节点数量的比值 γ^{node}。比例指标 γ^{node} 衡量网络的连通性，同样也可以刻画网络稳健性，表明节点失效后剩余网络中节点之间的连通性程度，计算公式为

$$\gamma^{\text{node}}(p) = \frac{N_p^{\text{node}}}{N} \tag{3.47}$$

其中：N_p^{node} 表示删除比例为 p 的节点后剩余的最大连通子图中的节点数量，N 表示原始网络中节点数量。在数值模拟过程中，移除节点时可以按照不同的策略进行，不同的节点移除策略可以模拟不同现实场景中的冲击，最常用的移除策略是随机移除节点。

同样，我们可以移除网络中部分失效的连边，剩余网络中节点之间的连通性的计算公式为

$$\gamma^{\text{edge}}(p) = \frac{N_p^{\text{edge}}}{N} \tag{3.48}$$

其中：N_p^{edge} 表示删除比例为 p 的连边后剩余的最大连通子图的节点数量，N 表示原始网络中节点的数量。移除连边时可以按照不同的策略进行，如基于连边重要性指标和中心性

指标等。不同的连边移除策略可以模拟不同的连边冲击。例如国际贸易网络中贸易战、贸易冲突、局部战争、贸易封锁和经济制裁等。

随着移除节点或连边比例 p 的增大，剩余网络的最大连通子图的节点数量 N_p 越来越小。当 $p = 0$ 时，网络没有移除任何节点或连边，因此剩余节点数量不变，即 $N_p = N$，因此 $\gamma(p) = 1$。当 $p = 1$ 时，移除网络中所有节点或连边，因此节点数量 $N_p = 0$，因此 $\gamma(p) = 0$。因此，坐标系中 $\gamma(p)$ 和 p 的关系曲线从点 $(0,1)$ 单调递减到点 $(1,0)$。

为了定量度量网络的稳健性，我们采用坐标系中 $\gamma(p)$ 和 p 的关系曲线下的面积表示冲击对网络结构的影响程度，面积越小说明对网络连通性影响越大[79]。随着节点或连边的移除，最大连通子图中节点数量下降越快，网络结构变化越大，说明对应的节点或连边移除策略对网络结构稳健性具有更为重要的影响。因此，网络稳健性程度的计算公式为

$$R_\gamma = \frac{1}{N} \sum_{k=0}^{N} \gamma_{\mathrm{node}}(p_k) \tag{3.49}$$

其中：$p_k = k/N$ 表示删除的节点比例，N 为节点或连边的数量[80]。

3.6.4　网络效率

复杂网络结构和网络功能息息相关。在特定问题和特定背景下，不同的网络结构具有不同的作用和功能。网络效率刻画复杂网络中物质流、信息流或能量流的传输效率。在交通运输、谣言传播等问题中，科学家提出了大量的问题，进行了大量的研究，具有重要的研究价值和应用价值。

网络效率定义为网络中节点之间路径长度的倒数的平均值。在有向网络、无向网络、加权网络和无权网络中，节点之间最短路径长度的定义各不相同。在加权有向网络中，网络效率[81] 定义为

$$E_e = \frac{1}{N(N-1)} \sum_{i \neq j} e_{ij} \tag{3.50}$$

其中：e_{ij} 表示节点 i 和节点 j 之间的路径效率，衡量两节点之间物质流、信息流或能量流的传输效率。一般而言，最短路径越小，效率越高；反之，路径长度越大，效率越小。对于加权网络，边权越大，网络效率越高。网络效率的具体定义为

$$e_{ij} = \frac{1}{\sum_{l \in L_{ij}} \frac{1}{w_l}} \tag{3.51}$$

其中：L_{ij} 表示节点 i 和节点 j 之间最短路径的连边集合，l 表示集合 L_{ij} 中元素，w_l 表示连边 l 的权重。

同样，我们可以比较节点或连边的不同移除策略对网络有效性的影响。以原始网络的网络效率作为基准，移除节点后重新计算剩余网络效率（此时不需要考虑最大连通子图），且计算两者比值，可以比较不同网络效率的变化规律。比值计算公式为

$$\beta_{\mathrm{node}}(p) = \frac{E_e(p)}{E_e} \tag{3.52}$$

其中：E_e 表示原始网络的网络效率，$E_e(p)$ 表示网络按照给定的策略移除占比为 p 的节点或连边后的网络效率。

随着移除节点或连边比例 p 的增大，剩余网络的网络效率指标 $\beta(p)$ 越来越小。当 $p = 0$ 时，网络没有移除任何节点或连边，因此网络效率不变，$\beta(p) = 1$。$p = 1$ 表示移除网络中所有节点或连边，因此网络效率 $\beta(p) = 0$。我们用 $\beta(p)$ 和 p 的关系曲线下的面积表示冲击对网络效率的影响程度，面积越小说明网络效率受影响越大。在坐标系中，$\beta(p)$ 和 p 的关系曲线从点 $(0,1)$ 递减到点 $(1,0)$。类似于网络稳健性指标的定义方式，曲线下的面积表示节点或连边移除策略对网络效率的影响程度，面积越小说明网络效率影响越大，计算公式为

$$R_\beta = \frac{1}{N} \sum_{k=0}^{n} \beta_{\mathrm{node}}(p_k) \tag{3.53}$$

其中：$p_k = k/N$ 表示删除节点或连边的比例，N 表示节点或连边的数量[80]。

3.7 复杂网络分类

复杂网络分类方式很多，例如，无向网络和有向网络，加权网络和无权网络，静态网络和动态网络，同质网络和异质网络等。在图论基础知识中，介绍的大部分都是简单图，实际应用和分析的现实网络更加复杂。在不同研究领域中，实际的复杂网络更是枚不胜举。不同类型的网络有着特定的建模方法和分析思路，我们将简单介绍几类复杂网络。

3.7.1 异质网络

实际网络中的节点可能属于不同类型。例如，引文网络中节点不仅仅只有论文，还可以是专利等。引文网络中可以加入研究机构、作者、杂志等对象，以更加真实地反映科学研究的合作情况和知识传播情况。引文网络中每篇论文有不同的作者，因此论文和作者之间可以建立写作关系；每个作者都有自己的研究单位，因此研究单位和作者之间有隶属关系；研究机构和机构之间有合作关系；论文和研究机构之间也有归属关系。在商品贸易网络中，节点可以是客户，还可以是产品等。

网络中节点有不同的类型，而且连边也有不同类型，可以称作异质网络，具体定义如下：

定义 3.1 异质网络

异质网络（Heterogeneous Network）定义为 $G = (V, E)$，其中节点集合 V 中每个节点都对应一种类型，且属于类型集合 T_v。连边集合 E 中每条连边也对应一种类型，且属于类型集合 T_e。

3.7.2 多层网络

在实际应用分析中，一些节点之间具有明显的层次结构。例如，国家之间的航运网络可以连接经济体内的航空运输网络，经济体内的航空运输网络可以连接公路运输网络等。节点之间有层次结构，节点之间能够建立联系。

> **定义 3.2　多层网络**
>
> 多层网络（Multilayer Network）定义为 $G = (V, E)$，其中节点集合 V 中每个节点可以分成明显的层次结构，连边集合 E 中每条连边包括了层与层之间的连边和各个层内节点之间的连边。

3.7.3 多重网络

与多层网络类似，多重关系网络一般可以表示节点之间连边的多重关系。例如，客户和商品之间可以有买卖关系、浏览关系或者评论关系等。在社会关系网络中，社会成员之间可以有朋友关系、亲友关系、校友关系、同乡关系、同事关系等。多重关系网络具体定义如下：

> **定义 3.3　多重网络**
>
> 多重网络（Multiplex Network）定义为 $G = (V, E)$，其中两个节点之间可以有多条连边，且具有不同的属性。因此，可以将连边集合分成 $E_1, E_2, \cdots, E_d$，d 表示关系类型数量。针对每一重关系，可以构建相应的邻接矩阵 $\boldsymbol{A}_1, \boldsymbol{A}_2, \cdots, \boldsymbol{A}_d$，且所有邻接矩阵 $\boldsymbol{A}_i$ 的大小都是 $N \times N$。

3.7.4 超图网络

在网络分析中，连边一般连接两个节点，表示两两节点之间的关系。在实际应用中，很多关系同时刻画了多个节点之间的关系。例如，论文共同作者关系。我们将刻画高阶、多个对象之间的关系称为超边，具有超边的图称为超图，具体定义如下：

> **定义 3.4　超图网络**
>
> 超图网络（Hypergraph Network）定义为 $G = \langle V, E, \boldsymbol{W}, \boldsymbol{H} \rangle$，$V$ 为节点集合，E 为超边集合，$\boldsymbol{W}$ 为对角矩阵，大小为 $|E| \times |E|$，对角元素 $w_{j,j}$ 表示超边 e_j 的权重。$\boldsymbol{H}$ 表示超图的关联矩阵（Incidence Matrix），大小为 $|V| \times |E|$，$h_{ij} = 1$ 表示节点 i 和超边 j 相关联。

基于超图的特殊结构，可以定义节点 v_i 的度为

$$d(v_i) = \sum_{j=1}^{|E|} h_{ij} \tag{3.54}$$

节点 v_i 的度 $d(v_j)$ 表示与节点 v_i 相关联的超边数量。同样，可以定义超边 e_j 的度为

$$d(e_j) = \sum_{i=1}^{|V|} h_{ij} \tag{3.55}$$

超边 e_j 的度 $d(e_j)$ 表示与超边 e_j 相关联的节点数量。

3.7.5　动态网络

在复杂网络分析中考虑时间维度，我们可以构造动态网络。一般而言，绝大部分网络都是动态网络，为了分析的方便会截取一个时间点上网络结构和属性进行分析。在一些网络动力学研究过程中，研究人员也会假定复杂网络结构不发生变化。

但是，现实世界大部分网络结构随着时间都会动态演化。例如，移动通信网络中个体会遇到新朋友，会有新客户，会构建新的好友关系，同时也会删除某些联系人。因此通信网络结构会发生变化，或是新增节点，或是新增连边，或是删除连边。以此类推，节点度、模体、模块结构等都会随之动态演化。动态网络定义如下：

> **定义 3.5　动态网络**
>
> 动态网络（Dynamic Network）定义为 $G_t = (V_t, E_t)$，V_t 为 t 时刻节点集合，E_t 为 t 时刻边集合。V_t 和 E_t 随着时间 t 演化，都与时间 t 关联。同时，节点属性随着时间变化，边也能够断开或者重连等。

动态网络演化示意图如图 3-6 所示。四幅小图描述了一个在线虚拟世界中多个宗族势力组织成员的朋友关系网络演化情况。每幅图对应一天中组织成员之间的好友关系网络。图中不同颜色表示不同的宗族势力组织。一般而言，时间作为连续维度，因此大部分情况下动态网络分析需要规定时间粒度。图 3-6 中时间粒度为天，但是好友关系网络演化是时刻发生的。显然，在不同时间粒度上，网络演化动力学特征和结构特征会存在一定差异。

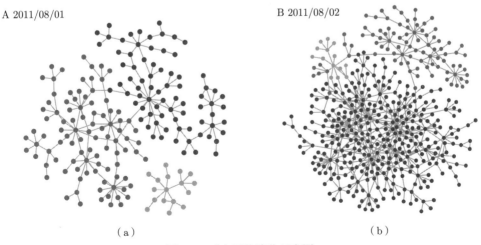

A 2011/08/01　　　　　　　　　B 2011/08/02

（a）　　　　　　　　　　　　（b）

图 3-6　动态网络演化示意图

C 2011/08/03   D 2011/08/04

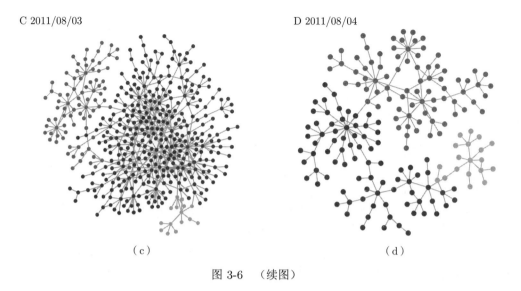

（c）   （d）

图 3-6   （续图）

3.8 复杂网络任务

复杂网络分析方法已经应用于各行各业。在形形色色的复杂环境之中，复杂网络分析任务大致可以分成三类，即节点任务、连边任务和全局网络任务。三大类网络任务都使用图分析、网络分析、图机器学习、图神经网络和图强化学习等方法。

3.8.1 节点任务

在复杂网络分析方法的实际应用过程中，最常见的节点任务是节点分类。例如，基于社交网络对客户进行分类，有利于进行精准营销和广告投放。基于交易网络对投资者进行分类，有利于识别异常交易和交易风险。基于引文网络对论文进行分类，有利于度量热点领域和前沿方向。在节点分类过程中，已标记的节点信息和网络结构信息是节点分类的关键。节点分类任务介绍如下：

> **定义 3.6 节点分类**
>
> 在节点分类（Node Classification）任务中，网络表示为 $G = (V, E)$，其中 V 为节点集合，E 为边集合，节点集合 V 中有部分节点有标签，记作 $V_{labeled}$，另一部分节点没有标记，记作 $V_{unlabeled}$。因此有 $V_{labeled} \cup V_{unlabeled} = V$，且 $V_{labeled} \cap V_{unlabeled} = \phi$。节点分类任务是利用图结构信息 G 和标记信息 $V_{labeled}$，构建一个映射函数 f 来预测未标记节点的标签信息。

3.8.2 网络连边任务

在实际应用过程中，网络连边预测任务是最常见的网络连边任务，如贸易关系推荐、线上购物产品推荐、社交软件中好友推荐等。在亚马逊购物平台上，工程师基于产品和客户之间的购买关系网络，可以预测客户和产品之间的潜在购买关系，将潜在购买关系中的产品推荐给对应客户，提高客户的购物体验，也提高平台的消费量。很多学者运用智能算法研究网络演化过程中连边预测问题，如网络连边预测的研究成果[65,82-83]。网络连边预测任务简单介绍如下：

定义 3.7　网络连边预测

在网络连边预测（Link Prediction）任务中，网络表示为 $G = (V, E)$，其中 V 为节点集合，E 为边集合，用 E_c 表示所有可能的节点对，如完全图的边集合。在特定问题中，可能存在部分节点之间不存在连边。我们可以定义边集合 E 的补集 $E' = E_c/E$。连边预测的目标就是预测集合 E' 中最有可能存在的连边，需要计算每一条潜在连边存在的概率。

3.8.3　全局网络任务

在实际应用过程中，网络分类是最常见的全局网络任务。例如，将蛋白质网络进行二分类，分成酶类和非酶类；分析化合物的图数据集（节点代表原子，边代表化学键），判断化合物是否有阻碍癌细胞增长的性质，判断分子图是诱变剂还是非诱变剂等。网络分类问题简单介绍如下：

定义 3.8　网络分类

在网络分类（Network Classification）问题中，有很多网络样本 $G_i = (V_i, E_i)$，每个网络都有标签 y_i。网络分类问题的目标就是构建映射函数 f，将未标记的网络映射到标签集合。

3.9　复杂网络生成

在国内外学者的努力下，机器学习和复杂网络领域得到快速发展。图分析、网络分析、图机器学习、图神经网络和图强化学习等方法在各个领域有着大量工程应用。许多研究成果发表在 *Nature*、*Science* 等国际顶级学术期刊，引起了大量学者的重视。除了节点任务、连边任务和全局网络任务，还有一些非常重要的复杂网络研究领域，例如网络生成。我们将简单介绍部分复杂网络生成模型，包括经典的随机图模型、BA 网络模型等。

3.9.1　随机网络模型

在网络演化分析中，Erdös 和 Rényi 提出的随机图模型（ER Model）[2] 得到了不同领域中大量研究人员的关注。在各领域研究论文中，ER 模型经常作为一个基准模型或空模型（Null Model）进行比对分析[51]。与随机图相关的随机图理论、随机矩阵理论和谱图理论等为复杂网络分析提供了大量的研究成果[84-85]。在随机网络模型中，节点之间的连边关

系是由连接概率 p 决定的。显然，概率 p 可以作为网络密度值。当概率 $p = 0$ 时，网络为边集为空集的网络；当概率 $p = 1$ 时，网络为完全图网络。对于给定的概率 $0 < p < 1$，我们可以随机生成一定数量的随机网络，作为参照组进行对比实验和分析。

对于不同的概率 p 值，我们可以模拟生成结构差异较大的随机网络，如图 3-7 所示。图 3-7 给出了在概率 $p = 0.01$、$p = 0.02$、$p = 0.03$ 和 $p = 0.05$ 这四种情况下，100 个节点的随机网络结构示意图。显然，概率 p 值直接决定了连边密度。

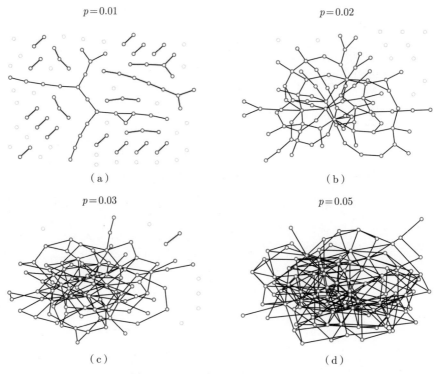

图 3-7　ER 随机网络模型示意图

3.9.2　随机模块模型

在随机网络模型中，所有节点之间的连接概率 p 都是不变的，这与现实世界中个体之间连接关系的异质性不一致。网络中两个节点之间的连接概率受到诸多环境因素和个体因素的影响，如网络结构因素和节点属性等。因此，我们需要考虑更加复杂的随机网络生成模型。

在随机模块模型（Stochastic Blockmodels）中，处于不同模块之中的节点之间具有不同的连接比例[86]。节点被划分到不同的分块（社团或模块）之中，个体之间的连接概率不同。此设定不同于 ER 随机网络中只有单一的连接概率系数。网络中不同分块之间的个体连接概率不同于分块内个体之间的连接概率，而且模型也可以设定不同分块之间的连接概率矩阵。

由此可见，随机模块模型对网络中个体之间的连接概率进行了更加细致的建模和设定，所以生成的网络模型能更好地与实际网络对应，能刻画更加细致的网络结构，比如模块结构或分块结构等，相关方法在社会网络分析中得到了大量关注[87-88]。

　　包含两个模块的随机模块网络邻接矩阵示意图如图 3-8 所示。每一个黑色方块表示邻接矩阵中值为 1 的元素，空白处对应邻接矩阵元素为 0 的情况。

图 3-8　随机模块网络邻接矩阵示意图

　　考虑简单的随机模块模型，节点 i 的分类为 c_i，节点 j 的分类为 c_j，如果节点 i 和节点 j 属于同一个分类或模块，则节点 i 和节点 j 之间的连接概率为 p_1。否则，节点 i 和节点 j 之间的连接概率为 p_2，具体公式表示为

$$p(c_i, c_j) = \begin{cases} p_1, & c_i = c_j \\ p_2, & c_i \neq c_j \end{cases} \tag{3.56}$$

一般而言，$p_1 > p_2$，说明相同分类或模块中节点之间的连接概率大于不同分类间节点的连接概率。例如，图 3-8 中对角线位置的黑色方块的密度明显大于非对角线位置的密度。

　　图 3-8 对应网络规模为 40。两个模块中各自包含 20 个节点。左上角子矩阵对应第一个模块中 20 个节点之间的邻接矩阵；右下角的子矩阵对应第二个模块中 20 个节点之间的邻接矩阵。右上角子矩阵对应第一个模块中 20 个节点与第二个模块中 20 个节点之间的邻接情况；左下角的子矩阵对应第二个模块中 20 个节点与第一个模块中 20 个节点之间的邻接情况。显然，图 3-8 中对应网络为有向网络，且左上角和右下角矩阵密度大于其他两个子矩阵，即满足 $p_1 > p_2$。

3.9.3 优先连接模型

网络科学家 Barabási 等人为了更细致和真实地刻画复杂系统,提出复杂网络优先连接模型(BA Model)[51]。Barabási 等人的研究成果揭开了复杂网络研究热潮的序幕。十几年来,不同领域、不同学科的学者基于复杂网络理论和方法研究了丰富多样的现实网络,也在不同的复杂系统和复杂网络中发现了度分布的幂率特性等,其中包括社会科学领域中的科学家合作网络、人类性关系网络[52]、信息科学中的因特网[37]、万维网[39]、地理和交通领域中河流网络和高速公路网络[43-45]、社会经济和金融系统中股票网络等[89]。

从列举的复杂网络可以看出,网络科学与复杂性科学跨越了不同学科,促进了不同学科之间的交叉融合和合作研究。网络科学已经渗透到自然科学和社会科学的方方面面,同时为人们日常生活和学习工作提供便利和高效的环境,为深刻理解、刻画、度量、预测复杂系统提供了强有力的工具和方法。4 个随机生成的 BA 网络结构示意图如图 3-9 所示。

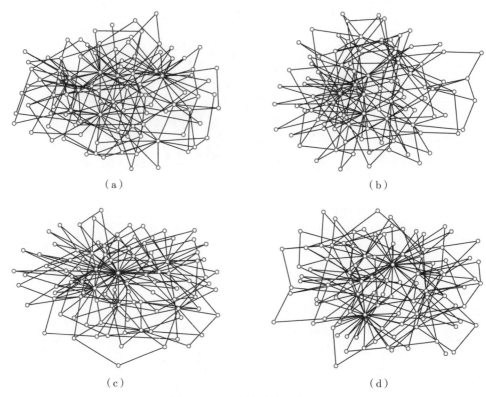

图 3-9 BA 网络结构示意图

在现实世界中,复杂网络动态生成过程可以建模成新增节点和新增连边的过程,即网络规模是不断增加的,同时连边也不断增加。BA 网络模型从原始的 m_0 个节点开始,每一个时间步内增加一个新的节点,并将新增加的节点连接已存在的节点。每次从当前的网络中选择 m 个节点与新增加节点相连,且 $m < m_0$。BA 网络模型的关键在于节点的连接概率与节点度是有关的。节点被连接的概率 p_i 与节点 i 的网络度 k_i 成正比表示为

$$p_i \propto k^{\alpha} \tag{3.57}$$

参数 α 为给定的偏好系数，决定连接概率对节点度的依赖。从初始的 m_0 个核心节点开始，依次增加节点，并按照连接概率随机增加连边，直到给定数量的节点都被加入网络之中，得到的 BA 网络模型的度满足幂律分布：

$$P(k) \propto k^{-\beta} \tag{3.58}$$

其中：β 为网络度分布的幂律指数。图 3-9 中存在一些度非常大的中心节点，不同于 ER 随机网络。现实世界中网络度分布并不会严格满足幂律分布形式。节点度比较大的节点出现的概率会明显大于正态分布对应的概率，此类网络的度分布称作胖尾分布或者厚尾分布。

3.9.4　同质性偏好连接模型

网络科学家 Barabási 等人提出网络演化过程中"大众化具有吸引力"，在现实世界中广泛存在，并得到大量研究工作的验证。但是，受欢迎程度只是网络演化过程中，个体之间吸引对方的一个因素；同样，相似性（Similarity）或同质性（Homophily）也影响个体在网络中构建连接关系。Papadopoulos 等人提出同时考虑优先连接和相似性的网络演化模型[90]。Papadopoulos 等人的模型可以高精度预测信息世界的互联网、现实社会中人与人之间的信任关系网络和生物世界的大肠埃希氏菌代谢网络中的新连接。此框架可用于预测不断演化的网络中的新连接，并为连接优先现象提供不同的分析视角。

在人类社会中，两种力量促使个体之间发生联系，一种是同质性，一种是异质性，两者都非常普遍，如"物以类聚人以群分"就是描述同质性，而此现象在不同社会群体中都普遍存在[91-93]。为了研究社会网络中异质性个体属性和行为演化规律，Snijders 等人提出基于异质性个体的随机模型[94]，此模型可以很好地模拟社会网络中个体之间关系的演化规律，从个体微观层面分析社会网络演化动力学规律，为深入分析社会系统长期稳定发展提供研究思路。不管是在线社会还是现实世界中，"物以类聚人以群分"的现象都极为常见[95]。因为不管是社交网络中虚拟人物的行为，还是现实世界中人类个体行为，背后都是受到现实世界中人类意识和思想的驱动，蕴含现实世界中人类的偏好和行为习惯。

在虚拟社会网络中，个体间相互交流、相互影响。例如，社会网络演化过程中被自己的朋友所同化，这种现象是同质性所驱动，人们偏好与自己喜好相似的人做朋友[92,96]。通过对基于个体随机模型的应用和发展，Lewis 等人研究 Facebook 上用户之间分享音乐、电影和书籍的行为与朋友关系网络的协同演化关系[97]。结果表明，个体偏好影响个体在网络中的位置结构属性，而所处的位置结构属性也同样影响个体后续在社会网络中的行为和决策。通过对社会选择和同伴影响的深入研究[97]，可以发现社会网络是一个高度关联且动态演化的复杂系统。复杂网络生成模型的研究为网络演化规律的研究提供了很好的思路和方法。通过分析社会经济系统的演化和发展[93,98-99]，我们能够探究网络系统的稳定性、稳健性和持久性。

3.9.5 异质性或互补性偏好连接模型

复杂系统之所以复杂，原因之一是大量个体具有异质性。系统中大量异质性个体之间的交互作用，导致系统呈现出非常复杂的行为规律。在复杂网络形成和演化过程中，与个体同质性因素对应的就是异质性或互补性因素[100]。在社会经济系统中，长期以来人们一直认为社会分工[101]是提高生产力的最重要因素之一。不同行业、不同技能、不同文化背景的个体组成系统，共同完成给定的任务，此过程需要多样性和互补性技能提高组织和系统的绩效。在大型多人在线角色扮演游戏（MMORPG）中[102]，我们可以直接观察到大量的异质性关系网络存在。基于异质性关系的研究，我们能够对复杂社会和经济系统有更深刻的了解[98-99,103]。

例如，在全球贸易系统中，经济体资源分布很不平衡，不同经济体具有不同的资源储备和资源禀赋，因此需要各经济体之间互通有无，优势互补。当今全球贸易格局的形成，依赖于经济体自身及其贸易关系的发展。从当今贸易格局来看，国际贸易系统正演变为一个稳定、有序、一体化的系统[81,104-107]。影响贸易格局形成的因素有很多，空间计量经济模型包含供需、技术进步和能源效率等影响贸易格局形成的重要因素[108]。经济体之间的竞争与依赖、地理因素等也对贸易格局的影响非常大[109-110]，Kitamura 等人引入引力方程刻画贸易流动，发现双边贸易额与贸易双方生产总值成正比，与它们之间的距离成反比[111]。

3.9.6 机器学习或智能算法类模型

除了相似性、互补性、同质性、流行性等因素，复杂网络的形成和演化同样受到其他因素的影响。如何捕捉到更加细致的影响因子？如何更好地重现网络演化的特征和规律？这些仍是颇具挑战性的问题。在复杂贸易环境中，个体决策行为受到诸多因素影响。一般网络演化模型都有明确的连边形成的决策变量，比如 BA 网络模型的网络度、Papadopoulos 等人网络模型的相似性等[90]。但是，现实世界中网络演化形成机理更加复杂，决策变量也更加繁多。

例如，在国际贸易系统中，如何表示经济体贸易属性和环境因素仍然是一个重要的表示问题。在不同的决策环境中，影响主体属性的因素各不相同，且很多因素会因隐私和采集难度问题而不可量化。机器学习或深度学习模型主要功能是表示学习。机器学习相关方法能提供一个复杂环境下个体之间网络关系的形成演化模型[112]，将连边过程刻画成异质主体进行经济行为和博弈的过程，并考虑众多影响博弈均衡的因素，基于不同的经济体决策过程，融合机器学习优化算法直接学习网络演化过程。

3.10 网络建模实例

本节将通过一个虚拟世界中角色朋友关系网络的实例，简单介绍一个网络形成和演化模型。在虚拟社会网络中，职业间存在明显互补性偏好合作行为。为了深入理解互补性偏好行为机制和效用，本实例通过建立微观决策模型分析虚拟世界个体或角色选择朋友的决策过程，通过效用决策模型模拟网络演化过程。从个体层面而言，通过分析不同角色对于职业偏好差异，可以估计不同职业间偏好系数。从网络演化方面来说，建立网络形成和演化模型，以个体决策行为模型为基础，可以模型化虚拟社会网络形成过程，以及对网络形成过程中一些动力学行为机制进行研究。

3.10.1 效用函数

在虚拟社会经济系统中，我们主要关注职业间互补性合作行为对角色间合作效用的影响。因此模型中只考虑职业属性对于合作效用的影响。虚拟社会系统中角色选择合作者，共同完成任务，分工合作对于任务完成的效果有着巨大影响。虚拟社会网络中不同职业个体具有不同的功能属性，具有各自擅长的技能，与擅长不同技能角色合作是一个较优的决策。团队中不同职业角色所占比例直接影响任务成败[47]。

我们通过建立基于效用函数经济学模型，考虑好友数量和好友职业组合情况对合作效用的影响，建立效用函数，将最大化合作效用函数作为选择不同职业角色建立好友的依据。个体角色拥有 f_i 个好友，满足最佳比例时得到效用为

$$U_{s,i}^{\max} = b f_{s,i}^{\beta} \tag{3.59}$$

其中：s 为虚拟社会经济网络的编号。在参数估计时，我们需要考虑不同虚拟社会经济系统中角色合作行为情况。式中 $b > 0$ 和 β 为效用系数。对于不同职业 i，模型假设 b 和 β 不变。为了满足边际效用递减规律，效用函数二次导数小于 0，即

$$\frac{\partial U_{s,i}^2}{\partial f_{s,i}^2} = \frac{\partial b\beta f_{s,i}^{\beta-1}}{\partial f_{s,i}} < 0 \tag{3.60}$$

因此，我们可以得到效用系数 β 满足

$$0 < \beta < 1 \tag{3.61}$$

在虚拟世界中，角色拥有的 f_i 个好友中，不同职业好友比例直接影响了角色合作效用。不同职业的角色偏好不同，只有满足了自身职业偏好，才能发挥最大效用。角色的好友职业分布情况主要和两方面因素有关，第一是虚拟社会系统中三个职业所占比例，第二是角色自身偏好。偏好是相对于随机情况而言的。如果角色选择好友时没有偏好、随机选择，那么角色好友职业分布就与虚拟社会系统中三类职业所占比例一致。不同职业角色选择好友时都会最大化地满足自身职业偏好。在职业 i 的好友中，职业为 j 的角色数量为

$$f_{i,j} = q_{i,j} f_{s,i} \tag{3.62}$$

其中：$q_{i,j}$ 表示职业 i 的好友中，职业为 j 的角色所占比例。职业为 j 的角色数量需要尽可能满足职业 i 对职业 j 偏好数量，即

$$\bar{f}_{i,j} = \gamma_{i,j} w_j f_{s,i} \tag{3.63}$$

其中：γ 表示职业 i 对职业 j 的偏好系数。w_j 表示职业 j 在虚拟社会网络中所占比例。

角色为了最大化地满足自身职业偏好，则需要最小化 $f_{i,j} - \bar{f}_{i,j}$ 之间的差距。模型假设实际好友数量与职业最佳偏好的数量之间的偏差会导致效用减少。因此，合作好友选择过程中角色的效用函数定义为

$$
\begin{aligned}
U_{s,i} &= b f_{s,i}^\beta - a \left[\sum_j (f_{i,j} - \bar{f}_{i,j})^2 \right]^{\frac{\alpha}{2}} \\
&= b f_{s,i}^\beta - a \left[\sum_j (q_{i,j} f_{s,i} - \gamma_{i,j} w_j f_{s,i})^2 \right]^{\frac{\alpha}{2}} \\
&= b f_{s,i}^\beta - a f_{s,i}^\alpha \left[\sum_j (q_{i,j} - \gamma_{i,j} w_j)^2 \right]^{\frac{\alpha}{2}}
\end{aligned}
\tag{3.64}
$$

其中：幂律指数 $\alpha > 0$。当角色好友比例满足自身职业偏好，即 $f_{i,j} - \bar{f}_{i,j} = 0$，则有

$$
\begin{aligned}
f_{i,1} - \bar{f}_{i,1} &= q_{i,1} f_{s,i} - \gamma_{i,1} w_1 f_{s,i} = 0 \\
f_{i,2} - \bar{f}_{i,2} &= q_{i,2} f_{s,i} - \gamma_{i,2} w_2 f_{s,i} = 0 \\
f_{i,3} - \bar{f}_{i,3} &= q_{i,3} f_{s,i} - \gamma_{i,3} w_3 f_{s,i} = 0
\end{aligned}
\tag{3.65}
$$

此时效用函数就是好友满足最佳比例时的最大效用，即

$$
U_{s,i} = b f_{s,i}^\beta = U_{s,i}^{\max}
\tag{3.66}
$$

如果考虑一个社会系统中，角色间没有职业偏好，那么所有职业的好友列表中，职业分布情况与社会系统中职业所占比例一致，即

$$
q_{i,j} = w_j, \quad i = 1, 2, 3
\tag{3.67}
$$

那么，我们最大化效用函数 $U_{s,i}$ 可以得到

$$
\gamma_{i,j} = 1, \quad i, j = 1, 2, 3
\tag{3.68}
$$

如模型参数含义所示，职业 i 对职业 j 的偏好系数 $\gamma_{i,j} = 1$，说明职业 i 和职业 j 间无偏好行为。

3.10.2 成本函数

在虚拟社会网络中，角色维持一个好友关系需要投入时间和精力。在社会网络中，朋友对于角色而言是一种社会资本。社会资本合理配置能够让角色在虚拟社会中产生更大效用。角色维持一定数量的朋友需要花费的时间和精力可以看成是一种成本投入[47]。人的时间和精力都是有限的，如何在有限成本下让角色获得更大效用，需要深入讨论和研究。

同样，我们参考经济学中成本函数定义，定义角色 i 维持 f_i 个好友需要付出成本为

$$C_{s,i} = cf_{s,i}^{\beta}, \quad i = 1, 2, 3 \tag{3.69}$$

其中：c 为常数，对于不同职业 i，c 和 β 都相同。为了减少模型参数，模型假设成本函数中幂律指数和效用函数中幂律指数 β 一致。因此，成本和效用差异主要体现在参数 c 和 b 中。为了讨论的合理性，模型设定

$$b > c > 0 \tag{3.70}$$

角色结交朋友比不结交朋友获得更大的效用[47]。

3.10.3　决策函数

在虚拟社会经济系统中，我们将角色建立好友的决策过程简化成一个权衡效用和成本的过程。考虑角色合作朋友数量和维持朋友关系成本，假定角色建立朋友关系的决策函数为

$$
\begin{aligned}
D_{s,i}(f_{s,i}) &= U_{s,i} - C_{s,i} \\
&= bf_{s,i}^{\beta} - af_{s,i}^{\alpha}\left[\sum_j (q_{i,j} - \gamma_{i,j}w_j)^2\right]^{\frac{\alpha}{2}} - cf_{s,i}^{\beta} \\
&= (b-c)f_{s,i}^{\beta} - af_{s,i}^{\alpha}\left[\sum_j (q_{i,j} - \gamma_{i,j}w_j)^2\right]^{\frac{\alpha}{2}} \\
&\quad i = 1, 2, 3
\end{aligned}
\tag{3.71}
$$

其中：模型参数 a，b，c 都大于 0，且满足 $b > c > 0$，$0 < \beta < 1$，$\alpha > 0$。

决策函数说明朋友网络形成过程中，角色不仅考虑朋友越多越好，而且需要从自身职业属性出发进行决策。在给定朋友数量的情况下，最大限度满足自身职业偏好才是效用最大化的最优策略。角色建立好友关系网络时，考虑每个好友职业属性，模型可以估计出两两角色间行为偏好。我们通过模型估计偏好系数深入理解一个有着明确职业分工的社会系统中职业间合作行为[47]。模型中职业 i 对职业 j 偏好系数为 γ_{ij}，模型表述为

$$
\begin{aligned}
D_{s,1} &= (b-c)f_{s,1}^{\beta} - af_{s,1}^{\alpha}\left[(q_{1,1} - \gamma_{1,1}w_1)^2 + (q_{1,2} - \gamma_{1,2}w_2)^2 + (q_{1,3} - \gamma_{1,3}w_3)^2\right]^{\frac{\alpha}{2}} \\
&\triangleq (b-c)f_{s,1}^{\beta} - aX_{s,1}^{(1)}f_{s,1}^{\alpha} \\
D_{s,2} &= (b-c)f_{s,2}^{\beta} - af_{s,2}^{\alpha}\left[(q_{2,1} - \gamma_{2,1}w_1)^2 + (q_{2,2} - \gamma_{2,2}w_2)^2 + (q_{2,3} - \gamma_{2,3}w_3)^2\right]^{\frac{\alpha}{2}} \\
&\triangleq (b-c)f_{s,2}^{\beta} - aX_{s,2}^{(1)}f_{s,2}^{\alpha} \\
D_{s,3} &= (b-c)f_{s,3}^{\beta} - af_{s,3}^{\alpha}\left[(q_{3,1} - \gamma_{3,1}w_1)^2 + (q_{3,2} - \gamma_{3,2}w_2)^2 + (q_{3,3} - \gamma_{3,3}w_3)^2\right]^{\frac{\alpha}{2}} \\
&\triangleq (b-c)f_{s,3}^{\beta} - aX_{s,3}^{(1)}f_{s,3}^{\alpha}
\end{aligned}
\tag{3.72}
$$

在模型中，我们定义互补性偏好因子为

$$X_{s,i}^{(1)} = \left[(q_{i,1} - \gamma_{i,1}w_1)^2 + (q_{i,2} - \gamma_{i,2}w_2)^2 + (q_{i,3} - \gamma_{i,3}w_3)^2 \right]^{\frac{\alpha}{2}} \tag{3.73}$$

$X_{s,i}^{(1)}$ 越小说明网络中职业 i 好友比例越满足自身职业偏好。模型中变量满足一定数量关系，在虚拟社会系统中不同职业角色所占比例 w_j 满足条件

$$w_{s,1} + w_{s,2} + w_{s,3} = 1 \tag{3.74}$$

不同职业角色在朋友列表中所占比例 q_{ij} 满足条件

$$q_{i1} + q_{i2} + q_{i3} = 1, \quad i = 1, 2, 3 \tag{3.75}$$

社会系统中职业间偏好行为决定了模型偏好系数取值范围。我们举例说明几种较特殊的偏好系数取值范围，分析和理解偏好系数取值范围所对应的角色偏好行为。如果模型偏好系数满足

$$\begin{cases} \gamma_{ij} < 1, & i = j \\ \gamma_{ij} > 1, & i \neq j \end{cases} \tag{3.76}$$

其中：$i, j \in \{1, 2, 3\}$，分别代表不同的三个职业。公式说明社会系统中职业间具有异质性偏好。如果 $\gamma_{ij} > \gamma_{ik}$ 说明职业 i 对职业 j 的偏好强于职业 k，其中 $i, j, k \in \{1, 2, 3\}$。如果模型参数满足

$$\begin{cases} \gamma_{ij} > 1, & i = j \\ \gamma_{ij} < 1, & i \neq j \end{cases} \tag{3.77}$$

则说明社会系统中职业间具有同质性偏好。如果 $\gamma_{ii} > 1$ 说明职业 i 偏好与职业 i 合作。如果模型参数满足

$$\gamma_{ij} = 1, \quad i, j \in \{1, 2, 3\} \tag{3.78}$$

则说明社会系统中个体间不存在职业偏好行为。

同时，我们通过模型分析也可以得到，偏好系数可行域受模型假设限制，很多偏好系数值不属于模型偏好系数的可行域之内，如

$$\begin{cases} \gamma_{i1} < 1 \\ \gamma_{i2} < 1 \quad i \in \{1, 2, 3\} \\ \gamma_{i3} < 1 \end{cases} \tag{3.79}$$

同样，对于给定职业 j，模型偏好系数 γ_{ij} 也不可能同时大于 1。

假定角色建立朋友关系的决策过程中，角色只考虑对方是否和自己职业形同，角色并不关心对方具体是何种职业。简化模型中只存在 6 个偏好系数，即职业 i 对职业 i 的偏好系数 γ_i 与职业 i 对职业 j（$j \neq i$）的偏好系数 $\gamma_{i,O}$。我们将简化后的模型参数代入基于效用函数的决策模型，三个不同职业 i 决策函数可以重写为

$$D_{s,1} = (b-c)f_{s,1}^{\beta} - af_{s,1}^{\alpha}\left[(q_{1,1}-\gamma_1 w_1)^2 + [(1-q_{1,1})-\gamma_{1,O}(1-w_1)]^2\right]^{\frac{\alpha}{2}}$$
$$\triangleq (b-c)f_{s,1}^{\beta} - aX_{s,1}^{(0)}f_{s,1}^{\alpha}$$
$$D_{s,2} = (b-c)f_{s,2}^{\beta} - af_{s,2}^{\alpha}\left[(q_{2,2}-\gamma_2 w_2)^2 + [(1-q_{2,2})-\gamma_{2,O}(1-w_2)]^2\right]^{\frac{\alpha}{2}} \qquad (3.80)$$
$$\triangleq (b-c)f_{s,2}^{\beta} - aX_{s,2}^{(0)}f_{s,2}^{\alpha}$$
$$D_{s,3} = (b-c)f_{s,3}^{\beta} - af_{s,3}^{\alpha}\left[(q_{3,3}-\gamma_3 w_3)^2 + [(1-q_{3,3})-\gamma_{3,O}(1-w_3)]^2\right]^{\frac{\alpha}{2}}$$
$$\triangleq (b-c)f_{s,3}^{\beta} - aX_{s,3}^{(0)}f_{s,3}^{\alpha}$$

其中：$X_{s,i}^{(0)}$ 为偏好因子，定义为

$$X_{s,i}^{(0)} = \left[(q_{i,i}-\gamma_i w_i)^2 + [(1-q_{i,i})-\gamma_{i,O}(1-w_i)]^2\right]^{\frac{\alpha}{2}} \qquad (3.81)$$

我们通过将模型应用到不同社会系统中，研究个体间不同属性之间的同质性和异质性偏好。如果 $\gamma_i > 1$，说明职业 i 具有同质性偏好，即角色偏好与自身相同职业的角色建立朋友关系。如果 $\gamma_i < 1$ 则具有异质性偏好，角色排斥与自身职业相同的角色建立朋友关系。

决策模型不仅可以估计网络中个体属性间偏好系数，度量一个社会网络中不同属性个体间关系的同质性和异质性。更重要的是，决策模型可以建立一个基于个体偏好的决策模型系统，从个体决策层面建立网络形成和演化平台，通过模拟和仿真，进而研究网络演化动力学。在网络动态演化过程中，不同角色间通过决策函数进行好友选择。通过分析基于效用函数的决策模型，偏好系数可以估计出两两职业间偏好行为。角色为了最大化效用，最大化决策函数。因此模型中偏好参数估计问题可以转化为一个最优化问题，可运用禁忌搜索等最优化算法估计出偏好系数[47]。

3.11 应用实践

复杂网络分析涵盖了大量内容，得到各个领域和学科专家学者的极大关注。图基础概念、网络基本结构指标、可视化复杂网络是进行复杂网络分析的基础。网络结构节点中心性、节点重要性、节点关键性指标具有类似的定义和意义。在网络分析中，节点中心性和连边中心性指标具有重要的研究价值和应用价值[81,104-105]。

例如，在社会网络分析中，意见领袖可以基于节点中心性指标和重要性指标来识别。在网页排名算法中，重要性网页识别同样也需要用到不同类型的重要性指标和节点中心性指标。交通网络的中心性节点具有高连通性，同时也是道路拥堵的高发节点，需要给予更多的关注和预防措施。在引文网络中，高被引论文对应较大入度的节点，是论文检索中重要的参考信息。我们将简单给出分析复杂节点中心性的示例代码：

```
1  import networkx as nx
2  import matplotlib.pyplot as plt
3  import numpy as np
```

```
4   import pandas as pd
5   G = nx.barabasi_albert_graph(200, 1)
6   pos = nx.spring_layout(G)
7   nodecolor = G.degree()
8   # nodecolor = nx.clustering(G)
9   # nodecolor = nx.closeness_centrality(G)
10  # nodecolor = nx.betweenness_centrality(G, normalized=True)
11  nodecolor = pd.DataFrame(nodecolor)
12  nodecolor = nodecolor.iloc[:, 1]
13  edgecolor = range(G.number_of_edges())
14  nx.draw(G, pos, with_labels=False, node_size=nodecolor * 6, node_color=nodecolor * 6, edge_
        color=edgecolor)
```

在示例代码中，我们给出了 BA 网络模型生成、网络结构分析和网络结构可视化的 Python 代码。第 5 行示例代码生成包含 200 个节点的 BA 网络。第 7 ～ 10 行代码计算节点中心性指标，第 14 行代码对网络结构进行可视化，BA 网络结构示意图如图 3-10 所示。

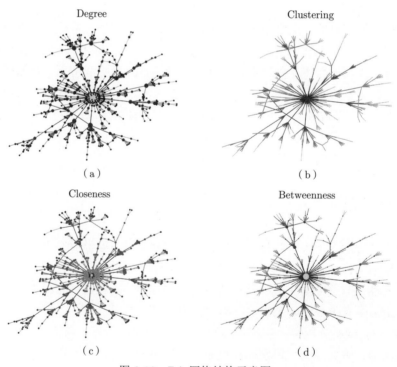

图 3-10　BA 网络结构示意图

图 3-10 中四幅图都是同一个 BA 网络，节点大小分别对应节点的网络度（Degree）、聚簇中心性（Clustering）、邻近中心性（Closeness）和介数中心性（Betweenness）指标。从图 3-10 中，我们可以发现不同节点指标具有一定相关性。

ER 随机网络中各个中心性指标之间的相关性矩阵热度图如图 3-11 所示，图中包含节点中心性指标有节点出度（Outdegree）、节点入度（Indegree）、网络出度接近度中心性（Outcloseness）、网络入度接近度中心性（Incloseness）、介数中心性（Betweenness）、PageRank 中心性、权威值得分（Authority）和枢纽值得分（Hub）。在一般的复杂网络分析过程中，我们没有区分网络中心性、重要性和关键性指标，一些研究中使用关键性节点表示具有较高中心性的节点。图 3-11 中部分中心性指标之间的相关性高达 0.9。

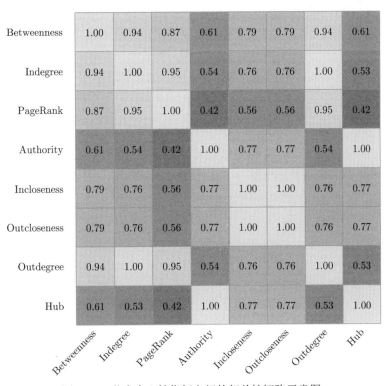

图 3-11　节点中心性指标之间的相关性矩阵示意图

第 3 章习题

1. 简述复杂网络历史。
2. 试举一例复杂网络方法在金融领域中的应用。
3. 网络节点重要性或中心性指标有哪些？
4. 网络连边重要性或中心性指标有哪些？
5. 网络模体是什么？
6. 网络模块结构是什么？
7. 试举例不同类型复杂网络？
8. 经典的复杂网络任务有哪些？
9. 复杂网络生成模型有哪些？
10. 如何可视化网络？
11. 如何对比分析不同类型节点中心性之间的相关性？

第二部分　图强化学习基础知识

第4章

图嵌入与网络嵌入

4.1 图的特征表示

图分析和网络分析的主要目的是挖掘图信息和网络信息，并进行管理和决策。一般而言，我们可以将图信息和网络信息分成结构信息和语义信息。结构信息是使用较广泛的图或网络分析方法所研究的重点，如图或网络的拓扑结构、高阶网络结构等。图节点中心性、连边重要性等都是图和网络的结构特征信息。语义信息可以理解为节点、连边和全局图的属性信息，如节点属性、连边权重等。

4.1.1 多尺度图特征表示

网络结构特征可以从不同尺度上进行分析，如微观尺度、介观尺度和宏观尺度。多尺度图或网络特征分析包括：

- 网络节点
- 网络连边
- 网络模体
- 网络社团
- 全局网络

在微观尺度上，网络结构分析包括网络节点和网络连边分析；在介观尺度上，网络结构分析包括网络模体、网络社团等；在宏观尺度上，网络结构分析包括全局网络结构特征、网络分类、网络稳健性、网络韧性等。网络节点之间可以构建连边，多个节点和连边可以构建具有特定结构和功能的网络模体，而具紧密连边结构的子图可以成为模块（或社团），不同模块连接构成全局网络。

针对特定的现实问题及其问题背景，我们可以选择不同尺度的图或网络分析方法，挖掘图和网络信息进行管理和决策。一般而言，多尺度的特征分析和观察能获得更多有价值的信息。但是，实际应用过程中，考虑到分析成本和资源限制，我们需要选择适合给定问题的网络结构分析尺度。

4.1.2　如何表示复杂系统

人类身处复杂系统之中，如复杂社会系统、复杂经济系统、复杂金融系统等，复杂系统的随机性、动态性、连续性使得决策过程的复杂性超出了人类的认知，同时使得人类面临巨大风险。对于所处系统的复杂性带来的不可知部分，人类需要拓展认知能力，发展新的量化、度量、预测、研究和分析方法，增强对复杂系统的认知。

如何表示复杂系统是首先需要解决的问题。图或网络作为研究对象与对象之间关联关系的学科，是研究复杂系统中大量个体及其作用关系的重要理论、方法和工具。高质量的复杂系统建模以及复杂系统表示是高质量智能决策的基础。图和网络作为研究对象，同时也是研究工具和分析方法，在智能决策过程中发挥了重要作用。

4.1.3　如何表示复杂图或复杂网络

图或网络能表示复杂系统的结构或功能，但是不能够完整且精确地表示所有复杂系统。人们在进行大规模复杂系统研究和分析时，如何能够适应海量、高质量异构数据，如何对复杂图或复杂网络进行表示是需要解决的关键问题。在网络分析中，图结构可以通过邻接矩阵表示，也是最通用的表现形式。N 个节点的网络的邻接矩阵大小为 $N \times N$，矩阵中元素可以取 0 或 1。因此规模为 N 的网络连接有 $2^{N \times N}$ 种情况，分别对应 $2^{N \times N}$ 个网络，即空间大小为 $2^{N \times N}$ 级别。但是，因为邻接矩阵的行列具有可交换性，很多网络是同构的，实际空间大小要远远小于 $2^{N \times N}$。但是对于较大的网络规模，此空间大小也是天文数字。

现实世界中绝大部分网络的邻接矩阵存在大量的 0 元素。换而言之，大部分实际网络的邻接矩阵都是稀疏矩阵，对应的复杂网络连边比较稀疏。如果直接将邻接矩阵作为输入变量进行决策，可能决策质量不佳，需要更好的方法来表示全局网络结构和属性特征。网络分析中网络异配性、网络模体分布、网络稳定性、网络效率都能度量全局网络特征，但都是基于人类的假设和特殊问题背景而设计的指标，有效性和普适性较为有限。

4.1.4　如何表示图节点

在图和网络分析中，网络节点的特征表示包含大量的度量方法，如网络出度、网络入度、邻近中心性、介数中心性、网络节点强度、网络节点模块内度、网络节点模块外度、网络节点参与系数、PageRank 中心性、权威值得分、枢纽值得分等指标，都能够度量和表示网络节点属性和特征 [81,104,105]。

在网络模体分析中，网络节点在三元有向网络模体位置结构属性向量也能够作为网络节点的表示向量 [100]。而且，每一个向量元素都具有易于理解和分析的实际意义。如此之多的网络节点特征指标，一般都是基于人类的假设和特殊问题背景而设计的指标，有效性和普适性也较为有限。

4.1.5　如何表示图连边

复杂网络连边的特征属性可以用很多特征变量表示。图与网络分析中定义了大量的指标，包括网络连边权重、网络连边介数中心性、连边显著性测度、共同邻居数量、Adamic-Adar 量、Resource Allocation 量等 [81,104,105]。一般而言，这些指标都是基于人类的假设和特殊问题背景而设计的指标，有效性和普适性较为有限，很难适用于所有网络连边重要性识别问题。

在图论中，对偶图是一个非常重要的概念，也是图论中重要的工具和方法。对偶图中图节点对应原始网络的连边 [113]。因此，我们为了度量原始网络中连边的特征属性，可以通过计算对偶图中网络节点的特征属性，如网络节点出度、网络节点入度、网络节点邻近中心性、网络节点介数中心性、网络节点强度、网络节点模块内度、网络节点模块外度、网络节点参与系数、PageRank 中心性、权威值得分、枢纽值得分等指标，都可以作为原始网络连边的特征指标。在一些网络连边问题中，我们可以对比分析上述候选特征指标。

4.1.6　多层次的图特征表示方法

图和网络是表示复杂系统的结构、功能和动力学特征的重要方法。随着时间发展，图和网络相关的分析方法和工具都有着较大发展，可以看作图或网络数据分析工具的层层进阶，简单罗列如下：

- 1.0 版：图理论分析
- 2.0 版：复杂网络分析
- 3.0 版：图嵌入
- 4.0 版：图神经网络
- 5.0 版：图强化学习

图论是图或网络数据分析的基础，也是图或网络分析方法和分析思路的源泉。如果将图论相关分析看作图与网络分析的 1.0 版本，那么复杂网络分析相关方法可以看作图分析的 2.0 版，图机器学习相关方法可以看作图与网络分析的 3.0 版本，而图神经网络模型可以看成是图与网络分析的 4.0 版本，而图强化学习模型可以看成是图与网络分析的 5.0 版本。图特征表示方法具有不同的应用场景，能够满足不同问题和决策环境要求，在工程应用中发挥了举足轻重的作用。

图和网络分析方法众多，包括理论分析方法和数值计算方法等。在复杂网络分析中，我们从不同尺度上对网络结构进行度量和分析。为了更加深入地挖掘图结构信息和语义信息，我们融合网络分析和机器学习方法，通过机器学习算法学习网络结构信息和语义信息，更加有效地支持下游任务和求解决策问题。

图神经网络模型融合深度学习算法，对网络数据进行图信息处理和图数据分析，为网络节点、网络连边和全局网络学习有效的表示向量。图强化学习方法是深度强化学习在图数据上的应用，融合图神经网络模型的图表示学习能力和深度强化学习的决策能力。图强化学习对一些复杂图问题和网络问题进行建模和求解，具有较大的发展潜力。

4.2 图与机器学习

机器学习是数据分析重要方法和工具。同时，机器学习也是大数据时代和人工智能时代诸多智能算法的基础，也是驱动社会经济发展的基石。大数据时代，数据形式多样，规模巨大，且随时间变化。如何能够有效地分析和理解多源、异构、动态数据，设计出更加智能和有效的智能决策算法，一直以来是科研工作者和行业从业者面临的挑战和研究的重要问题。在复杂环境系统中，高效、可扩展、稳定和可泛化的智能算法更具适应性和可持续性。

4.2.1 机器学习简介

机器学习算法内容庞杂，学习者需要具有一定的数理基础。越是体系庞杂的方法，越需要充分理解相关基础理论。我们将简单介绍一些机器学习领域的基本概念和基本框架，为理解和学习图机器学习和图强化学习算法提供基础。图上的机器学习可以认为是经典机器学习算法的拓展，如图机器学习、图深度学习、几何深度学习等。在图或网络数据结构上，机器学习和深度学习算法进行拓展，图数据结构的独特性催生了新的机器学习和深度学习算法。图机器学习、图深度学习以及图强化学习的整体框架和算法设计思路都是以机器学习为基础，因此机器学习的基础知识是图强化学习基础的基础。

4.2.2 机器学习分类

机器学习算法一般可分成监督学习、无监督学习和强化学习三类 [114]，简单介绍如下：

（1）监督学习。监督学习可以简化成学习数据集 (x, y) 上的映射关系（函数）$y = f(x)$。x 为样本特征数据，y 为监督信息或标记信息（标签）。当 y 是分类变量时，此监督学习任务可以看作分类任务。当 y 为连续变量时，此监督学习任务可以看作回归任务。监督学习任务在工程应用中非常常见，如图像识别、人脸识别、光学字符识别（Optical Character Recognition，OCR）等。

（2）无监督学习。无监督学习的数据集只有样本特征数据 x，没有监督信号数据 y。无监督学习算法需要构建映射关系 $y = f(x)$，发现数据本身的内在特征 y，如聚类分析和数据降维等。

（3）强化学习。强化学习没有样本特征数据 x 和监督信号数据 y。虽然强化学习算法同样是学习映射关系 $y = f(x)$，但是需要智能体和环境进行交互，获得采样数据后学习映射关系。学习和优化的映射函数 $y = f(x)$ 可以是智能体的策略函数或者价值函数等。强化学习算法的经典应用是围棋程序 AlphaGo 等。

在机器学习庞大算法家族中，监督学习、无监督学习和强化学习算法之间可以互相借鉴和融合。复杂环境任务中单一的学习算法可能无法完成学习任务，因此通过融合不同类型学习算法，如初级的围棋程序 AlphaGo 就融合了监督学习和强化学习来训练策略函数。各个领域间交叉融通、相互借鉴，共同构建稳定、高效、可扩展的机器学习算法具有较好的发展前景。

4.3 机器学习框架

监督学习是人工智能和机器学习技术落地运用最为广泛的学习算法，如人脸识别、图片分类、语音识别等。一般而言，标记数据越多且质量越高，模型的训练和学习过程越高效，且模型绩效也越好。在一些需求比较明确的现实场景中，机器学习算法能够较有效地模型化和参数化，目标函数容易确定，且模型的学习过程也越高效，更有利于落地应用。我们将以监督学习为例，简要介绍机器学习的基本框架。

4.3.1 框架简介

机器学习算法作为决策问题的有效解决方法，从数据中学习决策函数。机器学习算法的任务是训练和优化决策函数。基于问题设定和数据形式，我们可采用监督学习、无监督学习和强化学习方法进行决策函数的学习和优化。通过简单的数学语言，我们可以将机器学习过程描述为如何学习一个映射函数，表示为

$$y = f_{\boldsymbol{w}}(x) \tag{4.1}$$

其中：f 是模型，也是函数，可以表示成不同形式。例如，表格、线性函数或非线性函数等。表格形式对应决策矩阵等，线性函数广泛应用于线性回归模型之中，非线性函数可用神经网络模型表示，也是深度学习模型的核心技术。

在映射关系 $y = f_{\boldsymbol{w}}(x)$ 中，$\boldsymbol{w}$ 是模型参数。机器学习的目标就是学习一个映射函数，换言之，就是从给定的数据 (x, y) 中学习模型参数 $\boldsymbol{w}$。当然，上述描述并不严谨，为了更容易理解机器学习过程，我们做了必要的简化。例如，无监督学习中样本数据 x 中标记数据或监督信号数据 y 不知道，只有样本特征数据 x。我们需要构建算法去识别和挖掘数据的内在结构和信息，为智能决策任务提供有价值的信息。

4.3.2 目标函数

监督学习所用的数据形式比较规整，由样本特征数据 x 和标记数据或监督信号数据 y 组成，可以表示成 $\{(x_k, y_k)\}_{k=1,2,3,\cdots,N}$，其中 N 表示样本数量。样本特征数据 x 和标记数据 y 存在对应关系。样本特征数据 x 具有多种数据类型，如标量、向量、矩阵、张量或

时间序列等。在分类问题中，x 为样本特征变量，y 为样本的分类标记。监督学习任务是构建一个函数映射，将样本特征数据 x 映射到标记数据 y。为了衡量监督学习算法的效果，我们可以构建基于均方误差（Mean Square Error）的目标函数，即

$$\mathcal{L}(\boldsymbol{w}) = \frac{1}{N} \sum_{k=1}^{N} (f_{\boldsymbol{w}}(x_k) - y_k)^2 \tag{4.2}$$

其中：$f_{\boldsymbol{w}}(x_k)$ 为模型预测值。基于均方误差的目标函数度量了标记数据 y_k 与模型预测 $f_{\boldsymbol{w}}(x_k)$ 之间的差异大小。基于均方误差的目标函数并非是监督学习中唯一的目标函数形式，均方误差一般适用于回归问题。

4.3.3 优化参数

监督学习模型确定好目标函数之后，通过优化算法来最小化目标函数，可以得到模型参数为

$$\hat{\boldsymbol{w}} = \arg\min_{\boldsymbol{w}} \mathcal{L}(\boldsymbol{w}|(x_k, y_k)_{k=1,2,3,\cdots,N}) \tag{4.3}$$

在分类任务中，监督学习可采用交叉熵损失（Cross Entropy Loss）函数作为目标函数 $\mathcal{L}(\boldsymbol{w})$，具体分析将在损失函数部分作详细介绍。

4.4　自编码器框架

无监督学习任务的样本数据中不存在监督信号 y，最常见的无监督学习方法为聚类分析和数据降维，即对样本进行分类或聚类。但是，与无监督学习中分类任务不一样，监督学习中分类任务的训练数据包含已知的类别信息，如经典的判别分析任务。聚类分析通过样本特征数据 x 及其内在结构信息进行分类。

一般来说，机器学习算法的目标是训练函数模型 $y = f_{\boldsymbol{w}}(x)$，使得模型在训练集合上能准确地拟合训练数据。函数模型的预测值 $f_{\boldsymbol{w}}(x_k)$ 与真实值 y_k 差距越小越好，目标函数 $\mathcal{L}(\boldsymbol{w})$ 越小越好。

4.4.1　自编码器模型介绍

无监督学习所用数据中不存在监督信号。一般而言，我们可以将特征数据 x 作为监督信号。在特征转化过程中，映射函数提取有价值的信息，而这些信息能还原原始的样本特征。在无监督学习中，典型框架是自编码器，自编码器包含编码器模块和解码器模块，具体的目标函数可以表示为

$$\mathcal{L}(\boldsymbol{w}_1, \boldsymbol{w}_2) = \frac{1}{N} \sum_{k=1}^{N} (f_{\boldsymbol{w}_2}(f_{\boldsymbol{w}_1}(x_k)) - x_k)^2 \tag{4.4}$$

为了模型简化，可以设定为

$$f_{\boldsymbol{w}}(x) = f_{\boldsymbol{w}_2}(f_{\boldsymbol{w}_1}(x)) \tag{4.5}$$

其中：$\boldsymbol{w} = (\boldsymbol{w}_1, \boldsymbol{w}_2)$，$f_{\boldsymbol{w}_1}$ 是编码器，$f_{\boldsymbol{w}_2}$ 是解码器。

　　编码器 $f_{\boldsymbol{w}_1}$ 将原始样本特征信息 x 转化成特征向量 $f_{\boldsymbol{w}_1}(x)$，完成编码过程。解码器 $f_{\boldsymbol{w}_2}$ 将编码器得到的特征变量 $f_{\boldsymbol{w}_1}(x)$ 重新转化成原始样本信息。无监督学习虽然没有监督信号，即标记数据 y_k，但自编码器模型中样本 x_k 将自身 x_k 作为监督学习信号，目标函数可以改写为

$$\mathcal{L}(\boldsymbol{w}) = \frac{1}{N}\sum_{k=1}^{N}\left(f_{\boldsymbol{w}}(x_k) - x_k\right)^2 \tag{4.6}$$

自编码器模型确定目标函数之后，通过优化方法最小化目标函数，可以得到模型参数为

$$\hat{\boldsymbol{w}} = \arg\min_{\boldsymbol{w}} \mathcal{L}(\boldsymbol{w}|(x_k)_{k=1,2,3,\cdots,N}) \tag{4.7}$$

　　自编码器模型可以看作训练和学习的一个恒等映射，即

$$x = f_{\boldsymbol{w}}(x) = f_{\boldsymbol{w}_2}(f_{\boldsymbol{w}_1}(x)) \tag{4.8}$$

训练过程中编码器和解码器是采用端到端的学习和训练方式。在训练完成自编码器后，一般可以将模型的编码器和解码器分解和独立使用。例如，编码器可以作为样本特征变量的提取器；而解码器可以作为样本的生成器等。相关应用和研究可以参考 Transformer 模型，如利用编码器的 BERT 和解码器的 GPT 模型等。

4.4.2　简单应用

　　数据降噪是自编码器模型的一个简单应用。给原始数据加上噪声 ϵ 后得到新的样本数据 $x+\epsilon$，构建模型将 $x+\epsilon$ 还原成 x，那么模型的目标函数可以表示为

$$\mathcal{L}(\boldsymbol{w}) = \frac{1}{N}\sum_{k=1}^{N}\left(f_{\boldsymbol{w}}(x_k + \epsilon) - x_k\right)^2 \tag{4.9}$$

通过优化方法最小化目标函数，可以得到模型参数为

$$\hat{\boldsymbol{w}} = \arg\min_{\boldsymbol{w}} \frac{1}{N}\sum_{k=1}^{N}\left(f_{\boldsymbol{w}}(x_k + \epsilon) - x_k\right)^2 \tag{4.10}$$

在模型训练完成后，该自编码器能还原包含噪声的原始数据，从而达到数据降噪的目的。

4.5　机器学习模型

　　机器学习算法对数据类型的包容性，得到了大量行业从业者和研究者的青睐。对于具有大量属性的样本数据，逻辑回归、核方法、支持向量机方法、K 近邻方法、AdaBoost 算

法、贝叶斯方法、决策树方法、随机森林方法等都能有效处理大部分问题。经典机器学习方法也是行业或研究领域中使用较多的方法。

4.5.1　典型的数据类型

针对不同结构的数据，我们可以采用合适的机器学习和深度学习模型进行数据处理和知识挖掘。多层感知机能够有效处理大部分数据类型，特别是样本属性变量类似的数据结构，如图4-1所示[114]。

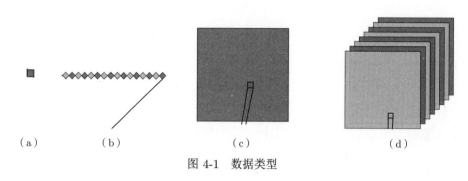

（a）　　　（b）　　　　　（c）　　　　　　　（d）

图 4-1　数据类型

几种常见的数据结构类型如图4-1所示。图4-1（a）为标量，图4-1（b）为向量，图4-1（c）为矩阵，图4-1（d）为张量。

4.5.2　多层感知机网络

深度学习作为人工智能浪潮的核心力量，端到端的学习方式使得深度学习模型应用越来越广泛。端到端的学习省去了耗费人力和财力的人工特征工程步骤，使得特征提取工作由深度神经网络模型来完成。一般而言，更多的专家知识融入特征变量后，能够加速模型的训练过程，提高模型的绩效。但是，过多地依赖人类专家，也会引入很多人为偏差，同时减慢模型的构建和训练过程，更重要的是影响模型的迭代更新过程。

深度学习模型种类众多，一般所说的深度学习模型是指深度神经网络模型。如果无特殊说明，常用的神经网络模型是指多层感知机或前馈神经网络模型，如图4-2所示。

在图4-2中，神经网络模型包含输入层、两个隐含层和输出层。输入层数据可以是样本属性变量，通过隐藏层神经网络的加权求和与非线性变化后，输出层神经元将输出目标值。神经网络模型的可伸缩性和拓展性较好，网络层数和神经元数量可以调节，网络层数决定了模型深度，神经元数量决定了模型宽度，两者共同决定神经网络模型的复杂度和模型参数规模，这些超参数直接决定神经网络模型的学习能力和训练难度[115]。

4.5.3　卷积神经网络

结构化数据应用广泛，如图片、视频等。深度卷积神经网络模型是图像、视频等结构化数据分析的常用工具，能够有效地完成图像识别、人脸识别等任务。虽然现在基于注意力机制的 Transformer 模型（如 ViT）在计算机视觉领域也取得耀眼的成绩，但是卷积神经网络模型作为经典的图像处理方法，开启了新一轮深度学习和人工智能浪潮的序幕。经典深度卷积神经网络 AlexNet 的模型结构如图4-3所示。

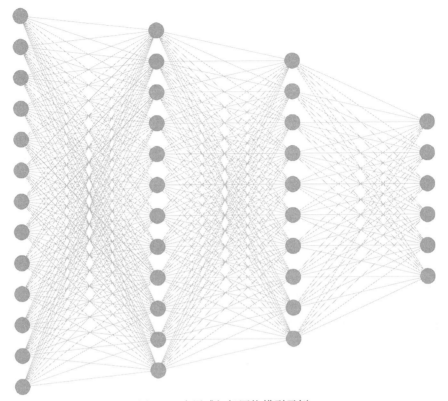

图 4-2　多层感知机网络模型示例

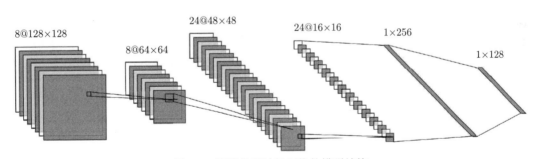

图 4-3　深度卷积神经网络的模型结构

　　AlexNet 在 2012 年 ImageNet 图像识别大赛中获得冠军，开启了深度卷积神经网络在图像处理领域的广泛应用，且处于核心地位。AlexNet 作者们得益于 ReLU 与 Dropout 等深度学习技术，以及强大算力支持，让深度学习走上人工智能的最前端，也开启了新一波人工智能浪潮。ImageNet 的子集 ILSVRC2010 包含 1000 类，共 120 万的图像训练数据样本，50 000 张验证集，150 000 张测试集，是一个庞大的数据集，同时在深度学习发展过程中起到了关键作用。

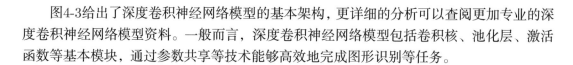

图4-3给出了深度卷积神经网络模型的基本架构，更详细的分析可以查阅更加专业的深度卷积神经网络模型资料。一般而言，深度卷积神经网络模型包括卷积核、池化层、激活函数等基本模块，通过参数共享等技术能够高效地完成图形识别等任务。

4.5.4　循环神经网络

深度学习模型包括深度神经网络（Deep Neural Networks）、卷积神经网络（Convolutional Neural Networks）、循环神经网络（Recurrent Neural Networks）、图神经网络（Graph Neural Networks）等。深度神经网络模型输入数据 x 具有时间序列特性时，可以采用深度循环神经网络进行建模分析。循环神经网络适用于序列型数据，如时间序列、视频流等。在一定程度上而言，不同的经典机器学习模型都有适用的数据结构。但是，卷积神经网络模型并非只能处理图片型数据，同样也能够处理时间序列数据等。

循环神经网络模型的输入数据形式为 $\{x_0, x_1, .., x_T\}$，其中 x_t 表示序列数据中的元素，可以是图4-1中标量、向量、矩阵或张量类型的数据。视频数据是较为常见的序列数据，是由图片（矩阵）类型数据组成，也可以看成是张量数据。在循环神经网络模型中，常用的著名模型有长短期记忆（Long Short-Term Memory，LSTM）模型和门控循环单元（Gated Recurrent Units，GRU），它们将门控机制引入到循环神经网络之中[115]。

4.6　图表示学习

图强化学习面对的数据结构是图或者网络。经典的机器学习算法不能简单迁移和应用于图数据和网络数据，需要开发新的机器学习算法，如图机器学习、图深度学习、几何深度学习、图强化学习等。在诸多高级的图数据分析算法中，图表示学习是关键的方法和工具[116-118]。

4.6.1　图表示学习的一般框架

图机器学习、图深度学习和图表示学习等都是机器学习算法在图数据和网络数据上的应用拓展。类似于机器学习框架，我们同样可以用数学语言将图机器学习过程描述为学习一个函数映射的过程：

$$\boldsymbol{y} = f_w(\boldsymbol{A}, \boldsymbol{X}) \tag{4.11}$$

其中：f 为图表示学习模型，也是映射函数，输入数据是图信息，包括结构信息和语义信息；w 为模型参数；$\boldsymbol{A}$ 为网络结构信息，可以是网络的邻接矩阵，也可以是网络的连边数据，一般而言，连边数据由两列组成，第一列为连边的起始节点（源节点），第二列为终止节点（目标节点）；$\boldsymbol{X}$ 为网络节点属性信息矩阵，每一行对应一条网络连边，每一列对应一个属性维度。

图机器学习模型的输入数据不仅包含节点信息和网络结构信息，还可以输入连边的属性信息以及全局网络信息等，如下所示：

$$y = f_{\boldsymbol{w}}(\boldsymbol{A}, \boldsymbol{X}, \boldsymbol{X}_{\mathrm{edge}}) \tag{4.12}$$

$\boldsymbol{X}_{\mathrm{edge}}$ 表示网络连边属性信息。图机器学习的目标就是从给定的数据 $(\boldsymbol{A}, \boldsymbol{X},\ \boldsymbol{y})$ 或 $(\boldsymbol{A}, \boldsymbol{X}, \boldsymbol{X}_{\mathrm{edge}}, \boldsymbol{y})$ 中，估计图表示学习模型参数 $\boldsymbol{w}$。为了衡量图表示学习算法的效果，可以构建一个基于均方误差的目标函数，即

$$\mathcal{L}(\boldsymbol{w}) = \frac{1}{N} \sum_{k=1}^{N} \left(f_{\boldsymbol{w}}(A_k, X_k) - y_k \right)^2 \tag{4.13}$$

显然，目标函数 $\mathcal{L}(\boldsymbol{w})$ 越小越好。因此，图机器学习模型确定目标函数之后，通过优化算法最小化目标函数，可以得到模型参数为

$$\hat{\boldsymbol{w}} = \arg\min_{\boldsymbol{w}} \mathcal{L}(\boldsymbol{w}|(A_k, X_k, y_k)_{k=1,2,3,\cdots,N}) \tag{4.14}$$

在图机器学习模型中，映射函数不同于前馈神经网络、卷积神经网络和循环神经网络等经典模型。图机器学习的目标函数与经典机器学习算法类似，且模型优化大多采用梯度下降算法，具有与经典机器学习类似的训练和学习过程。

4.6.2　编码-解码框架

图嵌入（Graph Embedding）或网络嵌入（Network Embedding）是指将图信息编码或映射至低维稠密空间。网络节点可以表示成低维稠密空间的数据点，空间内点与点之间的关系蕴含原始图或网络的结构信息和属性信息。为了很好地进行图嵌入和网络嵌入，我们将简单介绍一个通用框架：编码-解码框架，为理解图嵌入、图神经网络模型和图强化学习模型提供基础知识和研究思路。

4.6.3　编码器

图嵌入的核心任务是将图信息从高维离散空间映射到低维稠密空间。一般而言，高维空间的问题分析和求解都具有较高复杂度，而低维稠密空间更有利于问题的分析、求解和可视化。图嵌入模型的映射关系可用函数表示，一般称为编码器 f_{Encoder}，或者特征提取器，可表示为

$$f_{\mathrm{Encoder}} : V \to \mathbb{R}^D \tag{4.15}$$

其中：D 表示低维嵌入空间的维度。编码器将网络节点映射为低维稠密向量，将所有节点向量表示成矩阵形式 $\boldsymbol{Z}$，其转置可以表示成 $\boldsymbol{Z}^{\mathrm{T}}$，转置矩阵如下所示：

$$
\begin{array}{c}
\begin{array}{cccccc}
1 & 2 & 3 & \cdots & D-1 & D
\end{array}\\
\begin{array}{c}
v_1\\ v_2\\ \vdots\\ v_{N-1}\\ v_N
\end{array}
\left(
\begin{array}{cccccc}
z_{11} & z_{12} & z_{13} & \cdots & z_{1,D-1} & z_{1D}\\
z_{21} & z_{22} & z_{23} & \cdots & z_{2,D-1} & z_{2D}\\
\vdots & \vdots & \vdots & \ddots & \vdots & \vdots\\
z_{N-1,1} & z_{N-1,2} & z_{N-1,3} & \cdots & z_{N-1,D-1} & z_{N-1,D}\\
z_{N1} & z_{N2} & z_{N3} & \cdots & z_{N,D-1} & z_{ND}
\end{array}
\right)
\end{array}
$$

在节点属性向量矩阵中，第 i 列表示节点 v_i 的嵌入空间属性向量值，属性向量表示节点的结构属性特征和语义属性特征的融合信息，可作为下游图机器学习任务的决策变量。因此，我们可定义编码器函数为

$$
f_{\text{Encoder}}(v_i) = \boldsymbol{Z}[e_i] \tag{4.16}
$$

其中 $[e_i]$ 表示单位矩阵的第 i 列，即列向量长度为 N，第 i 个元素为 1，其他元素为 0。矩阵 $\boldsymbol{Z}$ 和列向量 $[e_i]$ 相乘，得到矩阵 $\boldsymbol{Z}$ 的第 i 列。

编码器映射函数 f_{Encoder} 输出结果为节点对应的低维嵌入空间的坐标信息，或者称之为隐空间信息：

$$
f_{\text{Encoder}}(v_i) = \boldsymbol{z}_i = [z_{i1}, z_{i2}, \cdots, z_{iD}]^{\text{T}} \tag{4.17}
$$

通常，经典机器学习算法被称为浅层学习，而深度神经网络方法被称为深度学习，二者具有较为类似的思想。此处的编码器函数极其简单，即为一个 Lookup 操作。因此，这里介绍的图嵌入算法也称之为浅层嵌入（Shallow Embedding）方法，而深度图神经网络模型是这里介绍的图嵌入算法的推广和深入，具有更加广阔的应用领域[117,118]。编码器的概念和思想同样也是深度图神经网络模型的基础。

4.6.4　解码器

图嵌入和网络嵌入算法的编码器操作简单。如何学习和优化节点嵌入属性矩阵或者嵌入空间向量，是图嵌入和网络嵌入的关键。我们需要考虑如何确定属性矩阵 $\boldsymbol{Z}$ 中的元素，这是图表示学习的关键之处。机器学习模型必须有一个优化目标，为了能够确定网络节点的嵌入空间属性 $\boldsymbol{Z}$，解码器的任务是能将编码器得到的嵌入空间属性信息重新还原成网络结构信息，或者还原成下游任务所需要的有效特征信息。

在机器学习中，自编码器是一个使用广泛的模型架构。自编码器中的深度神经网络模型通过隐藏层对输入层信息进行编码，然后重新通过神经网络还原输入层信息，看似是一个做无用功的过程（恒等映射），却将输入层的数据信息进行了编码，助力后续的机器学习任务的完成。

在图表示学习中，一般将解码器表示成函数形式，即

$$
f_{\text{Decoder}} : \mathbb{R}^D \times \mathbb{R}^D \to \mathbb{R}^+ \tag{4.18}
$$

其中：$\mathbb{R}^+$ 表示解码器的输出。解码过程为信息还原的过程。一般而言，现在流行的一些图嵌入算法都选择重建原始网络结构信息，如网络节点邻域信息或网络节点间相似性信息。最简单的情况则为基于编码信息预测节点之间的连边情况，或是节点之间的相似性测度 $S(v_i, v_j)$，解码器可以表示为

$$f_{\text{Decoder}}(f_{\text{Encoder}}(v_i), f_{\text{Encoder}}(v_j)) = f_{\text{Decoder}}(\boldsymbol{z}_i, \boldsymbol{z}_j) \approx S(v_i, v_j) \tag{4.19}$$

式 (4.19) 表明，越好的图表示向量或图嵌入属性 $\boldsymbol{Z}$，能使得解码器更好地还原原始节点之间关联信息，如相似性或邻域结构。相似性测度 $S(v_i, v_j)$ 可以作为先验知识，如邻接矩阵等。图理论和方法以及复杂网络分析中所涉及的相似性测度，都可以作为解码器还原图结构信息的基础。

4.6.5　模型优化

编码器和解码器组合构成模型的整体框架和信息处理流程图，而节点嵌入向量是需要最终学习的属性向量，即为模型的可学习参数，也是可优化参数，因此设定损失函数为

$$\mathcal{L} = \sum_{(i,j) \in E} f_{\text{Loss}}(f_{\text{Decoder}}(\boldsymbol{z}_i, \boldsymbol{z}_j), S(v_i, v_j)) \tag{4.20}$$

式 (4-20) 中，损失函数 f_{Loss} 计算解码器输出值 $f_{\text{Decoder}}(\boldsymbol{z}_i, \boldsymbol{z}_j)$ 和相似性测度值 $S(v_i, v_j)$ 之间的差异。差异测度函数有多种选择，如绝对值、均方差等。因此，最优化的图嵌入空间向量矩阵为

$$\hat{\boldsymbol{Z}} = \arg\min_{\boldsymbol{Z}} \mathcal{L}(\boldsymbol{Z}|G(V, E)) \tag{4.21}$$

式 (4-21) 中，网络 $G(V, E)$ 包含图嵌入算法需要的信息，如邻接矩阵和节点属性等。

4.7　基于矩阵分解的图嵌入

图嵌入或网络嵌入是将复杂网络映射到一个 D 维稠密空间，网络节点映射为低维稠密空间的一个数据点，如图4-4所示 [117,118]。图中左边部分为网络数据，通过网络嵌入算法，可以映射到一个 $N \times D$ 大小的属性矩阵。在属性矩阵中，每一行对应网络中一个节点的属性向量表示，其中 N 表示节点数量，D 表示嵌入空间维度。一般而言，$D \ll N$。在低维稠密空间中，网络节点的 D 维表示向量适合更多的机器学习任务或下游任务，如回归和分类等。

图嵌入表示学习方法众多，几个经典的算法，包括 GF（Graph Factorization）、GraRep（Graph Representations）、HOPE（High-Order Proximity Preserved Embedding）如表4-1 所示。表4-1比较了图嵌入表示学习方法的解码器、相似性测度和损失函数等 [116-118]。

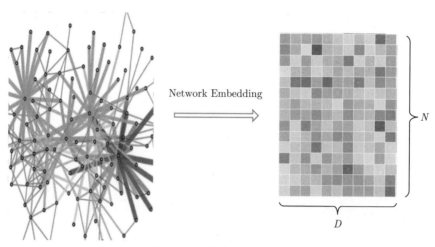

图 4-4　网络嵌入示意图

表 4-1　图嵌入算法汇总

方法	解码器	相似性	损失函数
GF	$z_i^{\mathrm{T}} z_j$	$A[i,j]$	$\|z_i^{\mathrm{T}} z_j - A[i,j]\|_2^2$
GraRep	$z_i^{\mathrm{T}} z_j$	$A[i,j], A^2[i,j], \cdots, A^k[i,j]$	$\|z_i^{\mathrm{T}} z_j - S[i,j]\|_2^2$
HOPE	$z_i^{\mathrm{T}} z_j$	$S[i,j]$	$\|z_i^{\mathrm{T}} z_j - S[i,j]\|_2^2$

统一的图表示学习框架从更高层次的视角来重新审视各种图表示学习算法和图嵌入算法，便于我们对比分析和深刻理解图表示学习，同时也能够促进图表示学习算法的改进和新算法的设计。

4.7.1　图分解方法

表4-1中的 GF 是图分解方法，其解码器为

$$f_{\mathrm{Decoder}} = z_i^{\mathrm{T}} z_j \tag{4.22}$$

表示节点 v_i 和 v_j 在嵌入空间的属性向量 z_i 和 z_j 的内积，度量嵌入向量 z_i 和 z_j 之间的相似性。选择二范数作为 GF 方法的损失函数为

$$\mathcal{L} = \sum_{(i,j) \in E} \|z_i^{\mathrm{T}} z_j - A[i,j]\|_2^2 \tag{4.23}$$

损失函数度量解码器输出值和相似性测度 $A[i,j]$ 之间的差异[116-118]。

4.7.2　GraRep 方法

GraRep 方法的解码器和损失函数和图分解方法一样，只是相似性测度有区别。GraRep 方法不仅仅考虑邻接矩阵作为节点之间的相似性测度，同时考虑高阶邻接信息。例如，$A[i,j]$,

$\boldsymbol{A}^2[i,j], \cdots, \boldsymbol{A}^k[i,j]$ 分别表示图或网络的一阶邻接矩阵、二阶邻接矩阵、k 阶邻接矩阵等。二阶邻接矩阵 $\boldsymbol{A}^2[i,j]$ 表示网络节点间距离为 2 的节点连接情况。k 阶邻接矩阵 $\boldsymbol{A}^k[i,j]$ 表示网络节点间距离为 k 的节点连接情况。高阶邻接矩阵可以作为网络节点间高阶相似性测度[116-118]。

4.7.3　HOPE 方法

高阶邻近保留嵌入算法 HOPE 是一种能保留有向图的不对称传递性的网络嵌入算法[116]。例如，股票交易网络中存在交易关系的两个交易者具有完全相反的交易行为（买卖关系）。在股票交易网络中，最大的特性是股票不对称性流动，从一个卖出交易者流动到另一位买入交易者。HOPE 网络嵌入算法能保留股票交易的不对称，并更好地刻画交易者属性。

网络嵌入算法是近年来非常繁荣的领域，将复杂网络结构从一个高维空间嵌入低维空间，有利于结合其他数据分析方法（经典机器学习方法）进行探索和深入挖掘。针对一些专注于有向图的非对称性嵌入问题，需要保留网络节点非对称传递性，可以采用高阶邻近保留嵌入算法。高阶邻近性源自不对称传递性，采用机器学习中最优化算法最小化损失函数[116]，即

$$\min \ \|\boldsymbol{S} - \boldsymbol{U}^s \boldsymbol{U}^{t\mathrm{T}}\|^2 \tag{4.24}$$

其中：$\boldsymbol{S}$ 是网络高阶相似性测度指标值，$\boldsymbol{U}^s$ 和 $\boldsymbol{U}^t$ 是每个网络节点嵌入向量组成的嵌入属性矩阵。

4.8　基于随机游走的图嵌入

矩阵分解等网络嵌入技术有着广泛的应用，但是也存在一些局限。GF、GraRep 和 HOPE 等类似方法的局限主要是矩阵运算和存储的复杂度较高，针对大型网络应用表现出一定局限性。在一些工业应用场景中，网络规模较大，可能有百万级或百亿级的网络节点，即邻接矩阵规模巨大。如果进行矩阵分解操作将耗费极大的计算资源和存储资源。因此，为了高效地将网络嵌入技术应用到大规模网络，我们可以通过随机游走和采样极大地减少运算量和存储量。

4.8.1　DeepWalk 算法

DeepWalk 方法不同于 GF、GraRep 和 HOPE 等矩阵分解方法[119]，也有相关研究将两类方法统一到一个框架下，说明方法之间本质上具有相似性。DeepWalk 方法融合网络随机游走（Random Walk）的概念。在复杂网络中，随机游走并不陌生，如 PageRank 算法和网络节点特征值中心性方法可以看作是复杂网络中随机游走的例子。随机游走是一个比较宽泛的概念，在不同领域都有着相关研究和应用，例如物理领域随机游走、布朗运动、分形布朗运动、列维飞行等。在物理空间中，随机游走、布朗运动比较容易理解。在日常生

活中，随机游走也存在大量的案例，如布朗运动可以看作花粉粒子在三维空间中随机移动。

图和网络上的随机游走属于离散空间和拓扑空间中随机游走。在城市道路交通网络中，城市作为网络节点，公路作为网络连边。因此，如果某人在不同城市之间进行漫无目的地旅游，可以看作网络上随机游走的简单案例。

DeepWalk 方法通过随机游走在网络上进行随机采样，获得网络节点和连边构成的序列数据，构造不同网络节点之间的相似性特征或者邻域结构特征。解码器的目的是重现网络结构特征，如网络节点之间的相似性。网络节点在嵌入空间的属性向量信息能够表示网络节点的潜在特征属性。在实际运行中，DeepWalk 算法通过随机游走从图或网络中采样一些顶点序列和连边序列，然后类比自然语言处理的思路（如 Word2Vec），将网络节点高效地嵌入低维稠密空间之中，如图4-5所示。

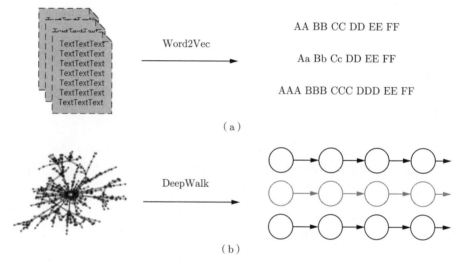

图 4-5　Word2Vec 和 DeepWalk 算法对比示意图

DeepWalk 算法与 Word2Vec 算法类似，将网络节点看作单词，节点序列看作由单词组成的句子，重复随机采样获得大量的网络节点序列。网络节点序列数据集类似于一个庞大的语料库。我们利用与自然语言处理工具 Word2Vec 类似的方法，将每一个网络顶点（单词）映射到一个稠密的低维空间。随机游走采样得到大量样本数据，可以表示为

$$v_0,\ e_{v_0,v_1},v_1,\ e_{v_1,v_2},v_2,\cdots,\ e_{v_{L-1},v_L},v_L \tag{4.25}$$

其中，v_i 表示随机游走过程中经过的网络节点编号，e_{ij} 表示随机游走过程中经过的网络连边。为了简化表述，我们可以直接表示成

$$v_0,v_1,v_2,\cdots,v_L \tag{4.26}$$

DeepWalk 算法将随机游走过程中采集到的网络节点序列看作是 Word2Vec 方法中的句子，每一个节点对应一个单词，然后采用自然语言处理中的 SikpGram 算法，进行网络

节点嵌入（词语嵌入）。算法 Algorithm 1给出了 DeepWalk 算法的伪代码：

Algorithm 1: DeepWalk 算法伪代码

Input: 图 $G = (V, E)$，节点数量为 N
窗口长度为 L，嵌入空间维度为 D，每个节点采样次数为 n
随机游走长度为 T，α 为学习率
Output: 网络节点嵌入属性矩阵（参数）$\boldsymbol{\theta}$

1　初始化参数矩阵 $\boldsymbol{\theta}$ 为 $N \times D$ 大小的矩阵
2　**for** $i = 0, 1, 2, \cdots, n$ **do**
3　　随机排序随机游走的起始网络节点采样顺序：
4　　$\mathcal{O} = \mathrm{Shuffle}(V)$
5　　**for** $v_i \in \mathcal{O}$ **do**
6　　　从节点 v_i 开始采样长度为 T 的样本：
7　　　$w_{v_i} = \mathrm{RandomWalk}(G, v_i, T)$
8　　　**for** $v_j \in w_{v_i}$ **do**
9　　　　**for** $u_k \in w_{v_i}[j - L/2 : j + L/2]$ **do**
10　　　　　$J(\boldsymbol{\theta}) = -\log P_{\boldsymbol{\theta}}(u_k | v_j)$
11　　　　　$\boldsymbol{\theta} = \boldsymbol{\theta} - \alpha \dfrac{\partial J}{\partial \boldsymbol{\theta}}$

在 DeepWalk 算法的伪代码 Algorithm 1中，图或网络表示成 $G = (V, E)$，网络节点数量为 N。网络节点邻域定义的窗口长度为 L，网络节点嵌入空间维度为 D。随机采样算法重复对网络中每个节点采样 n 次，作为随机游走路径的起始网络节点。随机游走的长度为 T，参数 α 为参数更新的学习率。网络节点嵌入空间的属性表示矩阵（参数）为 $\boldsymbol{\theta}$。

在 DeepWalk 算法运行之初，我们先初始化参数矩阵 $\boldsymbol{\theta}$ 为 $N \times D$ 大小的矩阵，然后随机排序网络节点的采样顺序（$\mathcal{O} = \mathrm{Shuffle}(V)$），确保 n 次采样过程中起始网络节点的采样顺序不一样，增加采样数据的多样性，同时也减弱样本数据之间的关联性。

DeepWalk 算法每一次采样都会遍历网络中所有节点（$v_i \in \mathcal{O}$），从网络节点 v_i 开始采样长度为 T 的样本（$w_{v_i} = \mathrm{RandomWalk}(G, v_i, T)$），表示为

$$w_{v_i} = \{v_i, v_{i+1}, v_{i+2}, \cdots, v_{i+T}\} \tag{4.27}$$

基于随机游走采样的路径数据，算法定义节点之间的邻域关系，构建目标函数。一般而言，邻域节点 u_k 和 v_j 之间同时出现在同一条采样路径中的概率较高，因此目标函数（损失函数）可以表示为：

$$J(\boldsymbol{\theta}) = -\log P_{\boldsymbol{\theta}}(u_k | v_j) \tag{4.28}$$

DeepWalk 算法将网络节点嵌入向量之间的相似性转化成概率值，即

$$\frac{e^{\boldsymbol{\theta}_k^{\mathrm{T}} \boldsymbol{\theta}_j}}{\sum_{u \in V} e^{\boldsymbol{\theta}_u^{\mathrm{T}} \boldsymbol{\theta}_j}} \tag{4.29}$$

概率值计算在随机游走所定义的邻域信息基础上，网络节点 v_k 和网络节点 v_j 出现在同一

序列的概率。在实际随机游走过程中，网络节点 v_k 和 v_j 出现在同一序列的概率可以表示为 $p_G(v_k|v_j)$，因此 DeepWalk 算法损失函数定义为

$$J = -p_G(v_k|v_j) \log \frac{e^{\boldsymbol{\theta}_k^{\mathrm{T}} \boldsymbol{\theta}_j}}{\sum_{u \in V} e^{\boldsymbol{\theta}_u^{\mathrm{T}} \boldsymbol{\theta}_j}} \tag{4.30}$$

DeepWalk 模型的参数更新公式为

$$\boldsymbol{\theta} = \boldsymbol{\theta} - \alpha \frac{\partial J}{\partial \boldsymbol{\theta}} \tag{4.31}$$

在图嵌入和图表示学习算法中，随机游走方法相较于矩阵分解等方法，具有较多优点。例如，随机游走方法适合并行处理，且具有较大适应性。在随机游走过程中，我们可以在同一个网络中设置多个智能体进行随机游走，即随机采样，极大地扩大了采样效率，加速节点嵌入过程。特别是针对超大规模图和网络而言，并行处理能够极大地提高采样效率。例如，同时设置多个线程进行不同初始点的随机游走，高效地获得大量随机游走样本数据。

当网络结构有较小扰动时，如增加网络节点和网络连边，那么前期采样的随机游走路径数据同样适用，只需要从新增加的网络节点开始进行随机采样，获得一些与新增节点相关的采样数据，继续更新网络节点嵌入向量。同样，如果图和网络中删除了部分节点和连边，那么只需要从原来采样数据中删除包含已删除网络节点和连边的采样数据即可，有利于数据使用效率和模型训练效率。

4.8.2 Node2Vec 方法

在随机游走和 DeepWalk 方法基础上，Node2Vec 算法进行了改进，主要区别在于 Node2Vec 算法在实际随机游走过程中，节点之间的游走或跳转概率不一样[120]。Node2Vec 方法并非完全的随机游走，而是具有一定偏置的随机游走模型，类似于经典图搜索算法，如深度优先搜索和广度优先搜索。Node2Vec 方法设置超参数来调节随机游走的过程，得到不一样的网络节点之间相似性测度方法 $p_G(v_i|v_j)$，其他模型解码器和损失函数与 DeepWalk 方法一致。

虽然 Node2Vec 基于随机游走，和 DeepWalk 方法非常相似，但是 Node2Vec 算法采用有偏置的随机游走，Node2Vec 算法中随机游走过程示意图如图4-6所示，简单展示了随机采样时网络节点间跳转概率情况。

图4-6中的圈表示节点，实线表示连边，实线上数值表示节点间跳转的概率。在图4-6中，随机采样过程从节点 t 游走到节点 v，现在需要确定随机游走的下一个节点及从节点 v 游走到节点 x 的概率，即

$$P(v \to x) = \begin{cases} \dfrac{\pi_{vx}}{Z} & (v,x) \in E \\ 0 & \text{其他} \end{cases} \tag{4.32}$$

图4-6中与网络节点 v 相邻的网络节点有四个，分别为 t、x_1、x_2 和 x_3。在随机游走过程中，我们只能跳转到相邻的节点，不相邻的节点概率为 0。因此，从节点 v 跳转的候

选节点只有四个，而四个候选节点的跳转概率为

$$\pi_{vx} = \alpha_{pq}(t,x)w_{vx} \tag{4.33}$$

其中：w_{vx} 为网络节点 v 和节点 x 之间的权重；$\alpha_{pq}(t,x)$ 表示在参数 p 和 q 情况下，从节点 v 跳转到节点 x 的非归一化概率，具体定义为

$$\alpha_{pq}(t,x) = \begin{cases} \dfrac{1}{p} & d_{tx}=0 \\ 1 & d_{tx}=1 \\ \dfrac{1}{q} & d_{tx}=2 \end{cases} \tag{4.34}$$

由式 (4-34) 可知，图4-6标注了网络节点 v 的四个邻居节点 t、x_1、x_2 和 x_3 的 $\alpha_{pq}(t,x)$ 值。公式中 d_{tx} 表示网络节点 t 与节点 x 之间的距离。例如，$d_{tx}=0$ 表示网络节点 x 就是网络节点 t，即从网络节点 v 跳转回节点 t。

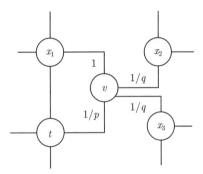

图 4-6　Node2Vec 算法中随机游走过程示意图

深入理解 Node2Vec 算法之前，我们需要对图上两类搜索算法进行一定了解，分别为广度优先搜索（BSF）和深度优先搜索 (DSF)。广度优先搜索是指从节点 t 出发，遍历节点 t 的所有邻居；而深度优先搜索是指选择节点 t 的一个邻居节点 v 后，继续采样邻居节点 v 的邻居，直至叶子节点，停止搜索。

在图4-6中概率计算过程中，我们分成了 3 种情况，分别为距离 d_{tx} 为 0，距离 d_{tx} 为 1 和距离 d_{tx} 为 2 的情况。与网络节点 t 距离为 0 的节点为节点 t 自身，说明从节点 t 跳转到节点 v 后，又重新跳回节点 t。此时，跳转概率设定为 $\frac{1}{p}$。当参数 p 越大时，则从网络节点 v 跳回节点 t 的可能性越小；当 p 越小时，跳转回来的可能性越大。跳转回节点 t 后，重新出发，则跳转到节点 t 的邻居节点，此过程类似于广度优先搜索（BSF）。

在图4-6中，与节点 t 距离为 1 的网络节点为节点 x_1，是网络节点 t 和节点 v 的共同邻居，跳转的概率为 1。与节点 t 距离为 2 的网络节点为节点 x_2 和 x_3，是网络节点 v 的邻居，但是不与节点 t 相邻，跳转的概率设定为 $\frac{1}{q}$。当参数 q 越大时，则从网络节点 v 跳转到节点 x_2 和 x_3 的概率越小。我们将跳转概率归一化后，相对而言，跳回 x_1 和 t 的可

能性越大。当 q 越小时，跳转回 x_1 和 t 的可能性越小，跳转到 x_2 和 x_3 概率越大，则远离 t，此过程类似于深度优先搜索算法（DSF）。

基于 Node2Vec 算法的随机游走，我们随机采样得到大量的样本数据，类似于 Deep-Walk 算法，可以将目标函数表示成

$$\max_f \sum_{u \in V} \log \mathrm{Prob}\left(\mathcal{N}_s(U)|f(u)\right) \tag{4.35}$$

其中：$\mathrm{Prob}\left(\mathcal{N}_s(u)|f(u)\right)$ 表示网络节点的近邻集合出现的概率；$f(u)$ 是将顶点 u 映射为嵌入空间的映射函数。针对网络中每个顶点 u，定义 $\mathcal{N}_s(u)$ 为通过采样策略 s 得到的顶点 u 的近邻顶点集合。Node2Vec 算法为了优化上述目标函数，简化求解过程，提出两个假设。首先是条件独立性假设，即假设给定源节点情况下，其相邻节点出现的概率与相邻节点集合中其余节点无关，可以表示成

$$\mathrm{Prob}\left(\mathcal{N}_s(u)|f(u)\right) = \prod_{n_i \in \mathcal{N}_s(u)} \mathrm{Prob}\left(n_i|f(u)\right) \tag{4.36}$$

在 Node2Vec 算法中，第二个假设是特征空间对称性假设，一个网络节点作为源节点和作为近邻顶点时，共享同一嵌入向量。因此，上述条件概率公式可以表示为

$$\mathrm{Prob}\left(n_i|f(u)\right) = \frac{\exp f(n_i) \cdot f(u)}{\sum_{v \in V} \exp f(v) \cdot f(u)} \tag{4.37}$$

我们将上式代入目标函数，可得

$$\max_f \sum_{u \in V} \left[-\log Z_u + \sum_{n_i \in \mathcal{N}_s(u)} f(n_i) \cdot f(u) \right] \tag{4.38}$$

其中，Z_u 为归一化量，为

$$Z_u = \sum_{n_i \in \mathcal{N}_s(u)} \exp\left(f(n_i) \cdot f(u)\right) \tag{4.39}$$

在实际计算过程中，Node2Vec 算法采用负采样技术，提高算法效率。基于随机游走的网络嵌入算法非常之多，如 LINE、struct2vec 等，都各有优缺点，适用于不同的复杂问题和复杂网络类型，同时也能够为复杂网络分析提供多样化选择和个性化分析。

4.9　可解释性图嵌入

机器学习、深度学习模型可解释性是计算机领域重要的研究方向。在社会经济系统研究过程中，机器学习技术得到了大量运用。例如，研究复杂天然气贸易网络结构信息和经济体属性信息。在复杂贸易系统中，经济体决策过程受到较多决策因素影响。经济体通过

观察和收集，获得较多的决策变量。如何能够尽可能多地、尽可能全地考虑有效的贸易决策变量？一直以来，这是决策分析的难点。在实际研究中，很难将所有的天然气贸易因素都纳入决策模型。因为特殊因素，一些不可量化的数据和敏感数据的不可获得性都直接影响智能决策的可靠性。

4.9.1　问题背景介绍

在此示例模型中，笔者团队以全球天然气交易网络为研究对象，分析经济体的天然气交易决策行为。天然气贸易主要分成液态天然气和气态天然气贸易。笔者团队研究的对象为天然气贸易网络，如图4-7所示。

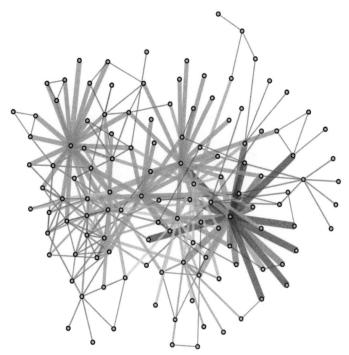

图 4-7　国际经济体之间部分天然气贸易的网络

假设现实世界天然气贸易网络已经蕴含了影响贸易关系的诸多因素，影响因素对贸易关系的影响都已作为"记忆"保存在天然气贸易网络结构之中。我们通过机器学习方法和图嵌入方法从天然气贸易网络中学习影响经济体的贸易因素（经济体属性向量），对其进行图表示学习[112]。

4.9.2　天然气贸易决策模型

在国际贸易关系网络中，经济体的决策模型需要考虑经济体之间的异质性特征属性，即每个经济体属性向量都不一样，且无事先设定。我们将通过机器学习算法从贸易网络结构中学习得到经济体的异质性特征属性向量。

4.9.3 效用函数

在经济体决策模型中，天然气贸易关系的决策变量为经济体属性向量，经济体效用函数可以用收益和成本度量[112]。经济体 i 的效用函数定义是

$$U_i(S;\boldsymbol{\theta},\boldsymbol{b},\boldsymbol{c}) = F_i(S;\boldsymbol{\theta},\boldsymbol{b}) - G_i(S;\boldsymbol{\theta},\boldsymbol{c}), \quad \forall S \subset \mathcal{I}/i \tag{4.40}$$

其中：S 表示经济体 i 的贸易伙伴集合，$\mathcal{I}$ 表示贸易网络中所有经济体集合。$F_i(S;\boldsymbol{\theta},\boldsymbol{b})$ 为收益函数，$G_i(S;\boldsymbol{\theta},\boldsymbol{c})$ 为成本函数。矩阵 $\boldsymbol{\theta}$ 表示天然气贸易网络中所有经济体的属性矩阵，被称为禀赋矩阵[112]。参数 $\boldsymbol{b}$ 表示收益属性的重要性程度向量。参数 $\boldsymbol{c}$ 表示成本属性的重要性程度，其中的重要性系数对应成本相关属性。禀赋矩阵 $\boldsymbol{\theta}$、权重系数 $\boldsymbol{b}$ 和 $\boldsymbol{c}$ 是可学习的模型参数。

4.9.4 收益函数

经济体 j 的天然气资源禀赋大于经济体 i，那么经济体 i 就会愿意与经济体 j 进行天然气贸易，而且不同的禀赋 d 都对应一个重要性程度参数 b_d。经济体 i 的收益函数定义为[112]

$$F_i(S;\boldsymbol{\theta},\boldsymbol{b}) = \sum_{j \in S} \sum_{d=1}^{D_b} b_d \max(\theta_{jd} - \theta_{id}, 0) \tag{4.41}$$

其中：e_{id} 和 e_{jd} 表示经济体 i 和 j 在第 d 个维度的禀赋值。经济体某些禀赋之间的差异能够促成经济体之间的天然气贸易往来，如产量、品质差异等。

4.9.5 成本函数

在国际贸易系统中，并非所有的禀赋差异都能够促进贸易关系的建立。部分经济体属性之间的差异不利于天然气贸易关系的发展，如文化差异、地理位置、语言不通等，会增加贸易成本。因此，经济体 i 的成本函数定义为[112]

$$G_i(S;\boldsymbol{\theta},\boldsymbol{c}) = \sum_{j \in S} \left\| \boldsymbol{c} \circ (\boldsymbol{\theta}_j - \boldsymbol{\theta}_i) \right\|_2 \tag{4.42}$$

其中：算子 $\circ$ 表示向量元素点乘，即对应元素相乘。$\boldsymbol{\theta}_i$ 和 $\boldsymbol{\theta}_j$ 分别表示经济体 i 和 j 的成本禀赋向量。

我们通过推导可得到贸易关系 a_{ij} 对经济体 i 的效用增量为

$$\Delta u_i(j) = \sum_{d=1}^{D_b} b_d \max(\theta_{jd} - \theta_{id}, 0) - \left\| \boldsymbol{c} \circ (\boldsymbol{\theta}_j - \boldsymbol{\theta}_i) \right\|_2 \tag{4.43}$$

在数值模拟过程中，当效用增量 $\Delta u_i(j)$ 大于某个阈值时，则认为经济体 i 和经济体 j 能够建立天然气贸易关系。

4.9.6 机器学习模型损失函数

在估计经济体 i 的贸易决策模型 $U_i(S;\boldsymbol{\theta},\boldsymbol{b},\boldsymbol{c})$ 中的参数时，我们采用机器学习中的常用优化算法进行参数估计。我们运用机器学习相关理论和方法，关键需要确定最优化的目标函数。贸易决策模型是为了捕捉天然气贸易网络的结构特征以及经济体贸易属性。基于学习到的模型参数，贸易决策模型将能很好地重现网络贸易关系，越有效的估计参数 $\boldsymbol{\theta}$、$\boldsymbol{b}$、$\boldsymbol{c}$ 能更准确地重构原始天然气贸易网络。基于此思想，我们定义经济体贸易决策模型的损失函数。

为了贸易决策模型能更好地重现网络贸易关系，我们设定损失函数 $\mathcal{L}$ 为机器学习优化的目标函数，损失函数 $\mathcal{L}$ 越小说明基于估计的参数 $\boldsymbol{\theta}$、$\boldsymbol{b}$、$\boldsymbol{c}$ 和决策模型能更准确地重新构建原始的天然气贸易网络。损失函数 $\mathcal{L}$ 具体形式为[112]

$$\mathcal{L} = \mathcal{L}_{\text{pos}} + \mathcal{L}_{\text{neg}} + \mathcal{L}_{\text{fp}} + \mathcal{L}_{\text{reg}} \tag{4.44}$$

损失函数 $\mathcal{L}$ 由四部分组成，分别对应不同的优化条件和限制。损失函数 $\mathcal{L}$ 的第一部分为

$$\mathcal{L}_{\text{pos}} = -\frac{\sum_{(i,j)\in\mathcal{E}}\log(\phi(|S_i^*|\Delta u_i(j)))}{|\mathcal{E}|} \tag{4.45}$$

其中：$\mathcal{E}$ 为天然气贸易网络中贸易关系集合，$|\mathcal{E}|$ 表示集合元素数量，即贸易关系的数量。$\mathcal{L}_{\text{pos}}$ 衡量学习到的属性矩阵 $\boldsymbol{\theta}$ 和权重系数 $\boldsymbol{b}$、$\boldsymbol{c}$ 预测原始贸易关系的优劣，$\mathcal{L}_{\text{pos}}$ 越小说明预测的准确程度越高。公式中，$\phi(x) = (1 + e^{-x-u_0})^{-1}$，其中 u_0 为可学习参数。

损失函数 $\mathcal{L}$ 的第二部分 $\mathcal{L}_{\text{neg}}$ 衡量模型预测原始网络中不存在的贸易关系的优劣，$\mathcal{L}_{\text{neg}}$ 越小，说明不存在于原始网络中的贸易关系在预测过程中出现的概率越小，说明模型参数拟合越好，重构网络与现实原始网络更加吻合。在实际计算过程中，我们运用了机器学习中负采样技术。$\mathcal{L}_{\text{neg}}$ 定义为

$$\mathcal{L}_{\text{neg}} = -\frac{\sum_{(i,j)\notin\mathcal{E}}\log(1 - \phi(\min(\Delta u_i(j), \Delta u_j(i))))}{|(i,j)\notin\mathcal{E}|} \tag{4.46}$$

其中：$(i,j)\notin\mathcal{E}$ 表示负采样得到的潜在贸易关系集合，即不存在于原始网络的天然气贸易关系。$|(i,j)\notin\mathcal{E}|$ 表示负采样的样本数量。

损失函数 $\mathcal{L}$ 的第三部分 $\mathcal{L}_{\text{fp}}$ 是对错误预测的惩罚项。如果连边是一个原始贸易网络中不存在的贸易关系，但是模型预测认为该关系存在于重构网络之中，损失函数对于这种情况进行惩罚。$\mathcal{L}_{\text{fp}}$ 定义是

$$\mathcal{L}_{\text{fp}} = -\lambda_{\text{fp}}\frac{\sum_{(i,j)\notin\text{FP}}\log(1 - \phi(\min(\Delta u_i(j), \Delta u_j(i))))}{|(i,j)\in\mathcal{E}|} \tag{4.47}$$

其中：FP 表示不存在于原始贸易网络中却被预测存在的贸易连边集合。

为了让模型训练和优化过程更加稳定，在目标函数中添加对可学习参数 $\boldsymbol{\theta}$ 的正则项 $\mathcal{L}_{\text{reg}}$，并作为损失函数 $\mathcal{L}$ 的第四部分，即

$$\mathcal{L}_{\text{reg}} = \lambda_{\text{reg}}||\boldsymbol{\theta}||_1 \tag{4.48}$$

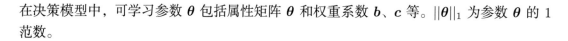

在决策模型中，可学习参数 $\boldsymbol{\theta}$ 包括属性矩阵 $\boldsymbol{\theta}$ 和权重系数 $\boldsymbol{b}$、$\boldsymbol{c}$ 等。$\|\boldsymbol{\theta}\|_1$ 为参数 $\boldsymbol{\theta}$ 的 1 范数。

4.9.7 模型优化

在机器学习模型中，我们确定优化目标函数（损失函数），考虑一些约束条件后，可确定优化问题。天然气贸易决策模型的最优化问题表述为[112]

$$\hat{\boldsymbol{\theta}}, \hat{\boldsymbol{b}}, \hat{\boldsymbol{c}} = \arg\min_{\boldsymbol{\theta}, \boldsymbol{b}, \boldsymbol{c}} \mathcal{L}(\boldsymbol{\theta}, \boldsymbol{b}, \mathbf{c}|\mathbf{A})$$

$$\text{s.t.} : \quad c_d \geqslant 0, \forall d = 1, 2, \cdots, D$$

$$\sum_{i=1}^{N} \theta_{id} = 0, \forall d = 1, 2, \cdots, D \tag{4.49}$$

$$\left\|\boldsymbol{\theta}_{:d}\right\|_2^2 = N, \forall d = 1, 2, \cdots, D$$

其中：$c_d \geqslant 0$ 保证禀赋向量的重要性权重为正数。$\sum_{i=1}^{N} e_{id} = 0$ 保证所有经济体禀赋值的均值为 0。$\left\|\boldsymbol{\theta}_{:d}\right\|_2^2 = N$ 保证所有经济体的禀赋值方差有限。

本示例旨在通过模型建立、模型优化、模型结果展示，给出运用机器学习优化算法求解现实问题的基本流程。网络嵌入模型的核心在于构建机器学习优化的目标函数，即实例中网络重构的损失函数。模型构建完损失函数后，上述优化问题可通过计算平台提供的优化算子进行优化求解。机器学习计算平台提供了很多优化器，其中以随机梯度下降算法（SGD）最为出名，以及加入动量因子改进后的 Momentum SGD 以及 Nestrov Momentum SGD。为了使得学习率能够随着梯度变化而自适应调节，改进得到的自适应梯度下降（Adagrad）算法以及 RMSprop 梯度下降算法和 Adadelta 梯度下降算法也取得了非常好的效果，大量应用在机器学习模型的参数优化之中。

4.10 应用实践

我们通过机器学习优化算法对模型进行学习和优化后，可得到天然气国际贸易网络中经济体禀赋向量 $\boldsymbol{\theta}$ 和权重系数 $\boldsymbol{b}$、$\boldsymbol{c}$ 等参数。在嵌入空间维度 $D = 4$ 情况下，按照模型设定，收益属性为第一维度和第二维度，成本属性为第三维度和第四维度。经济体在嵌入空间中的分布情况如图4-8所示。

图4-8左图展示嵌入空间 $D = 4$，且收益维度为 2，国际天然气贸易网络中经济体在嵌入空间中的分布情况。图4-8左图为经济体在 2 个收益属性维度的分布情况。右图为经济体在 2 个成本属性维度的分布情况。图4-8左图中可以看到，美国（USA）英国（GBR）具有相似的贸易属性，埃及（EG）、俄罗斯（RUS）、泰国（THA）具有相似的贸易禀赋。我们获得经济体属性后，可以将其作为决策变量，结合决策模型，进行数值模拟或者政策模

拟，研究天然气交易网络的演化规律。图4-8右图显示，经济体的成本属性与收益属性存在较大差异，没有显著规律，相应结果的具体经济意义需要进一步分析。

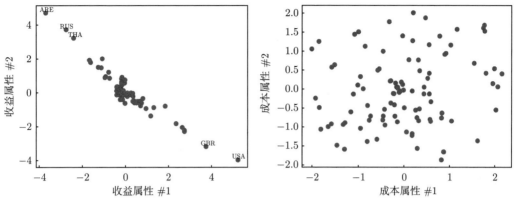

图 4-8　国际天然气贸易网络中经济体在嵌入空间中的分布情况

左图收益属性维度，右图为成本属性维度。

当网络嵌入维度非常大时，为了可视化网络节点分布情况，我们可以采用 t-SNE（t-distributed Stochastic Neighbor Embedding）算法进行处理[121]，将高维空间的网络节点属性坐标映射到二维空间之中，以便直观地分析网络节点在嵌入空间的分布情况，并给出更直观的结果解释。可解释性机器学习模型或网络嵌入模型是复杂社会经济系统研究的重要工具。

～ 第 4 章习题 ～

1. 如何表示图或网络特征？
2. 经典机器学习模型和图机器学习模型的区别是什么？
3. 相比于复杂网络分析方法，图机器学习方法的优缺点有哪些？
4. 简述图表示学习的一般框架？
5. 网络嵌入算法的优缺点是什么？
6. 试举例基于矩阵分解的图嵌入表示学习方法。
7. 试举例基于随机游走的图嵌入表示学习方法。

第 5 章

图神经网络

5.1 图神经网络介绍

深度学习飞速发展过程中深度神经网络（Deep Neural Networks，DNN）模型功不可没，如深度前馈神经网络（Deep Feedforward Neural Networks，DFNN）、卷积神经网络（Convolutional Neural Networks，CNN）、循环神经网络（Recurrent Neural Networks，RNN）、图神经网络（Graph Neural Networks，GNN）等。深度前馈神经网络、卷积神经网络、循环神经网络在自然语言处理、图形识别领域都取得了举世瞩目的成就，也是人工智能浪潮的前沿。图神经网络模型能够挖掘图数据信息，具有广泛的应用场景，同时其强大的图表示学习能力也得到大量工业级应用的验证，具有巨大的应用前景和研究价值[114]。

深度前馈神经网络、卷积神经网络、循环神经网络、图神经网络模型示意图如图5-1所示。深度前馈神经网络模型可以表示为 f_{DNN}，卷积神经网络模型可以表示为 f_{CNN}，循环神经网络模型可以表示为 f_{RNN}，图神经网络模型可以表示为 f_{GNN}。图5-1中输入数据也只是简单示例，并非不能输入其他数据，如卷积神经网络模型 f_{CNN} 同样可以用时间序列数据作为输入数据。

深度前馈神经网络模型的输入向量无特定结构，输入层神经元之间无时序关系和空间关系。深度卷积神经网络模型输入数据具有一定空间关系，卷积神经网络模型具有局部性和平移不变性以及参数共享等特征。循环神经网络模型能够挖掘时序数据信息，模型内部能存储长期历史记忆信息，并结合当前时刻输入数据进行信息提取和信息转换，能够整体考虑时间序列信息。图神经网络模型是图强化学习方法的核心组成部分。

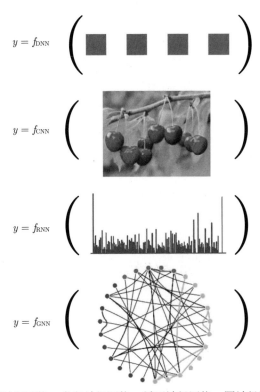

图 5-1　深度前馈神经网络、卷积神经网络、循环神经网络、图神经网络模型示意图

5.2　图神经网络特征

　　深度前馈神经网络、深度卷积神经网络和循环神经网络都有各自更适用的数据类型，如卷积神经网络模型更加适合图片类型数据，而循环神经网络模型更适合具有时序性质的序列数据类型。在实际应用中，卷积神经网络模型并非就一定只能处理图片类型的数据，同时也能处理时序类型数据，如时间序列和文本数据。图数据和网络数据区别于矩阵型数据（如图片），具有较大的特征差异，深刻理解图数据和网络数据的结构特征，可为理解深度图神经网络模型和深度图强化学习模型打下基础。

5.2.1　图数据特征

　　图和网络的经典表现形式是邻接矩阵。邻接矩阵是矩阵型数据，但是与图片等矩阵型数据有着巨大差别。虽然图像类型数据也用矩阵表示，每个矩阵元素表示一个像素，但是不能够交换行和列。如果一幅照片随机交换矩阵的行或者列，交换前后的矩阵就不能代表同一幅图。复杂网络和图的邻接矩阵却可以任意地交换行和列，同样可以表示同一个图或者网络，也就是图论中图同构的概念。邻接矩阵的行和列的交换只是重新对节点进行编号，并不会改变网络结构和特征。图数据特征可以分成结构特征、属性特征、拓扑特征等，属性特征包括节点属性、连边属性和全局图属性。

5.2.2 端到端学习特征

图嵌入和图表示学习的诸多算法属于浅层嵌入，模型学习的参数直接是节点嵌入空间的属性向量。借鉴深度学习模型中端到端学习的优势，我们可以将深度学习模型应用到图数据之中，将网络结构属性和特定问题属性保存在深度神经网络模型的参数之中，通过深度神经网络模型来计算和生成嵌入空间的属性向量，而不是直接通过优化算法来优化网络嵌入空间的属性向量。深度图神经网络模型对图嵌入进行泛化，具有更广的应用场景和更优的实验效果。

端到端学习基于特定问题设定深度学习模型结构，众多深度学习的优化算法以基于特定问题设计的目标函数（损失函数）为优化对象，优化深度神经网络模型参数，使得深度神经网络模型自动调整网络模型参数来适应特定的问题。端到端学习过程较少引入专家经验和偏置，从而使模型更灵活，更重要的是，可以提高模型训练效率和迭代速度，其泛化性也更好。在机器学习模型构建过程中，专家经验有助于特征提取和模型训练，但过多的专家经验融入模型也会影响模型的表示能力和学习能力，以及模型迭代更新的效率。

5.2.3 归纳学习特征

深度图神经网络模型中有大量的归纳学习（Inductive Learning）方法。与归纳学习对应的一种学习方法叫作转导推理学习或者直推式学习（Transductive Learning）。通过对比分析直推式学习与归纳学习，可以发现图神经网络模型归纳学习的诸多优势。

1. 模型训练模式

在机器学习模型训练过程中，直推式学习将所有数据都放入训练集之中，包括有标签的数据和无标签的数据。例如，矩阵分解方法需要计算整个网络的结构信息（邻接矩阵或高阶邻接矩阵）。反之，归纳学习方法的训练过程无须包含无标签的数据。

2. 模型预测模式

在机器学习模型预测过程中，直推式学习无法预测没有出现在训练过程中的无标签数据。对于没有出现在训练过程中的数据，直推式学习方法需要重新训练模型，训练数据中需要包括有标签的数据和没有标签的数据。归纳学习模型能够预测一些没有出现在训练集中的样本，达到真正意义上的预测效果。

3. 模型计算复杂度

一般而言，归纳学习复杂度较低，直推式学习模型训练复杂度较高。一些矩阵分解类型的图嵌入或网络嵌入算法，属于直推式学习模型，矩阵分解的数值计算复杂度较高。归纳学习一般采用随机采样等方法来提高训练效率，并完成模型训练。

5.3 图神经网络框架

消息传递神经网络（Message Passing Neural Networks，MPNN）、非局部神经网络（Non-Local Neural Networks，NLNN）、图网络（Graph Networks，GN）都是典型的图神经网络模型框架。但是，消息传递神经网络（MPNN）模型框架使用范围最广，认可度最高，且更适合入门深度图神经网络模型。同时，消息传递神经网络框架也是各大主流深度图神经网络模型开源工具包的编程范式[122,123]。

5.3.1 图神经网络框架简介

图神经网络模型的目标是挖掘图特征数据或信息，并进行智能决策。图理论分析、复杂网络分析和图数据挖掘（Graph Data Mining）等方法都是为了解构蕴含于复杂图结构和网络结构以及相关特征属性的信息。在机器学习领域，此过程抽象成为表示学习过程，将高维、复杂信息抽象成为低维的特征向量，获得的特征向量更加适应下游决策任务，有利于进行智能决策。

图神经网络是机器学习模型在图数据上的拓展，是图表示学习（Graph Representation Learning，GRL）的有效方法。图神经网络模型将图数据信息转化为络节点、连边或全局特征向量，将非欧空间信息转化成欧氏空间信息，将信息从超高维空间映射到低维稠密空间。图神经网络模型的学习过程就是信息传递过程、信息转换过程和空间映射过程。本质上，图神经网络模型也是一个映射函数。

5.3.2 消息传递神经网络框架

图神经网络模型和图理论分析、复杂网络分析以及图嵌入和网络嵌入存在一定区别，有着各自的特色和效用，在图数据挖掘方面表现出各自的特色。诸多算法之间也有着一些共同的核心思想，如随机游走。在复杂网络分析中，很多节点中心性指标都是基于随机游走的思想，如特征值中心性、PageRank 中心性等。在图嵌入和网络嵌入中，基于随机游走的图嵌入算法极大地推动了图机器学习算法的落地和实际应用。

在图神经网络模型中，消息传递神经网络模型的核心思想是消息传递，和网络中随机游走方法有着异曲同工之妙。基于随机游走的网络节点中心性指标融合了网络邻居节点的中心性；而在基于随机游走的图嵌入和网络嵌入算法中，相邻网络节点的嵌入向量具有更高的相似性。在消息传递神经网络模型中，网络节点同样汇聚邻居节点的信息，以更新网络节点特征向量。深度理解诸多方法之间的差异和共同点，才能为图神经网络模型的应用和落地部署夯实基础。

消息传递神经网络模型主要包含邻域信息汇聚函数、信息更新函数和信息池化函数等。图神经网络模型是一个更加宏大的信息处理框架[122,123]。图数据属于非欧空间，很多欧氏空间数据也可以转化成图数据，借助图神经网络模型强大的表示能力和学习能力完成信息提取和智能决策。

5.3.3　邻域信息汇聚函数

在图神经网络模型中，网络数据用 $G = (V, E)$ 表示，其中 V 表示网络节点集合，E 表示节点之间的连边集合。若连边 $e_{ij} \in E$，则表示节点 $i, j \in V$ 之间存在一条连边，如国际贸易网络中的商品贸易关系、股票投资者交易网络中的股票买卖关系、朋友网络中好友关系等。邻域 $\mathcal{N}_i$ 定义为与节点 i 相连的所有节点的集合，即节点 i 的邻居集合。特征向量 $\boldsymbol{x}_i$ 表示节点 i 的特征属性向量。

网络 $G = (V, E)$ 作为图神经网络模型的输入数据，用于计算节点的隐含特征表示向量 $\boldsymbol{x}_i^{(k)}$。节点 i 的特征属性表示向量是基于节点 i 的邻居节点集合 $\mathcal{N}_i$ 计算而来，具体计算公式为

$$\boldsymbol{x}_{-i}^{(k)} = \text{Aggregate}_{j \in \mathcal{N}_i} f^{(k)}(\boldsymbol{x}_j^{(k-1)}) \tag{5.1}$$

其中：$\boldsymbol{x}_{-i}^{(k)}$ 表示聚合了节点 i 的邻居节点集合 $\mathcal{N}_i$ 的属性表示，但是不包括网络节点 i 自身的属性信息。

聚合函数 Aggregate 可以有多种形式，最常见的聚合函数 Aggregate 包括求和函数（SUM）、均值函数（MEAN）、最大值函数（MAX）等，也可以是深度学习模型，如 DNN、RNN 或 LSTM 等。同样，信息处理函数 $f^{(k)}$ 也可以嵌套一些深度神经网络模型，如 DNN、RNN 或 LSTM。因此，图神经网络模型也被称为深度图神经网络模型。深度神经网络模型作为子模块或计算模块处理图信息，即 $f^{(k)} = f_{\text{DNN}}^{(k)}$ 或者 $f^{(k)} = f_{\text{RNN}}^{(k)}$ 等。

在聚合函数 Aggregate 的公式中，需要特别注意的是上标 (k)，我们可以把上标 (k) 理解成深度图神经网络模型中聚合邻居节点的网络层数。$k = 1$ 表示聚合一阶邻居节点信息；$k = 2$ 表示聚合二阶邻居节点信息，即聚合与网络节点 i 距离为 2 的所有网络节点信息。在图神经网络模型中，网络节点的邻居层数和深度神经网络中神经网络隐藏层数不一样。在实际应用中，我们一般选择 $k = 2, 3, 4$ 基本就足够了，k 取太大容易出现过平滑等问题。

在现实世界中，一般的复杂网络结构具有小世界性质。当图神经网络模型中聚合函数的邻居层数太大时，基本上所有节点的邻居都一样，即包括网络的所有节点。比如图神经网络模型的输入数据的网络直径为 5，当 $k = 6$ 时，任何一个网络节点的 6 阶邻居都是网络中的所有节点。因此，任何一个网络节点聚合的邻居信息具有同质性，图神经网络模型容易出现过平滑问题。

5.3.4　信息更新函数

在图神经网络模型中，节点 i 聚合了邻居信息后，可以更新节点 i 自身的特征属性为

$$\boldsymbol{x}_i^{(k)} = \text{Update}\left(\boldsymbol{x}_i^{(k-1)}, \boldsymbol{x}_{-i}^{(k)}\right) \tag{5.2}$$

其中：$\boldsymbol{x}_i^{(k-1)}$ 表示第 $k-1$ 次迭代计算中节点 i 的特征表示。Update 函数可以有多种形式，最常见的更新函数 Update 是深度神经网络模型，也可以是简单的求和函数（SUM）或者均值函数（MEAN）等，或者进行简单的向量拼接。我们通过聚合函数 Aggregate 和更新

函数 Update，进行 k 步迭代，每迭代一次就增加了一层邻居信息，最后得到节点 i 的属性表示向量 $\boldsymbol{x}_i^{(k)}$。在一些特殊问题中，节点 i 的属性表示向量可以表示为

$$\boldsymbol{x}_i = [\ \boldsymbol{x}_i^{(1)}||\boldsymbol{x}_i^{(2)}||\cdots||\boldsymbol{x}_i^{(k)}\ ] \tag{5.3}$$

属性表示向量 $\boldsymbol{x}_i$ 拼接了每一层的属性表示向量信息，作为节点 i 的属性向量。

5.3.5　图信息池化函数

在图神经网络模型中，如果涉及整体网络层面的任务和决策问题，需要对整个网络进行表征，比如对网络进行分类、判断分子网络的物理或化学性质等。为此，我们可以对节点属性进行池化操作，即

$$\boldsymbol{x}^{(k)} = \mathrm{Pool}_{\forall i}(\boldsymbol{x}_i^{(k)}) \tag{5.4}$$

图信息池化函数具有一些重要的性质。例如，图信息池化函数必须对网络节点的顺序不敏感，满足网络节点顺序可交换性。因此，最简单的池化操作就是将所有网络节点属性求和为

$$\boldsymbol{x}^{(k)} = \mathrm{SUM}_{\forall i}(\boldsymbol{x}_i^{(k)}) \tag{5.5}$$

求和函数中的加法满足交换律，因此节点的顺序差异不影响整体网络的属性。类似于复杂网络分析中全局网络聚类系数计算公式，我们可以计算所有节点聚类系数的平均值。同样，为了获得全局网络属性特征，可以将网络节点属性求平均，即

$$\boldsymbol{x}^{(k)} = \mathrm{MEAN}_{\forall i}(\boldsymbol{x}_i^{(k)}) \tag{5.6}$$

$\boldsymbol{x}^{(K)}$ 作为整个网络的特征表示向量，下游任务可以在 $\boldsymbol{x}^{(K)}$ 的基础上进行智能决策，如分类预测和回归预测。在图神经网络模型中，池化操作的可选函数众多，很难找到适用于不同任务和问题中的最优操作算子。在图神经网络模型的实际训练中，池化操作可以作为超参数进行调优，选择最优的池化函数以获得最优的决策性能。

5.4　图卷积神经网络

图卷积神经网络是图神经网络领域的经典模型，是入门图神经网络的基础模型，其中包含大量相关的图论基础概念和方法，如谱图理论、拉普拉斯矩阵、图傅里叶变换、图傅里叶逆变换等。

5.4.1　谱图理论介绍

谱图理论（Spectral Graph Theory）是分析图的拉普拉斯矩阵特征值和特征向量及其对应图性质的理论。图用邻接矩阵表示，通过对矩阵的分析能够洞察图的结构特征和属性信息。矩阵分析是一个应用非常广泛的工具，矩阵的特征值和特征向量是矩阵分析中十分重要的概念。矩阵特征值和特征向量有普适的性质和规律。基于图相关矩阵的分析能够获得图或网络的特定性质和规律，从一个崭新的角度来挖掘图结构信息。

5.4.2 拉普拉斯矩阵定义

除了邻接矩阵，图相关的矩阵中拉普拉斯矩阵（Laplacian Matrix）是图结构的一个重要的矩阵表示形式。图拉普拉斯矩阵具体定义为

$$\boldsymbol{L} = \boldsymbol{D} - \boldsymbol{A} \tag{5.7}$$

其中：矩阵 $\boldsymbol{A}$ 表示图 G 的邻接矩阵，$\boldsymbol{D}$ 为对角矩阵，对角线元素 $D_{ii} = d(v_i) = k_i$，k_i 为节点 i 的度。网络度对角矩阵具体形式为

$$D = \begin{bmatrix} d(v_1) & 0 & \cdots & 0 \\ 0 & d(v_2) & \cdots & 0 \\ \vdots & \vdots & \ddots & \vdots \\ 0 & 0 & \cdots & d(v_N) \end{bmatrix} = \begin{bmatrix} k_1 & 0 & \cdots & 0 \\ 0 & k_2 & \cdots & 0 \\ \vdots & \vdots & \ddots & \vdots \\ 0 & 0 & \cdots & k_N \end{bmatrix} \tag{5.8}$$

一般情况下，我们考虑无环、无向、无权简单图，因此邻接矩阵是对称矩阵，满足 $\boldsymbol{A} = \boldsymbol{A}^{\mathrm{T}}$。同时，$\boldsymbol{D}$ 为对角矩阵，也是对称矩阵，满足 $\boldsymbol{D} = \boldsymbol{D}^{\mathrm{T}}$。因此，原始的拉普拉斯矩阵是对称矩阵，满足

$$\boldsymbol{L} = \boldsymbol{L}^{\mathrm{T}} \tag{5.9}$$

拉普拉斯矩阵具有很多特性，应用广泛，图神经网络模型也将用到诸多拉普拉斯矩阵的性质。

5.4.3 随机游走归一化拉普拉斯矩阵

在实际使用过程中，拉普拉斯矩阵需要进行转换。例如，考虑随机扩散情况时，我们可以采用随机游走归一化拉普拉斯矩阵，具体定义为

$$\boldsymbol{L} = \boldsymbol{I} - \boldsymbol{D}^{-1}\boldsymbol{A} \tag{5.10}$$

从定义可以看出，随机游走归一化拉普拉斯矩阵并不一定是对称矩阵，这也限制了随机游走归一化拉普拉斯矩阵在一些特定问题中的应用。

5.4.4 对称归一化拉普拉斯矩阵

在拉普拉斯矩阵的实际使用过程中，为了满足矩阵的对称性，可采用对称归一化拉普拉斯矩阵，具体定义为

$$\boldsymbol{L} = \boldsymbol{I} - \boldsymbol{D}^{-1/2}\boldsymbol{A}\boldsymbol{D}^{-1/2} \tag{5.11}$$

原始拉普拉斯矩阵、随机游走归一化拉普拉斯矩阵和对称归一化拉普拉斯矩阵有着不同的特征，适用于不同的应用场景和实际问题。

5.4.5 拉普拉斯矩阵简单应用

在谱图理论中，拉普拉斯矩阵有着广泛应用。熟悉拉普拉斯矩阵的简单应用，有助于理解拉普拉斯矩阵的一些性质和特征。网络节点的状态或表示向量可定义为向量 $\boldsymbol{f}$，向量大小为 $N \times 1$，分别对应网络中 N 个节点的状态信息。此处考虑最简单情况，即节点状态信息变量的维度为 1，后面将考虑多维变量情况。节点 i 的状态信息可用 f_i 表示，$\boldsymbol{f}$ 为向量，f_i 为标量。如果用拉普拉斯矩阵与节点状态变量 $\boldsymbol{f}$ 相乘，我们可以得到新的节点状态变量，即

$$\boldsymbol{f}' = \boldsymbol{L}\boldsymbol{f} = (\boldsymbol{D} - \boldsymbol{A})\boldsymbol{f} = \boldsymbol{D}\boldsymbol{f} - \boldsymbol{A}\boldsymbol{f} \tag{5.12}$$

网络节点 i 的新状态对应向量 $\boldsymbol{f}'$ 的分量 f_i'，可以表示为

$$\begin{aligned} f_i' &= d(v_i)f_i - \sum_{j=1}^{N} a_{ij}f_j = d(v_i)f_i - \sum_{v_j \in \mathcal{N}_i} a_{ij}f_j \\ &= \sum_{v_j \in \mathcal{N}_i} f_i - \sum_{v_j \in \mathcal{N}_i} f_j = \sum_{v_j \in \mathcal{N}_i} (f_i - f_j) \end{aligned} \tag{5.13}$$

上式的推导过程用到公式为

$$d(v_i) = \sum_{j=1}^{N} a_{ij} = \sum_{v_j \in \mathcal{N}_i} a_{ij} = |\mathcal{N}_i| = k_i \tag{5.14}$$

网络节点新状态是所有邻居节点与自身节点状态值的差值之和。拉普拉斯矩阵大小为 $N \times N$。网络节点属性或状态变量 $\boldsymbol{f}$ 大小为 $N \times 1$，因此新状态变量 $\boldsymbol{f}'$ 大小也为 $N \times 1$。我们将原来状态值 $\boldsymbol{f}$ 的转置 $\boldsymbol{f}^{\mathrm{T}}$ 和新状态 $\boldsymbol{f}' = \boldsymbol{L}\boldsymbol{f}$ 作内积，可得

$$\begin{aligned} \boldsymbol{f}^{\mathrm{T}}\boldsymbol{f}' = \boldsymbol{f}^{\mathrm{T}}\boldsymbol{L}\boldsymbol{f} &= \sum_{v_i \in V} f_i \sum_{v_j \in \mathcal{N}_i} (f_i - f_j) \\ &= \sum_{v_i \in V} \sum_{v_j \in \mathcal{N}_i} f_i(f_i - f_j) \\ &= \sum_{v_i \in V} \sum_{v_j \in \mathcal{N}_i} (f_if_i - f_if_j) \\ &= \sum_{v_i \in V} \sum_{v_j \in \mathcal{N}_i} (\frac{1}{2}f_if_i - f_if_j + \frac{1}{2}f_jf_j) \\ &= \frac{1}{2} \sum_{v_i \in V} \sum_{v_j \in \mathcal{N}_i} (f_i - f_j)^2 \end{aligned} \tag{5.15}$$

节点属性或状态变量向量的转置 $\boldsymbol{f}^{\mathrm{T}}$ 大小为 $1 \times N$，新状态变量 $\boldsymbol{f}'$ 大小也为 $1 \times N$，因此 $\boldsymbol{f}^{\mathrm{T}}\boldsymbol{f}' = \boldsymbol{f}^{\mathrm{T}}\boldsymbol{L}\boldsymbol{f}$ 为标量。由于状态向量 $\boldsymbol{f}$ 的任意性，因此可以说 $\boldsymbol{f}^{\mathrm{T}}\boldsymbol{L}\boldsymbol{f}$ 总是非负的，表明拉普拉斯矩阵是半正定矩阵。$\boldsymbol{f}^{\mathrm{T}}\boldsymbol{L}\boldsymbol{f}$ 衡量网络中所有节点与其邻居节点状态值差异的平方和。从另一个角度而言，$\boldsymbol{f}^{\mathrm{T}}\boldsymbol{L}\boldsymbol{f}$ 度量网络节点状态之间的平滑性或者同质性。

5.4.6　图信号处理

在图理论和方法以及复杂网络分析中，除了关系图和网络结构特征，实际网络分析中网络节点都具有关联的特征和属性，可以用特征变量表示。在实际问题分析中，我们同时结合图或网络结构信息和属性信息能够获得更多有价值的决策信息。图信号处理包括图 $G = (V, E)$ 以及将网络节点映射为数值的函数，即

$$F : V \to \mathbb{R}^{N \times d} \tag{5.16}$$

在上述映射函数中，参数 d 表示节点属性向量的维度，与图嵌入和网络嵌入中节点嵌入空间的维度类似。简单起见，此示例中我们使用 $d = 1$ 的情况，即映射函数可以表示为

$$F : V \to \mathbb{R}^{N \times 1} \tag{5.17}$$

在复杂网络分析中，从节点中心性和特征向量表示，到图嵌入和网络嵌入，再到图神经网络模型等，都是为了能够从复杂网络结构信息和语义信息中解构、挖掘、学习到最优的和有效的节点、连边或全局网络的表示向量。图表示学习和网络表示学习的核心就是构建一个映射关系，将图或网络映射为特征向量表示。如何得到最优表示向量，必须结合特定的目标任务。图节点、图连边或全局图的表示学习特征向量只是中间变量，或叫隐变量和潜变量，学习到的表示变量最终是为了完成目标任务，或揭示复杂网络和复杂图的内在结构特征信息。

5.4.7　图傅里叶变换

在经典的信号处理中，信号可以在时域和频域进行表示。通过傅里叶变换和傅里叶逆变换能够将信号在时域和频域之间进行转换。同样，图信号也可以在空域和谱域（频域）进行表示。类似于傅里叶变换，同样也可以定义图傅里叶变换（Graph Fourier Transform，GFT）为

$$\hat{\boldsymbol{f}} = \boldsymbol{U}^{\mathrm{T}} \boldsymbol{f} \tag{5.18}$$

向量 $\boldsymbol{f}$ 为图信号（节点属性变量），矩阵 $\boldsymbol{U}$ 的每一列对应拉普拉斯矩阵的一个特征向量，其矩阵转置为

$$\boldsymbol{U}^{\mathrm{T}} = \begin{bmatrix} u_{11} & u_{12} & \cdots & u_{1N} \\ u_{21} & u_{22} & \cdots & u_{2N} \\ \vdots & \vdots & \ddots & \vdots \\ u_{N1} & u_{N2} & \cdots & u_{NN} \end{bmatrix} = \begin{bmatrix} u_1^{\mathrm{T}} \\ u_2^{\mathrm{T}} \\ \vdots \\ u_N^{\mathrm{T}} \end{bmatrix} \tag{5.19}$$

其中：$\boldsymbol{u}_k$ 表示拉普拉斯矩阵的第 k 个特征值所对应的特征向量，为列向量，大小为 $N \times 1$。

图傅里叶变换也可以表示为

$$\hat{\boldsymbol{f}} = \boldsymbol{U}^{\mathrm{T}} \boldsymbol{f} == \begin{bmatrix} \boldsymbol{u}_1^{\mathrm{T}} \boldsymbol{f} \\ \boldsymbol{u}_2^{\mathrm{T}} \boldsymbol{f} \\ \vdots \\ \boldsymbol{u}_N^{\mathrm{T}} \boldsymbol{f} \end{bmatrix} = \begin{bmatrix} \sum_{i=1}^N u_{1i} f_i \\ \sum_{i=1}^N u_{2i} f_i \\ \vdots \\ \sum_{i=1}^N u_{Ni} f_i \end{bmatrix} \tag{5.20}$$

在图傅里叶分析中，拉普拉斯矩阵的特征值所对应的特征向量表示图上的傅里叶基，$\hat{\boldsymbol{f}}$ 对应由傅里叶基（特征向量）张成的空间中网络节点的位置坐标。在图神经网络模型分析中，我们需要用到特征向量矩阵 $\boldsymbol{U}$ 的几个非常重要的性质或规律。例如，矩阵特征向量都进行了归一化，满足

$$\boldsymbol{u}_k^{\mathrm{T}} \boldsymbol{u}_k = 1 \tag{5.21}$$

且

$$\boldsymbol{u}_k^{\mathrm{T}} \boldsymbol{L} \boldsymbol{u}_k = \boldsymbol{u}_k^{\mathrm{T}} \lambda_k \boldsymbol{u}_k = \lambda_k \boldsymbol{u}_k^{\mathrm{T}} \boldsymbol{u}_k = \lambda_k \tag{5.22}$$

5.4.8　图傅里叶逆变换

图傅里叶逆变换（Inverse Graph Fourier Transform，IGFT）与傅里叶逆变换类似。分析和学习图傅里叶逆变换之前，需要对相关的概念进行理解。在图傅里叶分析中，拉普拉斯矩阵的特征向量矩阵 $\boldsymbol{U}$ 满足

$$\boldsymbol{I} = \boldsymbol{U}^{\mathrm{T}} \boldsymbol{U} = \begin{bmatrix} \boldsymbol{u}_1^{\mathrm{T}} \\ \boldsymbol{u}_2^{\mathrm{T}} \\ \vdots \\ \boldsymbol{u}_N^{\mathrm{T}} \end{bmatrix} \begin{bmatrix} \boldsymbol{u}_1 & \boldsymbol{u}_2 & \cdots & \boldsymbol{u}_N \end{bmatrix} \tag{5.23}$$

由此可知，拉普拉斯矩阵的特征向量矩阵 $\boldsymbol{U}$ 的逆为其转置 $\boldsymbol{U}^{\mathrm{T}}$。根据逆矩阵性质可知

$$\boldsymbol{U} \boldsymbol{U}^{\mathrm{T}} = \boldsymbol{U} \boldsymbol{I} \boldsymbol{U}^{\mathrm{T}} = \boldsymbol{U} \boldsymbol{U}^{\mathrm{T}} \boldsymbol{U} \boldsymbol{U}^{\mathrm{T}} = (\boldsymbol{U} \boldsymbol{U}^{\mathrm{T}})^2 \tag{5.24}$$

因此

$$\boldsymbol{U} \boldsymbol{U}^{\mathrm{T}} (\boldsymbol{U} \boldsymbol{U}^{\mathrm{T}} - \boldsymbol{I}) = 0 \tag{5.25}$$

同样，我们可得到

$$\boldsymbol{U} \boldsymbol{U}^{\mathrm{T}} = \boldsymbol{I} \tag{5.26}$$

图傅里叶逆变换可以表示为

$$\boldsymbol{U} \hat{\boldsymbol{f}} = \boldsymbol{U} \boldsymbol{U}^{\mathrm{T}} \boldsymbol{f} = \boldsymbol{f} \tag{5.27}$$

因此，图傅里叶逆变换也可以表示为

$$\boldsymbol{f} = \boldsymbol{U} \hat{\boldsymbol{f}} \tag{5.28}$$

综合图傅里叶变换和图傅里叶逆变换，我们可以将图上信号在空间域和谱域上进行相互转化。在图信号处理过程中，只是简单地进行图傅里叶变换和逆变换并不能达到处理信号的目的，毕竟两种转化组合是一个恒等映射，并没有对信号进行加工或处理。为了能够有效地提取图特征和网络节点特征，我们需要考虑图滤波器。

5.4.9　图滤波器

图滤波器大致可以分成基于空间的图滤波器和基于谱的图滤波器。我们主要介绍基于谱的图滤波器。谱滤波器基于拉普拉斯矩阵的特征值和特征向量。因此，我们同样需要理解拉普拉斯矩阵的一些性质。首先，图傅里叶变换可以表示为

$$\hat{f} = U^{\mathrm{T}} f \tag{5.29}$$

图傅里叶逆变换可以表示为

$$f = U\hat{f} \tag{5.30}$$

通过深刻理解图傅里叶变换和图傅里叶逆变换过程，了解图信号变化的规律，将图信号 f 变换成 f' 后，重新变回信号 f。图傅里叶变换和图傅里叶逆变换的核心元素就是拉普拉斯矩阵的特征值对应的特征向量，及其构成的特征向量矩阵 U 和相应的转置矩阵 U^{T}。矩阵 U 及其转置 U^{T} 满足公式 $U^{\mathrm{T}}U = UU^{\mathrm{T}} = I$。

原始拉普拉斯矩阵有很多良好性质，都是深刻理解图信号处理和图卷积神经网络模型的重要基础。简单分析有

$$
\begin{aligned}
LU &= L\begin{bmatrix} u_1 & u_2 & \cdots & u_N \end{bmatrix} \\
&= \begin{bmatrix} Lu_1 & Lu_2 & \cdots & Lu_N \end{bmatrix} \\
&= \begin{bmatrix} \lambda_1 u_1 & \lambda_2 u_2 & \cdots & \lambda_N u_N \end{bmatrix} \\
&= \begin{bmatrix} u_1 & u_2 & \cdots & u_N \end{bmatrix}
\begin{bmatrix}
\lambda_1 & 0 & \cdots & 0 \\
0 & \lambda_2 & \cdots & 0 \\
\vdots & \vdots & \ddots & \vdots \\
0 & 0 & 0\cdots & \lambda_N
\end{bmatrix}
\end{aligned} \tag{5.31}
$$

上述等式两边都右乘 U^{T}，可得

$$
L = LUU^{\mathrm{T}} = \begin{bmatrix} u_1 & u_2 & \cdots & u_N \end{bmatrix}
\begin{bmatrix}
\lambda_1 & 0 & \cdots & 0 \\
0 & \lambda_2 & \cdots & 0 \\
\vdots & \vdots & \ddots & \vdots \\
0 & 0 & 0\cdots & \lambda_N
\end{bmatrix}
\begin{bmatrix} u_1^{\mathrm{T}} \\ u_2^{\mathrm{T}} \\ \vdots \\ u_N^{\mathrm{T}} \end{bmatrix} \tag{5.32}
$$

由此可知，拉普拉斯矩阵可以表示为

$$L = U\Lambda U^{\mathrm{T}} \tag{5.33}$$

其中：矩阵 $\boldsymbol{\Lambda}$ 表示拉普拉斯矩阵的特征值构成的对角矩阵为

$$\boldsymbol{\Lambda} = \begin{bmatrix} \lambda_1 & 0 & \cdots & 0 \\ 0 & \lambda_2 & \cdots & 0 \\ \vdots & \vdots & \ddots & \vdots \\ 0 & 0 & \cdots & \lambda_N \end{bmatrix} \tag{5.34}$$

同时，拉普拉斯矩阵也可以表示为

$$\boldsymbol{L} = \sum_{i=1}^{N} \lambda_i \boldsymbol{u}_i \boldsymbol{u}_i^{\mathrm{T}} \tag{5.35}$$

我们在此基础上可以构建图滤波器，为深度理解图卷积神经网络模型奠定基础，也为深刻理解基于空间方法的深度图神经网络模型提供模型框架和方法。

5.4.10 图谱滤波

图谱滤波的核心思想是调制图信号频率，对某些频率的信号进行移除或者减弱，而对一些频率信号进行保留或放大。在图谱理论中，信号频率可以用特征值表示为

$$\begin{aligned} \lambda_k &= u_k^{\mathrm{T}} L u_k \\ &= \frac{1}{2} \sum_{v_i \in V} \sum_{v_j \in \mathcal{N}_i} (u_{ki} - u_{kj})^2 \end{aligned} \tag{5.36}$$

其中 λ 越大，则网络节点邻域间信号差异越大。公式中 λ 越小，则网络节点邻域间信号差异越小。如果将特征向量分量看作图信号，那么对应的特征值可以看作是特征向量所对应的特征信号的频率值。此处我们可以做一个简单的类比，正弦函数的频率越高，相邻信号之间差异越大；反之，正弦函数的频率越小，相邻信号之间差异越小。

图谱滤波的过程为

$$\boldsymbol{f} \xrightarrow{\text{GFT}} \boldsymbol{U}^{\mathrm{T}} \boldsymbol{f} \xrightarrow{\hat{g}(\boldsymbol{\Lambda})} \hat{g}(\boldsymbol{\Lambda}) \boldsymbol{U}^{\mathrm{T}} \boldsymbol{f} \xrightarrow{\text{IGFT}} \boldsymbol{U} \hat{g}(\boldsymbol{\Lambda}) \boldsymbol{U}^{\mathrm{T}} \boldsymbol{f} \tag{5.37}$$

在图谱滤波的过程中，首先对信号进行傅里叶变换（GFT）：$\boldsymbol{f} \xrightarrow{\text{GFT}} \boldsymbol{U}^{\mathrm{T}} \boldsymbol{f}$，得到图傅里叶系数 $\boldsymbol{U}^{\mathrm{T}} \boldsymbol{f}$，可以表示为

$$\hat{\boldsymbol{f}} = \boldsymbol{U}^{\mathrm{T}} \boldsymbol{f} \tag{5.38}$$

图傅里叶系数 $\hat{\boldsymbol{f}}$ 为列向量，我们通过对系数的调节，能够达到滤波的效果。$\hat{\boldsymbol{f}}$ 的第 k 个分量为 $\hat{f}_k$，对应图傅里叶基 u_k，u_k 的频率为 λ_k，则具体滤波操作为

$$\hat{f}_k' = \hat{f}_k \gamma(\lambda_k) \tag{5.39}$$

其中：$\gamma(\lambda_k)$ 是以频率 λ_k 为输入的函数，决定相应频率信号的放大和缩小。因此图滤波操作可以表示为 $\boldsymbol{U}^{\mathrm{T}}\boldsymbol{f} \xrightarrow{\hat{g}(\boldsymbol{\Lambda})} \hat{g}(\boldsymbol{\Lambda})\boldsymbol{U}^{\mathrm{T}}\boldsymbol{f}$，矩阵形式为

$$\hat{\boldsymbol{f}}' = \gamma(\boldsymbol{\Lambda})\hat{\boldsymbol{f}} = \gamma(\boldsymbol{\Lambda})\boldsymbol{U}^{\mathrm{T}}\boldsymbol{f} \tag{5.40}$$

式中：$\boldsymbol{\Lambda}$ 表示拉普拉斯矩阵特征值构成的对角矩阵，因此 $\gamma(\boldsymbol{\Lambda})$ 可以表示为

$$\gamma(\Lambda) = \begin{bmatrix} \gamma(\lambda_1) & 0 & \cdots & 0 \\ 0 & \gamma(\lambda_2) & \cdots & 0 \\ \vdots & \vdots & \ddots & \vdots \\ 0 & 0 & 0\cdots & \gamma(\lambda_N) \end{bmatrix} \tag{5.41}$$

图信号过滤后，我们可以基于图傅里叶逆变换（IGFT）重构图信号：$\hat{g}(\boldsymbol{\Lambda})\boldsymbol{U}^{\mathrm{T}}\boldsymbol{f} \xrightarrow{\mathrm{IGFT}} \boldsymbol{U}\hat{g}(\boldsymbol{\Lambda})\boldsymbol{U}^{\mathrm{T}}\boldsymbol{f}$，表示为

$$\boldsymbol{f}' = \boldsymbol{U}\hat{\boldsymbol{f}}' = \boldsymbol{U}\gamma(\boldsymbol{\Lambda})\hat{\boldsymbol{f}} = \boldsymbol{U}\gamma(\boldsymbol{\Lambda})\boldsymbol{U}^{\mathrm{T}}\boldsymbol{f} \tag{5.42}$$

其中：$\boldsymbol{f}'$ 为过滤后的信号。因为加入了滤波操作，因此 $\boldsymbol{f}'$ 已经不同于原始信 $\boldsymbol{f}$，这也是图滤波操作的目的。

在图信号处理过程中，因为中间步骤加入了滤波操作，因此通过图傅里叶变换和图傅里叶逆变换后，整体信号处理过程并非是恒等变换。$\gamma(\boldsymbol{\Lambda})$ 称为滤波器，过滤不同频率信号。当滤波器对于给定分量满足

$$\gamma(\lambda_k) = 0 \tag{5.43}$$

则对应的分量 u_k 的信息将从原始信号中消失，达到过滤信息的效果。因此，我们可以发现，图滤波的过程就是设计和学习图滤波器 $\gamma(\boldsymbol{\Lambda})$ 的过程。最简单的方法可以假设

$$\gamma(\lambda_k) = \theta_k \tag{5.44}$$

其中，θ_k 表示模型参数，是可学习参数，需要通过经验数据进行学习。因此，滤波器可以表示为

$$\gamma(\Lambda) = \begin{bmatrix} \theta_1 & 0 & \cdots & 0 \\ 0 & \theta_2 & \cdots & 0 \\ \vdots & \vdots & \ddots & \vdots \\ 0 & 0 & 0\cdots & \theta_N \end{bmatrix} \tag{5.45}$$

参数化滤波器的方法虽然简单，但是存在较大的局限性。一方面，机器学习模型引入的参数过多。尽管我们只需要学习矩阵对角线上的元素 θ_k，但是参数数量随着图规模 N 的增大而增多。另一方面，图傅里叶变换和图傅里叶逆变换需要对拉普拉斯矩阵进行分解，获得特征值矩阵 $\boldsymbol{\Lambda}$ 和特征变量矩阵 $\boldsymbol{U}$，求解过程计算量较大，资源消耗较大，计算成本较高，不适用于大规模图结构数据。

5.4.11　K 阶截断多项式滤波算子

K 阶截断多项式滤波算子解决了参数过多问题，滤波器设定滤波算子为

$$\gamma(\lambda_k) = \sum_{i=0}^{K} \theta_i \lambda_k^i \tag{5.46}$$

此时，滤波器可以表示为

$$\gamma(\boldsymbol{\Lambda}) = \begin{bmatrix} \sum_{i=0}^{K}\theta_i\lambda_1^i & 0 & \cdots & 0 \\ 0 & \sum_{i=0}^{K}\theta_i\lambda_2^i & \cdots & 0 \\ \vdots & \vdots & \ddots & \vdots \\ 0 & 0 & 0\cdots & \sum_{i=0}^{K}\theta_i\lambda_N^i \end{bmatrix} \tag{5.47}$$

将滤波器展开可以得到

$$\gamma(\boldsymbol{\Lambda}) = \theta_0 \begin{bmatrix} \lambda_1^0 & 0 & \cdots & 0 \\ 0 & \lambda_2^0 & \cdots & 0 \\ \vdots & \vdots & \ddots & \vdots \\ 0 & 0 & 0\cdots & \lambda_N^0 \end{bmatrix} + \cdots + \theta_K \begin{bmatrix} \lambda_1^K & 0 & \cdots & 0 \\ 0 & \lambda_2^K & \cdots & 0 \\ \vdots & \vdots & \ddots & \vdots \\ 0 & 0 & 0\cdots & \lambda_N^K \end{bmatrix} \tag{5.48}$$

展开滤波器后，我们能够更加清晰地了解滤波的具体过程。K 阶截断多项式滤波算子通过多项式运算，将不同阶数多项式（对角矩阵的幂）进行线性组合，得到最终的滤波器算子。基于展开后的多项式滤波算子，我们可以更简洁地将 K 阶截断多项式滤波算子表示为

$$\gamma(\boldsymbol{\Lambda}) = \sum_{i=0}^{K} \theta_i \boldsymbol{\Lambda}^i \tag{5.49}$$

将 K 阶截断多项式滤波算子代入图滤波过程，可知

$$\boldsymbol{f}' = \boldsymbol{U}\gamma(\boldsymbol{\Lambda})\boldsymbol{U}^{\mathrm{T}}\boldsymbol{f} = \boldsymbol{U}\sum_{i=0}^{K}\theta_i\boldsymbol{\Lambda}^i\boldsymbol{U}^{\mathrm{T}}\boldsymbol{f} = \sum_{i=0}^{K}\theta_i\boldsymbol{U}\boldsymbol{\Lambda}^i\boldsymbol{U}^{\mathrm{T}}\boldsymbol{f} \tag{5.50}$$

上式中出现了关键项 $\boldsymbol{U}\boldsymbol{\Lambda}^i\boldsymbol{U}^{\mathrm{T}}$。

拉普拉斯矩阵特征值和特征向量具有一些重要性质，如

$$\boldsymbol{L}^2\boldsymbol{u}_k = \boldsymbol{L}\boldsymbol{L}\boldsymbol{u}_k = \boldsymbol{L}\lambda_k\boldsymbol{u}_k = \lambda_k\boldsymbol{L}\boldsymbol{u}_k = \lambda_k^2\boldsymbol{u}_k \tag{5.51}$$

式 (5-51) 说明，如果 $\boldsymbol{u}_k$ 和 λ_k 为矩阵 $\boldsymbol{L}$ 的特征向量和特征值，那么 $\boldsymbol{u}_k$ 和 λ_k^2 为矩阵 $\boldsymbol{L}^2$ 的特征向量和特征值。显然，$\boldsymbol{u}_k$ 和 λ_k^i 为矩阵 $\boldsymbol{L}^i$ 的特征向量和特征值，即

$$\boldsymbol{L}^i\boldsymbol{u}_k = \lambda_k^i\boldsymbol{u}_k \tag{5.52}$$

同样地，由于 $I = U^{\mathrm{T}}U$，可得

$$U\Lambda^i U^{\mathrm{T}} = U(\Lambda U^{\mathrm{T}}U)^i U^{\mathrm{T}} = \underbrace{(U\Lambda U^{\mathrm{T}})\cdots(U\Lambda U^{\mathrm{T}})}_{i} = L^i \tag{5.53}$$

在公式推导过程中，我们用到了 $L = U\Lambda U^{\mathrm{T}}$，综合式 (5-53) 可得

$$f' = \sum_{i=0}^{K}\theta_i U\Lambda^i U^{\mathrm{T}} f = \sum_{i=0}^{K}\theta_i L^i f \tag{5.54}$$

在 K 阶截断多项式滤波算法中，参数为 $\theta_1,\cdots,\theta_K$ 为可学习参数，与完全参数化的滤波器相比，参数规模从 N 个降到了 K 个，且不随网络规模的增大而变化。因此，在大规模图数据或网络数据中，K 阶截断多项式滤波算法极大地减少了模型参数。

当然，K 阶截断多项式滤波算法也存在局限。在 K 阶截断多项式滤波算法中，多项式的基函数为 $1, x, x^2, \cdots$，并非正交基，学习过程不稳定。从数值分析角度而言，我们可以更换基函数，采用一组正交基即可，较常用的正交基可选择切比雪夫多项式。

5.4.12 切比雪夫多项式滤波算子

切比雪夫多项式滤波算子用切比雪夫多项式替换了 K 阶截断多项式滤波算子中的 $1, x, x^2, \cdots$ 多项式函数。切比雪夫多项式递推公式为

$$T_k(x) = 2xT_{k-1}(x) - T_{k-2}(x) \tag{5.55}$$

在切比雪夫多项式递推公式中，$T_0(x) = 1$，$T_1(x) = x$，切比雪夫多项式的定义域为 $x \in [-1, 1]$。为了满足切比雪夫多项式定义域要求，我们需要对拉普拉斯矩阵的特征值进行变换，得

$$\widetilde{\lambda}_k = \frac{2\lambda_k}{\lambda_{\max}} - 1 \tag{5.56}$$

其中，$\lambda_{\max}$ 表示拉普拉斯矩阵的最大特征值。因此，对应的对角矩阵可以表示为

$$\widetilde{\Lambda} = \frac{2\Lambda}{\lambda_{\max}} - I \tag{5.57}$$

同时，由于拉普拉斯矩阵是半正定矩阵，特征值都是大于或等于 0。因此，变换后的特征值范围为 $\lambda \in [-1, 1]$。同样地，拉普拉斯矩阵也需要做相应的变化，即

$$\widetilde{L} = \frac{2L}{\lambda_{\max}} - I \tag{5.58}$$

切比雪夫多项式滤波算法与 K 阶截断多项式的迭代过程类似，切比雪夫多项式可以用来计算高阶项（节省大量运算），减少模型计算复杂度，提高模型训练效率。K 阶截断切比雪夫图滤波算子表示为

$$\gamma(\Lambda) = \theta_0 T_0(\widetilde{\Lambda}) + \theta_1 T_1(\widetilde{\Lambda}) + \theta_2 T_2(\widetilde{\Lambda}) + \cdots + \theta_K T_K(\widetilde{\Lambda}) = \sum_{i=0}^{K}\theta_i T_i(\widetilde{\Lambda}) \tag{5.59}$$

因此，K 阶截断切比雪夫图滤波操作过程可表示为

$$\boldsymbol{f}' = \boldsymbol{U}\gamma(\widetilde{\boldsymbol{\Lambda}})\boldsymbol{U}^{\mathrm{T}}\boldsymbol{f} = \boldsymbol{U}\sum_{i=0}^{K}\theta_i T_i(\widetilde{\boldsymbol{\Lambda}})\boldsymbol{U}^{\mathrm{T}}\boldsymbol{f} = \sum_{i=0}^{K}\theta_i \boldsymbol{U}T_i(\widetilde{\boldsymbol{\Lambda}})\boldsymbol{U}^{\mathrm{T}}\boldsymbol{f}$$

$$= \theta_0\boldsymbol{U}T_0(\widetilde{\boldsymbol{\Lambda}})\boldsymbol{U}^{\mathrm{T}}\boldsymbol{f} + \theta_1\boldsymbol{U}T_1(\widetilde{\boldsymbol{\Lambda}})\boldsymbol{U}^{\mathrm{T}}\boldsymbol{f} + \cdots + \theta_K\boldsymbol{U}T_K(\widetilde{\boldsymbol{\Lambda}})\boldsymbol{U}^{\mathrm{T}}\boldsymbol{f} \tag{5.60}$$

在 K 阶截断切比雪夫图滤波算法公式中，考虑切比雪夫多项式递推公式 $T_0(x) = 1$，可以得到

$$\boldsymbol{U}T_0(\widetilde{\boldsymbol{\Lambda}})\boldsymbol{U}^{\mathrm{T}} = \boldsymbol{U}\boldsymbol{I}\boldsymbol{U}^{\mathrm{T}} = \boldsymbol{I} \tag{5.61}$$

考虑切比雪夫多项式递推公式 $T_1(x) = x$，可以得到

$$\boldsymbol{U}T_1(\widetilde{\boldsymbol{\Lambda}})\boldsymbol{U}^{\mathrm{T}} = \boldsymbol{U}\widetilde{\boldsymbol{\Lambda}}\boldsymbol{U}^{\mathrm{T}} = \boldsymbol{U}\left(\frac{2\boldsymbol{\Lambda}}{\lambda_{\max}} - \boldsymbol{I}\right)\boldsymbol{U}^{\mathrm{T}} = \frac{2\boldsymbol{L}}{\lambda_{\max}} - \boldsymbol{I} = \widetilde{\boldsymbol{L}} = T_1(\widetilde{\boldsymbol{L}}) \tag{5.62}$$

依此类推，基于切比雪夫多项式递推公式 $T_k(x) = 2xT_{k-1}(x) - T_{k-2}(x)$，我们可以得到

$$\boldsymbol{U}T_i(\widetilde{\boldsymbol{\Lambda}})\boldsymbol{U}^{\mathrm{T}} = T_i(\widetilde{\boldsymbol{L}}) \tag{5.63}$$

因此，K 阶截断切比雪夫图滤波操作过程可以表示为：

$$\boldsymbol{f}' = \sum_{i=0}^{K}\theta_i \boldsymbol{U}T_i(\widetilde{\boldsymbol{\Lambda}})\boldsymbol{U}^{\mathrm{T}}\boldsymbol{f} = \sum_{i=0}^{K}\theta_i T_i(\widetilde{\boldsymbol{L}})\boldsymbol{f} \tag{5.64}$$

相较于普通多项式，切比雪夫多项式减少模型计算复杂度，并在一些网络节点分类任务中取得了较好的效果。

K 阶截断多项式图滤波算子改进了完全参数化的滤波算子，极大降低了参数规模。K 阶截断切比雪夫多项式图滤波算子采用切比雪夫多项式进一步提高运算效率和模型训练的稳定性。

5.4.13 图卷积神经网络

图卷积神经网络（Graph Convolutional Networks, GCN）是 K 阶截断切比雪夫图滤波操作的简化[124]。我们取 $K = 1$，把最大特征值近似为 2，将 $\lambda_{\max} = 2$ 代入图滤波操作后可得

$$\begin{aligned}\gamma(\boldsymbol{\Lambda}) &= \sum_{i=0}^{1}\theta_i T_i(\widetilde{\boldsymbol{\Lambda}})\\ &= \theta_0 T_0(\widetilde{\boldsymbol{\Lambda}}) + \theta_1 T_1(\widetilde{\boldsymbol{\Lambda}})\\ &= \theta_0\boldsymbol{I} + \theta_1\widetilde{\boldsymbol{\Lambda}}\\ &= \theta_0\boldsymbol{I} + \theta_1\left(\frac{2\boldsymbol{\Lambda}}{\lambda_{\max}} - \boldsymbol{I}\right)\\ &= \theta_0\boldsymbol{I} + \theta_1(\boldsymbol{\Lambda} - \boldsymbol{I})\end{aligned} \tag{5.65}$$

由此，图卷积神经网络（GCN）输出信号为

$$
\begin{aligned}
\boldsymbol{f}' &= \boldsymbol{U}\gamma(\widetilde{\boldsymbol{\Lambda}})\boldsymbol{U}^{\mathrm{T}}\boldsymbol{f} \\
&= \boldsymbol{U}(\theta_0\boldsymbol{I} + \theta_1(\boldsymbol{\Lambda} - \boldsymbol{I}))\boldsymbol{U}^{\mathrm{T}}\boldsymbol{f} \\
&= \theta_0\boldsymbol{U}\boldsymbol{I}\boldsymbol{U}^{\mathrm{T}}\boldsymbol{f} + \theta_1\boldsymbol{U}(\boldsymbol{\Lambda} - \boldsymbol{I})\boldsymbol{U}^{\mathrm{T}}\boldsymbol{f} \\
&= \theta_0\boldsymbol{f} + \theta_1(\boldsymbol{U}\boldsymbol{\Lambda}\boldsymbol{U}^{\mathrm{T}} - \boldsymbol{I})\boldsymbol{f} \\
&= \theta_0\boldsymbol{f} + \theta_1(\boldsymbol{L} - \boldsymbol{I})\boldsymbol{f} \\
&= \theta_0\boldsymbol{f} - \theta_1(\boldsymbol{D}^{-\frac{1}{2}}\boldsymbol{A}\boldsymbol{D}^{-\frac{1}{2}})\boldsymbol{f}
\end{aligned}
\tag{5.66}
$$

图卷积神经网络算法进一步简化模型参数，设定参数 $\theta = \theta_0 = -\theta_1$，代入后可得到

$$
\boldsymbol{f}' = \theta_0\boldsymbol{f} - \theta_1(\boldsymbol{D}^{-\frac{1}{2}}\boldsymbol{A}\boldsymbol{D}^{-\frac{1}{2}})\boldsymbol{f} = \theta(\boldsymbol{I} + \boldsymbol{D}^{-\frac{1}{2}}\boldsymbol{A}\boldsymbol{D}^{-\frac{1}{2}})\boldsymbol{f}
\tag{5.67}
$$

其中，矩阵 $\boldsymbol{I} + \boldsymbol{D}^{-\frac{1}{2}}\boldsymbol{A}\boldsymbol{D}^{-\frac{1}{2}}$ 特征值范围是 $[0, 2]$，因此当叠加多层图卷积神经网络时，或者进行重复滤波时，容易出现数值不稳定情况。因此，我们可以运用归一化技巧，使用新的矩阵为

$$
\widetilde{\boldsymbol{A}} = \boldsymbol{A} + \boldsymbol{I}
\tag{5.68}
$$

图卷积神经网络算法将矩阵 $\widetilde{\boldsymbol{D}}^{-\frac{1}{2}}\widetilde{\boldsymbol{A}}\widetilde{\boldsymbol{D}}^{-\frac{1}{2}}$ 代替矩阵 $\boldsymbol{I} + \boldsymbol{D}^{-\frac{1}{2}}\boldsymbol{A}\boldsymbol{D}^{-\frac{1}{2}}$。因此，我们得到最终图卷积神经网络（GCN）操作为

$$
\boldsymbol{f}' = \theta(\boldsymbol{I} + \boldsymbol{D}^{-\frac{1}{2}}\boldsymbol{A}\boldsymbol{D}^{-\frac{1}{2}})\boldsymbol{f} = \theta(\widetilde{\boldsymbol{D}}^{-\frac{1}{2}}\widetilde{\boldsymbol{A}}\widetilde{\boldsymbol{D}}^{-\frac{1}{2}})\boldsymbol{f}
\tag{5.69}
$$

在 K 阶截断多项式图滤波算子、K 阶截断切比雪夫多项式图滤波算子和图卷积神经网络算法中，我们都只用单通道信号，即网络节点信号向量 $\boldsymbol{f}$ 为列向量。在实际使用时，图信号可能是多通道，我们可用矩阵 $\boldsymbol{X}$ 表示，代入图卷积神经网络模型的公式，得到信号变换方程为

$$
\boldsymbol{X}' = \widetilde{\boldsymbol{D}}^{-\frac{1}{2}}\widetilde{\boldsymbol{A}}\widetilde{\boldsymbol{D}}^{-\frac{1}{2}}\boldsymbol{X}\boldsymbol{W}
\tag{5.70}
$$

其中：$\boldsymbol{W}$ 为可学习参数，展开后可得

$$
\boldsymbol{x}_i' = \boldsymbol{W}^{\mathrm{T}}\sum_{j \in \mathcal{N}_i \cup \{i\}}\frac{a_{j,i}}{\sqrt{\widetilde{d}_j\widetilde{d}_i}}\boldsymbol{x}_j
\tag{5.71}
$$

其中，

$$
\widetilde{d}_i = 1 + \sum_{j \in \mathcal{N}_i}a_{j,i}
\tag{5.72}
$$

在深度图神经网络模型中，图卷积神经网络模型有着广泛的应用。在一些实际问题中，图卷积神经网络模型具有优秀的表现。同时，图卷积神经网络也是常用的基准模型。

5.5 图注意力神经网络

在图卷积神经网络中,聚合函数的功能是聚合网络节点的邻居节点信息（如表示向量），然后更新自身网络节点表示向量。聚合函数在聚合过程中采用简单求和函数或者平均函数等算子。为了准确地聚合邻居信息，图注意力神经网络模型引入注意力机制，学习不同邻居节点之间的重要性程度系数，通过重要性程度系数进行加权求和邻域节点信息，从而完成聚合操作，提高模型的特征提取能力和表示学习能力[125]。

5.5.1 注意力机制简介

图注意力神经网络模型假设图或网络节点属性向量矩阵为

$$\boldsymbol{X} = \{\boldsymbol{x}_1, \boldsymbol{x}_2, \ldots, \boldsymbol{x}_N\}, \boldsymbol{X} \in \mathbb{R}^{N \times F_{\text{in}}} \tag{5.73}$$

矩阵中每一行对应一个网络节点的属性向量。图注意力神经网络模型的核心是更新网络节点的属性向量时，每个节点的属性向量也能决定网络节点之间的重要性系数。图注意力神经网络模型示例图如图5-2所示。

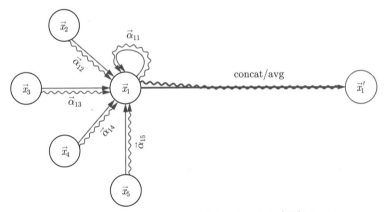

图 5-2 图注意力神经网络示例图（基于文献[125]重画）

在图5-2中，$\vec{\alpha}_{ij}$ 表示网络节点 i 和 j 之间的权重系数，并非数值变量，需要通过网络节点 i 和 j 的属性向量计算得到。concat/avg 表示网络节点 i 的更新操作，如拼接或求平均。图5-2左边部分表示网络节点 i 的汇聚操作，右边部分表示更新操作。

5.5.2 基于注意力机制的信息汇聚函数

在图注意力神经网络模型中，网络节点的属性向量同样通过汇聚邻居节点信息来更新节点自身信息，具体计算公式为

$$\boldsymbol{x}_i' = \sigma \left(\sum_{j \in \mathcal{N}_i} \alpha_{ij} \boldsymbol{W} \boldsymbol{x}_j \right) \tag{5.74}$$

节点 i 的更新过程汇聚了其邻居节点的属性向量信息。显然，基于注意力机制下的图神经网络模型的信息汇聚过程，不是简单地求和或平均，而是进行加权求和，而且权重系数 α_{ij} 也是基于网络节点 i 和 j 的属性向量计算而来。在一次汇聚和更新后，网络节点的属性向量为

$$\boldsymbol{X}' = \{\boldsymbol{x}'_1, \boldsymbol{x}'_2, \ldots, \boldsymbol{x}'_N\}, \boldsymbol{X}' \in \mathbb{R}^{N \times F_{\text{out}}} \tag{5.75}$$

图神经网络模型众多。我们已经学习了一些机器学习模型框架和图神经网络模型框架，在了解一个新算法时，需要重点关注该算法与其他算法的差异。需要强调的是，与图卷积神经网络不一样，图注意力神经网络模型的汇聚邻居节点信息过程采用了加权求和，权重系数由节点 i 和邻居节点 j 的属性向量计算得到，具体如图5-3所示。

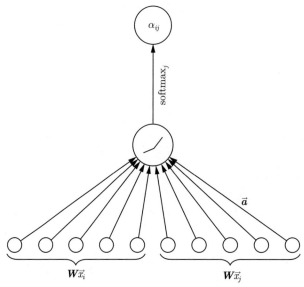

图 5-3　图注意力网络模型中权重系数 α_{ij} 计算示例图（基于文献 [125] 重画）

注意力机制的核心是计算权重系数。基于图5-3，图注意力神经网络模型的权重系数 α_{ij} 的计算公式可以表示为

$$\alpha_{ij} = \text{softmax}_j(e_{ij}) = \frac{\exp(e_{ij})}{\sum_{k \in \mathcal{N}_i} \exp(e_{ik})} \tag{5.76}$$

其中，e_{ij} 包含节点 i 和邻居节点 j 的属性信息，通过转换函数表示为

$$e_{ij} = a(\boldsymbol{W}\boldsymbol{x}_i, \boldsymbol{W}\boldsymbol{x}_j) \tag{5.77}$$

在计算权重系数之前，网络节点 i 和邻居节点 j 的属性向量先进行线性变化，乘上矩阵 $\boldsymbol{W}$，将属性向量维度从 F_{in} 转化为 F_{out}，因此线性变换矩阵大小为

$$\boldsymbol{W} \in \mathbb{R}^{F_{\text{out}} \times F_{\text{in}}} \tag{5.78}$$

在权重系数 α_{ij} 计算公式中，转换函数 a 可以表示为

$$a : \mathbb{R}^{F_{\text{out}}} \times \mathbb{R}^{F_{\text{out}}} \to \mathbb{R} \tag{5.79}$$

函数 a 可以设计成不同类型函数，比如将转换后的属性向量拼接后加权求和，然后输入激活函数，通过归一化操作后输出权重系数 α_{ij}。在权重系数 α_{ij} 计算公式中，如果转换函数 a 为拼接操作，且激活函数为 LeakyReLU 函数时，权重系数 α_{ij} 可以表示为

$$\alpha_{ij} = \frac{\exp\left(\text{LeakyReLU}\left(\boldsymbol{a}^{\text{T}}[\boldsymbol{W}\boldsymbol{x}_i \| \boldsymbol{W}\boldsymbol{x}_j]\right)\right)}{\sum_{k \in \mathcal{N}_i} \exp\left(\text{LeakyReLU}\left(\boldsymbol{a}^{\text{T}}[\boldsymbol{W}\boldsymbol{x}_i \| \boldsymbol{W}\boldsymbol{x}_k]\right)\right)} \tag{5.80}$$

其中：$\boldsymbol{a}$ 为列向量，为可学习参数，$\|$ 为拼接操作算子。在注意力机制中，为了能够更好地提取图数据信息，会采用多头注意力机制，即同时学习多个权重系数。如同深度卷积神经网络模型中同时设置多个卷积核来提取信息，构成多通道的特征信息，提高深度卷积神经网络模型的学习能力和表示能力。

5.5.3 多头注意力模型框架

在图注意力网络模型中，我们同样可以学习 K 个权重系数函数，每个权重系数函数对应一个信息汇聚和信息更新，将 K 次信息汇聚和信息更新的属性向量进行拼接，得到最后网络节点的向量表示信息，具体计算为

$$\boldsymbol{x}_i' = \|_{k=1}^{K} \sigma\left(\sum_{j \in \mathcal{N}_i} \alpha_{ij}^k \boldsymbol{W}^k \boldsymbol{x}_j\right) \tag{5.81}$$

其中：$\|$ 为拼接操作，α_{ij}^k 表示归一化后的第 k 个注意力权重系数，对应可学习参数 a^k。同时，参数 $\boldsymbol{W}^k$ 表示将属性向量维度从 F_{in} 转换到 F_{out} 的线性变换矩阵。图注意力网络模型最后输出向量 $\boldsymbol{x}'$ 的长度为 KF_{out}。拼接操作使得输出向量长度成倍增加，因此也可以采用简单的求平均操作，即

$$\boldsymbol{x}_i' = \sigma\left(\frac{1}{K}\sum_{k=1}^{K}\sum_{j \in \mathcal{N}_i} \alpha_{ij}^k \boldsymbol{W}^k \boldsymbol{x}_j\right) \tag{5.82}$$

此时，图注意力网络模型的最后输出向量 $\boldsymbol{x}'$ 的长度为 F_{out}。

5.6 图网络

图神经网络模型框架多种多样，而图网络（Graph Network）模型是融合诸多模型的普适框架。图网络模型包含信息汇聚函数 $\mathcal{M}$ 和信息更新函数 $\mathcal{U}$。图网络模型框架不同于图卷积神经网络模型和图注意力神经网络模型。图网络模型对网络节点表示向量进行更新时，同时对网络节点、网络连边和全局网络进行表示学习，分别表示为变量 $\boldsymbol{x}$、$\boldsymbol{e}$ 和 $\boldsymbol{g}$。网络节点 i 的表示向量为 $\boldsymbol{x}_i$，网络连边 $i \to j$ 的表示向量为 $\boldsymbol{e}_{ij}$，全局网络的表示向量为 $\boldsymbol{g}$。

5.6.1 更新连边信息

本节简单介绍图网络模型框架的基本计算流程。首先用网络节点向量更新网络连边信息，更新公式为

$$e_{ij}^{l+1} = \mathcal{U}^E \left(e_{ij}^l, x_i^l, x_j^l, g^l \right) \tag{5.83}$$

其中：$\mathcal{U}^E$ 为网络连边更新公式。上式为网络连边 $i \to j$ 的表示向量 e_{ij} 的更新公式。$\mathcal{U}^E$ 的输入参数为网络连边当前的向量表示 e_{ij}^l、两个端点 i 和 j 的向量表示 x_i 和 x_j 以及全局网络表示向量为 g。公式中上标 l 表示图神经网络模型的层数，可以理解成更新迭代的次数。

5.6.2 汇聚连边信息

在图网络模型框架中，网络节点表示向量的更新需要汇聚所有连边信息，具体计算公式为

$$m_i^l = \mathcal{M}^{E \to V} \left(\left\{ e_{ij}^l, \forall j \in \mathcal{N}_i \right\} \right) \tag{5.84}$$

在图网络模型中，网络节点信息汇聚过程仍然是通过邻域信息进行操作，$\mathcal{N}_i$ 表示网络节点 i 的邻域节点集合。图网络模型的信息汇聚过程与图卷积神经网络和图注意力网络不一样，无须汇聚邻域节点信息。但是，图网络模型的邻域节点信息已经在网络连边更新过程中进行信息汇聚和融合，网络节点属性向量信息已经融合进网络连边的属性向量之中。因此上式的网络节点信息更新过程间接地融合了邻域节点信息。

5.6.3 更新节点信息

图网络模型中网络节点表示向量更新，即

$$x_i^{l+1} = \mathcal{U}^V \left(m_i^l, x_i^l, g^l \right) \tag{5.85}$$

网络节点更新公式 $\mathcal{U}^V$ 考虑了网络节点当前表示向量信息 x_i^l，全局网络向量表示信息 g^l，以及网络连边汇聚的信息 m_i^l。

5.6.4 汇聚全局信息

网络节点和连边都更新后，还需要更新全局网络信息。全局网络信息融合所有节点信息和所有连边信息。因此，全局网络节点信息汇聚函数可以表示为

$$m_V^l = \mathcal{M}^{V \to G} \left(\left\{ x_i^l, \forall v_i \in V \right\} \right) \tag{5.86}$$

同样，全局网络连边信息汇聚函数表示为

$$m_E^l = \mathcal{M}^{E \to G} \left(\left\{ e_{ij}^l, \forall (v_i, v_j) \in E \right\} \right) \tag{5.87}$$

因此，全局网络表示向量的更新函数可以表示为

$$g^{l+1} = \mathcal{U}^G\left(m_E^l, m_V^l, g^l\right) \tag{5.88}$$

图网络模型框架是一个普适的框架，同时建模网络节点、网络连边和全局网络信息。因此，图网络模型适用于不同层次的网络任务，如网络节点任务、网络连边任务和全局网络任务等[122,123]。

5.7　应用实践

在图神经网络模型应用过程中，我们可采用 PyTorch Geometric 开源代码库，PyTorch Geometric 库中包含大量的经典图神经网络模型。本节将给出部分示例代码。PyTorch Geometric 示例代码包括数据加载、模型定义、模型训练和模型验证部分，也是图神经网络模型处理图数据的基本流程。

在 PyTorch Geometric 示例代码中，数据加载部分采用了引文网络中经典基准网络 Cora。Cora 数据集共包含 2708 篇科学论文，所有样本（论文）被分为 7 个类别，分别是 1）案例相关；2）遗传算法；3）神经网络；4）概率方法；5）强化学习；6）规则学习；7）理论相关论文。Cora 数据集为 2708 篇论文的引文网络，每篇论文都至少引用一篇其他论文，或者被其他论文引用，将论文看作网络中的节点，则 Cora 数据集包含一个连通图，不存在孤立点。网络节点属性由一个 1433 维的词向量表示，词向量的每个元素都对应一个词，且该元素只有 0 或 1 两种取值。因此，论文具有 1433 个特征，网络节点属性元素取 0 表示该元素对应的词不在该论文之中，取 1 表示在论文中包含对应的单词。

```
1  from torch_geometric.datasets import Planetoid
2  import torch
3  import torch.nn.functional as F
4  from torch_geometric.nn import GCNConv
5  # 加载网络数据
6  dataset = Planetoid(root='./data', name='Cora')
7  # 定义图卷积神经网络结构
8  class GCN(torch.nn.Module):
9      def __init__(self):
10         super().__init__()
11         # 定义卷积模块1
12         self.conv1 = GCNConv(dataset.num_node_features, 16)
13         # 定义卷积模块2
14         self.conv2 = GCNConv(16, dataset.num_classes)
15
16         # 构建模型计算框架结构
17     def forward(self, data):
18         # 模型输入数据包括了节点属性数据data.x和网络连边data.edge_index
```

```
19        x, edge_index = data.x, data.edge_index
20        x = self.conv1(x, edge_index)
21        x = F.relu(x)
22        x = F.dropout(x, training=self.training)
23        x = self.conv2(x, edge_index)
24        return F.log_softmax(x, dim=1)
25   # 实例化模型，将数据和模型加载至设备，如GPU或CPU
26   device = torch.device('cuda' if torch.cuda.is_available() else 'cpu')
27   model = GCN().to(device)
28   data = dataset[0].to(device)
29   # 定义优化器
30   optimizer = torch.optim.Adam(model.parameters(), lr=0.01, weight_decay=5e-4)
31   model.train()
32   # 迭代训练模型
33   for epoch in range(200):
34        # 优化器梯度清零
35        optimizer.zero_grad()
36        # 计算模型结果
37        out = model(data)
38        # 定义输出结果损失函数
39        loss = F.nll_loss(out[data.train_mask], data.y[data.train_mask])
40        # 计算损失函数梯度
41        loss.backward()
42        # 更新模型参数
43        optimizer.step()
44   # 验证模型，计算模型精确度acc
45   model.eval()
46   pred = model(data).argmax(dim=1)
47   correct = (pred[data.test_mask] == data.y[data.test_mask]).sum()
48   acc = int(correct) / int(data.test_mask.sum())
```

在 PyTorch Geometric 示例代码中，图卷积神经网络（GCN）模型的主要任务是对 Cora 数据集中 2708 篇科学论文进行分类。模型训练 50 轮（Epoch）后，图卷积神经网络模型测试结果如图 5-4 所示。图卷积神经网络模型的精确度（Accuracy）随着训练轮数演化情况。

在图5-4中，图卷积神经网络模型在 50 轮训练中精确度越来越高。图中每条线对应一个模型，四个模型结构一样，只是超参数学习率（learning rate）不一样。四个图卷积神经网络模型学习率分别为 0.5，0.1，0.01，0.001。随着模型的训练次数增加，网络节点分类精确度越来越高，最后慢慢收敛至模型最优，精确度达到 0.8 左右。

在机器学习模型中，学习率是一个重要的超参数。学习率太大，模型不稳定，不容易收敛，如图中学习率为 0.5 的情况。虽然学习率越大，学习速度越快，但是收敛困难，导致很难学到较优的模型。图5-4中学习率为 0.5 的情况是精确度波动最大的情况，说明模型不稳定。学习率太小，学习速度较慢，需要更多的计算资源，模型收敛较慢，如图5-4中学习率为 0.001 的情况。在图5-4中，较好的学习率为 0.1 和 0.01 两种情况。其中，学习率为 0.1 时，模型学习更快，收敛更快，迭代了 10 轮后模型达到了最优；学习率为 0.01 时，较 0.1 时收敛更慢，但是模型收敛过程更加稳定。

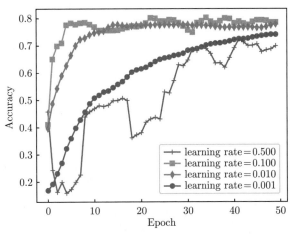

图 5-4　图卷积神经网络模型测试结果

❧ 第 5 章习题 ❧

1. 图神经网络模型处理的数据类型有哪些？
2. 图神经网络模型中聚合函数的功能是什么？
3. 图神经网络模型中更新函数的功能是什么？
4. 图神经网络模型中池化函数的功能是什么？
5. 简述图傅里叶变换过程。
6. 实现图卷积神经网络模型，并在经典数据集上完成模型训练和测试。
7. 实现图注意力神经网络模型，并在经典数据集上完成模型训练和测试。
8. 简述图网络模型框架。

第6章

强化学习基础

6.1　强化学习背景

机器学习包含三类学习范式，分别为监督学习、无监督学习和强化学习。在实际应用中，监督学习最常用，也是行业应用落地最广泛的机器学习方法。在机器学习过程中，智能体学习一个策略函数，为智能决策提供支持。然而，智能体在训练策略函数过程中需要定义优化的目标函数。在优化目标函数过程中，学习的信号或样本标签数据的来源决定了机器学习范式的差异。

监督学习可以认为是反馈信号最密集的学习范式，训练数据包含样本属性数据和样本标签数据。无监督学习没有可学习的反馈信息、标签信息或监督信号。在强化学习过程中，智能体通过处理环境的反馈信息（奖励信号），学习策略函数或价值函数。强化学习的奖励信号具有稀疏性和延迟性，强化学习奖励信号的稀疏性和延迟性是指智能体在学习过程中并非每一个行为动作得到明显的标记信号，而只能得到行为即时奖励信号。

例如，在围棋游戏中，对弈者只能在最后才知道对弈结果，获得反馈的输赢信息。单步的落子却很难给出完全确定的好棋或坏棋的信息，对弈者也只是凭借自身经验作出预估（评估的准确性由对弈者水平所决定），这与监督学习的标签信息不一样。在监督学习中，智能体在训练过程中的每一次决策行为都能得到确定的反馈信号。例如，图像分类任务中智能体每一次分类都能够及时获得分类是否准确的信息，只需用模型输出的分类和真实的分类进行对比，判断分类的精确度即可。

6.1.1　强化学习与图神经网络

图神经网络模型是处理图数据和网络数据的重要工具，包含众多优秀的算法，如图卷积神经网络模型、图注意力神经网络模型和图网络模型等。在实际应用中，众多图神经网络模型中海量参数的优化和更新是模型训练的主要步骤。一般而言，在监督学习模型框架下，图神经网络模型的训练过程和一般深度神经网络模型训练过程类似。特别是一些流行的深度学习平台高度集成了梯度下降和参数优化的方法，使得图神经网络模型训练变得更加简便。

但是，图神经网络模型训练过程并非都按照监督学习模型框架实施。在一些复杂系统决策问题或复杂网络决策问题中，强化学习算法是训练和更新图神经网络模型参数的重要方法和工具。图神经网络模型具有强大的图结构信息提取能力和挖掘能力，强化学习模型具有强大的决策能力或策略函数学习能力。图强化学习模型融合图神经网络模型和强化学习算法，解决图上的复杂序贯决策问题，具有重要的研究价值和应用潜力[126-128]。

6.1.2　强化学习与序贯决策问题

序贯决策问题是指按时间顺序排列，且具有多阶段的决策问题，主要特征是需要多步决策来完成最终任务，解决最终问题，获得问题解。在围棋对弈中，双方必须通过多步的博弈之后才能确定棋局结果，对弈者每一步落子都是一次决策，而且前后决策与决策之间互相影响，相互关联，一些连贯的落子行为才能构成一定的策略或形成有利局势。

在视频游戏中，玩家也必须基于视频画面进行决策，操作游戏，通过不同的操作行为能够得到不同的游戏奖励，而且操作与操作之间也是相互关联的。玩家通过一些连续的操作行为来达到游戏目标，游戏结果并非由某次单一的操作行为决定。

在车辆自动驾驶中，智能系统必须通过连续的操作，如转向、刹车等操作行为，才能安全地驾驶汽车。而且，智能自动驾驶系统的一些反馈是不确定的，比较稀疏的，且是延迟的。自动驾驶汽车的路面状况、天气情况等都具有随机性，极大增加了自动驾驶系统的安全驾驶难度。

6.1.3　强化学习求解序贯决策问题

强化学习是针对序贯决策问题的机器学习方法。序贯决策问题跟监督学习任务和无监督学习任务的区别较大，序贯决策问题的目标是综合考虑所有行为动作所得到的累积奖励，构建需要优化的目标函数，目标不被单个行为决定。更重要的区别在于，强化学习智能体的行为之间或经验样本之间具有一定的关联性。

一些监督学习任务的样本数据需要满足独立同分布（independent and identically distributed，i.i.d.）的统计假设。序贯决策问题的样本数据不满足统计上的独立同分布假设，不能简单采用一些比较常用的监督学习方法。强化学习就是专门针对于此类问题的分析方法和求解工具。

6.1.4 强化学习特征

反馈信号的稀疏性和延迟性决定了强化学习智能体在学习和训练过程非常困难且极具挑战。为了能够克服强化学习训练过程的不稳定、难收敛和低效率问题，强化学习领域出现了大量的优秀算法和学习框架来克服相关问题。强化学习领域专家和学者们融合诸多学科的精华思想和方法，开发出大量精妙的强化学习算法[129]，使得强化学习和深度强化学习算法在学术界和工业界都取得了极大发展。深度强化学习是非常复杂而实用的研究领域和方向[126-128]。

强化学习源于几十年前的系统论、控制论、信息论、人工智能等思想和技术[129]。特别是控制论领域中，相关研究和成果都直接促进了强化学习领域的发展，或者说强化学习与最优化控制领域交叉融通、相互促进、共同发展。近几十年的发展，强化学习和深度强化学习已经成为人工智能领域的重要组成部分，在游戏、自动驾驶、生物工程等领域取得了世界瞩目的成绩。

深度强化学习作为机器学习领域近年来蓬勃发展的方向，被不少领域专家寄予厚望，也被不少专家和学者认为是通往通用人工智能（Artificial General Intelligence，AGI）的道路之一。在复杂社会经济系统中，预测、决策和管理问题是人类生活、工作和学习的重要组成部分。如何能够让更多的复杂环境决策问题被自动建模、自动训练和自动决策，需要融合更多的方法和工具来建模和求解复杂决策问题，图强化学习方法融合前沿的图神经网络模型和深度强化学习算法，具有极大的发展潜力和研究价值。

6.2 强化学习与图

在日常生活或者所遇到的一些问题中，图和网络普遍存在，是十分常见的数据结构。在现实世界，一些表面看上去和图或网络不相关的问题，我们同样能够将其建模成图问题或者网络问题。如博弈中常用的博弈树、车辆自动导航等。数学和应用数学领域中存在大量的实例验证了图和网络建模方法的重要性和有效性。在数学建模中，很多经典问题都能建模成图问题或者网络问题，并运用图分析方法或网络分析方法进行求解。因此，借助图或者网络模型的结构信息或者语义信息解决图上决策问题，并高效地进行智能决策，具有非常重要的研究意义和价值。

6.2.1 图上决策问题

在传染病的预防和控制中，如果能够获得复杂社会环境中人与人之间的关系网络，我们通过识别网络中的一些关键网络节点和网络关系连边，那么能够有效地预防和控制传染病的传播和扩散。复杂网络中网络节点以及连边的重要性，或者是网络关键性节点和连边的测度指标，都能刻画网络节点和网络连边的影响力。在复杂网络分析中，网络节点中心性和重要性指标是网络传染病防控中高传染性节点识别的重要参考指标。但是，一些网络指标的计算复杂度较高，而且不具有普适性，因此结合图强化学习算法研究网络关键节点识别等问题具有重要的研究价值。

城市交通拥堵的问题影响着人们的日常出行。交通网络中很多问题都可以与图论和复杂网络分析中最大流问题（Maximum Flow Problem）或最大流最小割问题相关联。最大流问题定义为网络流中源点到达汇点的最大流量等于从网络中移除网络连边导致网络流中断的边集合的最小容量之和，即在任何网络中最大流的值等于最小割的容量。最大流问题是组合最优化问题，如何构建网络拓扑结构，优化运输流量，适用于很多现实生活问题。此类问题的相关思想和方法为交通网络关键节点识别提供思路，为如何构建更有效、更高效、更畅通的交通网络提供指导建议。

一些经典的机器学习算法也应用图结构和网络结构，如常用的决策树（Decision Tree）。决策树是一种简单的图结构，多棵决策树可以构建经典的随机森林算法（Random Forest）。同时，计算机领域很多搜索问题和优化问题也可转换成图问题或网络问题，如日常生活中的物流配送问题，可以转化成物流网络中最短路径问题，或者是加权最短路径问题等。计算图和自动微分是此次人工智能浪潮和深度学习浪潮的基石，是深度学习底层框架最为关键的技术。绝大部分深度学习框架，如 TensorFlow 和 PyTorch 等都集成和实现了计算图和自动微分技术。深度学习框架模型将各个类型算子和变量作为计算图的节点，构建计算图（静态计算图和动态计算图）。深度学习框架运用图论中图优化算法和计算理论，优化计算图结构，更加高效地进行深度学习模型计算并完成模型训练，极大地推动人工智能和深度学习模型的发展和工程落地应用。

图上的决策问题或网络中决策问题容易碰到计算复杂度较高的挑战。网络节点数量较大时，简单的节点之间最短路径的计算问题都很困难，如网络节点介数中心性指标等，都需要计算最短路径。但是两个节点之间的最短路径的搜索问题极其复杂，很多图问题的计算复杂度都较高，极大限制了方法的实际应用场景。因此，对于大规模网络的决策问题而言，高效的算法才能具有可行性和实用性。一些经典的或者是传统的图优化算法和一些启发式算法都有较高的计算复杂度。在大数据和万物互联的时代，事物之间的关系网络能够被量化和度量，且网络规模是极其巨大的。对于此类大规模网络而言，如何进行有效的网络特征量化、网络指标计算和网络问题决策，传统方法表现出一定局限性，图强化学习方法具有较大的发展空间和应用潜力。

6.2.2　强化学习与图上决策问题

现实世界很多问题转化成图问题之后，我们可以将待求解的图问题进一步转化为序贯决策问题，并进一步建模成马尔可夫决策过程，进而采用强化学习算法进行求解。在传染病的防控问题中，我们识别出高传染性节点并进行有效隔离，能有效地减缓传染病的传播范围。一般来说，现实世界存在较多的限制，特别是资源有限的情况下，我们需要考虑很多带有约束条件的组合优化问题。传染病防控存在大量限制条件，如只允许防控给定数量的网络节点、防控策略能调动的资源有限等。此时我们需要从网络中挑选一定数量的网络节点来进行防控，并严格控制资源消耗等。因此，此问题可以建模成排列组合问题，也就是图上的组合优化问题。

当网络节点数量比较大时，图上的组合优化问题的解空间规模非常之大，不可能完全穷举遍历空间中每一个解。因此，我们需要采用一些优化算法或者是机器学习算法进行求解。为了将图上的网络节点选择问题建模成序贯决策问题，我们可以将节点集合的选择过程，转换成一个一个节点先后进行选择，每一个网络节点的选择都对应一个决策行为。例如，我们要选择十个网络节点时，连续的动作行为数量则为十，而选择十个网络节点的先后顺序，一定程度上影响着最终疫情防控的效果。

在图上的决策问题中，智能体进行决策的决策变量是图结构信息、图语义信息或者两者的融合信息。智能体需要高效地提取复杂图结构和语义中有效的决策信息，但是图结构不同于图片或文本等具有较好结构化的数据，因此需要采用特别的方法来提取图信息和网络信息，获得更好的决策变量、图结构特征变量和转化特征变量。为了对图结构或者语义信息进行更好的表征，我们可以采用图分析、复杂网络分析、图嵌入、网络嵌入和图神经网络方法等，提取图结构信息、网络节点信息、网络连边信息，并进行表示学习，为学习和优化强化学习模型的策略函数提供决策基础信息，也是图强化学习的关键技术。

6.3 强化学习概念

强化学习基础知识包含众多的概念和基础模型，如马尔可夫决策过程、智能体模型、环境模型、状态空间、行动空间、状态转移函数、即时回报函数、累积回报、折扣系数、值函数、策略函数等[114]。

6.3.1 马尔可夫决策过程

面对复杂决策问题，强化学习具有较好的应用前景。强化学习包含两个主要组成部分，一个是复杂环境模型，另一个是智能体模型。强化学习的核心是为智能体学习和训练一个智能策略，期望智能体在复杂环境模型中取得尽可能大的累积回报。强化学习的基础模型为马尔可夫决策过程（Markov Decision Process，MDP），具体定义如下[114]：

定义 6.1 马尔可夫决策过程

马尔可夫决策过程（Markov Decision Process，MDP）可用五元组 $(\mathcal{S}, \mathcal{A}, P, R, \gamma)$ 表示，其中：

- $\mathcal{S}$ 表示状态集合。
- $\mathcal{A}$ 表示动作集合。
- $P: \mathcal{S} \times \mathcal{A} \times \mathcal{S} \to [0,1]$ 是状态转移函数，$P(s_t, a_t, s_{t+1})$ 表示智能体执行动作 a_t 后状态 s_t 转移到状态 s_{t+1} 的概率。
- $R: \mathcal{S} \times \mathcal{A} \times \mathcal{S} \to \mathcal{R}$ 是即时回报函数，$\mathcal{R}$ 为连续区间，$R(s_t, a_t, s_{t+1}) \in \mathcal{R}, R_{\max} \in \mathbb{R}^+$（例如 $[0, R_{\max}]$），$R(s_t, a_t, s_{t+1})$ 表示智能体执行动作 a_t 后获得的即时奖励。
- $\gamma \in [0,1)$ 是折扣系数。

马尔可夫决策过程是强化学习的基础模型,以马尔可夫链(Markov Chain,MC)、马尔可夫过程(Markov Process,MP)、马尔可夫奖励过程(Markov Reward Process,MRP)为基础,核心假设为马尔可夫性质。马尔可夫过程定义如下:

> **定义 6.2　马尔可夫过程**
>
> 如果离散随机过程满足 $\mathbb{P}(s_{t+1}|s_t) = \mathbb{P}(s_{t+1}|s_t,\ldots,s_0)$,则离散随机过程具有马尔可夫性质。 ♣

复杂环境状态转移过程满足马尔可夫性质,是对环境模型的简化,也是模型能够进行分析和推导的关键。但是,一般现实世界的复杂环境很难满足马尔可夫性质,只有小部分情况适合。一般而言,马尔可夫决策过程表示成一个五元组 $(\mathcal{S}, \mathcal{A}, P, R, \gamma)$,智能体通过与环境交互来收集数据,优化策略函数,最大化目标函数。

强化学习与经典机器学习方法类似,同样需要大量的数据来训练策略函数,拟合模型参数。但是,强化学习不同于其他机器学习算法,如监督学习中训练所需的样本数据都已经存在,强化学习面对的是一个可交互的复杂环境模型,智能体需要依赖策略函数与环境互动,收集样本数据,训练策略函数,而当前策略的优劣直接影响收集的训练数据的优劣。从样本收集和样本效率上来说,强化学习任务更具挑战性。

6.3.2　状态和状态空间

在强化学习中,智能体基于环境状态进行决策。例如,图强化学习中环境状态可以用图结构的环境变量表示。在智能体与环境的交互过程中,智能体感知环境状态后作出行为动作,环境状态空间可以表示成 $\mathcal{S}$。状态空间的复杂度直接关系到强化学习智能体训练和计算复杂度。

一般可以将强化学习的状态空间分成离散状态空间和连续状态空间。在围棋对弈中,棋盘棋子布局情况可以看作环境状态,其状态空间为离散状态空间。在机器人领域,机器人位置坐标、速度以及加速度等可以作为机器人状态,其状态空间为连续状态空间。

智能体期望能够遍历所有状态,从而确定最优策略。复杂问题的状态空间具有较高的复杂度,如围棋游戏的离散状态空间,不同围棋棋子在棋盘的组合数量大约为 10^{170},比宇宙的原子还多。智能体要遍历围棋游戏的所有状态是不可能完成的任务。需要设计高效的强化学习算法,在有限的时间资源和计算资源条件下,尽可能得到最优的策略函数或次优策略函数。DeepMind 的 AlphaGo 程序战胜了人类世界冠军,深度强化学习发挥了重要作用。

6.3.3　动作和动作空间

动作是指智能体的行为,如智能交易系统的买入和卖出动作。智能体输出动作空间表示成 $\mathcal{A}$。一般而言,强化学习智能体的动作空间也可以分成连续动作空间和离散动作空间。在围棋游戏中,智能体行动是离散的,对应棋盘中棋子位置。在视频游戏中,一些智能体

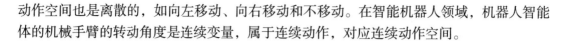

动作空间也是离散的，如向左移动、向右移动和不移动。在智能机器人领域，机器人智能体的机械手臂的转动角度是连续变量，属于连续动作，对应连续动作空间。

6.3.4 状态转移函数

强化学习智能体与环境交互过程中，环境模型是一个动态更新的系统。环境状态转移函数 $P : \mathcal{S} \times \mathcal{A} \times \mathcal{S} \to [0,1]$ 刻画环境模型的动力学过程和演化规律，是环境模型的核心部分。环境模型获得智能体的行为动作后，需要基于环境模型当前状态和智能体动作，返回环境模型的下一个状态。或者，环境模型返回下一个状态的概率分布，继而环境模型通过采样获得下一个状态，智能体感知到新的环境状态，重新作出新的行为决策。

一般而言，可以将环境模型分成确定性模型和随机性模型。在围棋游戏中，围棋对弈者下棋动作（落子位置）直接决定围棋盘面的下一个状态，不存在随机性。在一些视频游戏中，游戏开发人员为了增加复杂度、不确定性以及趣味性，环境模型在获得智能体动作后，在环境模型中加入随机性，即在相同的状态和动作下返回的状态可能不一样。在实际应用中，环境模型为智能体的高效学习提供保障，如围棋游戏的模拟器。在随机环境模型中，状态转移函数 $P(s_t, a_t, s_{t+1})$ 输出的是状态转移概率，输出转移至下一个状态的概率。

6.3.5 即时回报函数

在环境模型中，即时回报函数 $R : \mathcal{S} \times \mathcal{A} \times \mathcal{S} \to \mathcal{R}$ 是智能体学习的关键信息，类似于监督学习框架下的标签信息。强化学习模型却不同于其他机器学习模型。在监督学习模型中，智能体能够明确地知道每一次模型输出的预测值与真实值（标签信息）的差异，目标函数设定为最小化预测值和实际标记值的误差。在强化学习中，智能体不知道输出动作的真实优劣，只能得到动作的即时回报（或即时奖励），而智能体的目标函数是最大化多次交互过程中动作的累积即时回报，一般称作累积回报，即

$$G = \sum_{t=0}^{T} R_t \tag{6.1}$$

在强化学习问题中，关键问题是智能体输出动作之间具有相关性，状态之间也存在相关性，智能体输出动作之间互相影响。因此，强化学习智能体策略函数的训练复杂度高于监督学习任务。即时回报函数 $R(s_t, a_t, s_{t+1}) \in \mathcal{R}$，$R_{\max} \in \mathbb{R}^+$。在实际应用中，即时回报函数的优劣直接决定智能体策略函数的训练效率，以及最终策略函数的智能效果。

6.3.6 回报折扣系数

强化学习的目标函数是最大化多步行为动作获得的累积即时回报。随着时间推移，智能体与环境模型交互过程中不确定性增加，智能体远期获得的即时回报对当前状态或动作的累积收益影响较小，应该减少权重，因此引入折扣系数 $\gamma \in [0,1)$。一般而言，强化学习

的目标函数定义为最大化折扣后累积回报，即

$$G = \sum_{t=0}^{T} \gamma^t R_t \tag{6.2}$$

折扣系数 γ 越小，未来的回报对智能体累积回报影响越小。反之，对智能体的累积回报影响越大。

6.3.7　策略函数

在智能体与环境交互过程中，智能体感知环境的状态 s 后，作出智能动作 a。环境模型接收到智能体动作后，基于状态转移函数返回下一个状态 s'，同时基于即时回报函数返回即时回报 r。在智能体与环境交互过程中，智能体的动作 a 是策略函数 π 的输出值。一般而言，强化学习智能体的策略函数可以分为确定性策略函数和随机性策略函数。其中，确定性策略函数可以表示为

$$a = \pi(s) \tag{6.3}$$

随机性策略函数可以表示为

$$a \sim \pi(s, a) \tag{6.4}$$

确定性策略函数直接输出智能体在状态 s 下的动作 a。随机性策略函数输出智能体在状态 s 下选择动作 a 的概率 $\pi(s, a)$，并通过随机采样操作生成动作 a。

强化学习的目标是智能体学习一个智能策略 π，使得智能体在与环境交互过程中获得最大的累积收益或累积回报。强化学习核心任务是学习策略函数，或估计策略函数参数。强化学习智能体的策略函数可以用表格表示，也可以用函数表示，如线性函数模型、非线性函数模型、核函数模型、前馈神经网络模型、卷积神经网络模型或图神经网络模型等。

6.3.8　状态值函数

在强化学习中，值函数是一个重要概念，一般可以分为状态值函数 $V(s)$ 和状态–动作值函数 $Q(s, a)$。状态值函数度量状态的价值，即智能体处在状态 s 时能获得的期望累积回报。同理，状态–动作值函数度量智能体在状态 s 下选择行为动作 a 能获得的期望累积回报。对于智能体而言，状态值越高的状态更加具有吸引力。在智能体与环境交互过程中，智能体会选择跳转到更有价值的状态，期望获得更高的累积回报。例如，围棋博弈中对弈双方都希望自己能够处在更加有利的局面，即越有价值的状态（棋盘局面）。在累积回报 G_t 基础上，状态值函数 $V_\pi(s)$ 定义为

$$V_\pi(s) = E_\pi[G_t | S_t = s] \tag{6.5}$$

其中：π 为智能体策略函数，$E[x]$ 表示期望。S_t 表示状态随机变量，s 表示状态随机变量的取值。S_t 中 t 表示智能体当前时刻，下一个时刻的状态随机变量可以表示成 S_{t+1}。智能

体基于策略函数 π 输出动作，获得即时回报 R_t，将状态值函数 $V_\pi(s)$ 定义公式展开后可表示为

$$V_\pi(s) = E_\pi[R_t + \gamma R_{t+1} + \gamma^2 R_{t+2} + \gamma^3 R_{t+3} + ...|S_t = s] \tag{6.6}$$

如果马尔可夫决策过程的决策总步数为 T，则状态值函数 $V_\pi(s)$ 可定义为

$$V_\pi(s) = E_\pi\left[\sum_{t=0}^{T} \gamma^t R_t|S_t = s\right] \tag{6.7}$$

6.3.9 状态–动作值函数

强化学习智能体期望能够基于策略函数获得最大的累积回报。因此，智能体的策略函数输出的动作对应的期望累积回报应该越大越好，最优的动作对应期望累积回报最大的动作。在强化学习方法中，我们用状态–动作值函数 $Q(s,a)$ 表示智能体在状态 s 时选择动作 a 获得的期望累积回报。

基于累积回报 G_t 可以定义状态–动作值函数 $Q_\pi(s,a)$ 为

$$Q_\pi(s,a) = E_\pi[G_t|S_t = s, A_t = a] \tag{6.8}$$

其中：π 为智能体策略函数，$E[x]$ 表示期望。S_t 表示状态随机变量，s 表示状态随机变量的取值。A_t 表示动作随机变量，a 表示动作随机变量的取值。在 A_t 中，t 表示智能体当前时刻，下一个时刻的动作随机变量可以表示成 A_{t+1}。智能体在状态 s 下基于策略函数 π 输出动作 a，获得即时回报 R_t，并跳转到下一个状态 S_{t+1}。我们展开状态–动作值函数 $Q_\pi(s,a)$ 定义，可得到

$$Q_\pi(s,a) = E_\pi[R_t + \gamma R_{t+1} + \gamma^2 R_{t+2} + \gamma^3 R_{t+3} + \cdots|S_t = s, A_t = a] \tag{6.9}$$

强化学习的目标是训练智能体进行决策，以获得最大的累积回报。因此，强化学习的核心任务是学习一个策略函数。在状态–动作值函数基础上，我们能够简单地构建策略函数，即

$$\pi(s) = \arg\max_a Q_\pi(s,a) \tag{6.10}$$

公式说明，智能体在进行决策时会选择期望累积回报最大的动作来执行。策略函数可以隐式地用状态–动作值函数来表示。因此，如何有效地估计值函数显得尤为重要，而蒙特卡洛方法是常用的估计方法。

6.4 蒙特卡洛方法

蒙特卡洛方法可以用来估计状态值函数和状态–动作值函数[114]。在一些复杂决策问题之中，环境模型并没有状态转移函数或者没有严格定义的状态转移动力学模型。智能体只能通过与环境交互来采集经验样本数据。因此，一些复杂决策问题对应的马尔可夫决策过程没有状态转移函数模型，强化学习方法通过采样，估计值函数或者策略函数。

6.4.1　蒙特卡洛采样

在蒙特卡洛方法中，智能体通过采样得到一些完整的轨迹 τ（Trajectory 或 Episode），具体可以表示为

$$
\begin{aligned}
&\text{Trajectory 1}: \langle s, a_1, r_1, s_{11}, a_{11}, r_{11}, .., s_{1T}, a_{1T}, r_{1T} \rangle \\
&\text{Trajectory 2}: \langle s, a_2, r_2, s_{21}, a_{21}, r_{21}, .., s_{2T}, a_{2T}, r_{2T} \rangle \\
&\qquad\qquad \vdots \\
&\text{Trajectory } n: \langle s, a_n, r_n, s_{n1}, a_{n1}, r_{n1}, .., s_{nT}, a_{nT}, r_{nT} \rangle
\end{aligned}
\tag{6.11}
$$

上述轨迹集合都是智能体从状态 s 出发进行 n 次随机采样，获得 n 条完整的轨迹集合。

6.4.2　状态值函数估计

状态值函数 $V_\pi(s)$ 度量在状态 s 下智能体能获得的期望累积回报。因此，需要收集智能体从状态 s 开始的轨迹数据 τ。基于经验数据集 τ，可直接计算轨迹 τ 的累积回报 G_τ，以此估计状态值函数，具体推导过程为

$$
\begin{aligned}
V_\pi(s) &= E_\pi[G_t | S_t = s, t = 0] \\
&= E_\pi[R_t + \gamma R_{t+1} + \gamma^2 R_{t+2} + \gamma^3 R_{t+3} + \cdots + \gamma^T R_{t+T} | S_t = s, t = 0] \\
&= E_\pi\left[\sum_{k=0}^{T} \gamma^k R_{t+k} | S_t = s, t = 0 \right] \\
&\approx \frac{1}{n} \sum_\tau [\sum_{k=0}^{T} \gamma^k r_{\tau, t+k} | S_t = s, t = 0] \\
&\approx \frac{1}{n} \sum_\tau G_\tau
\end{aligned}
\tag{6.12}
$$

其中：n 为采样的轨迹 τ 样本数量，所有的轨迹 τ 都满足 $S_0 = s$。为了估计状态 $S_0 = s$ 的期望累积回报，智能体从状态 $S_0 = s$ 出发，重复采样 n 次，获得 n 条轨迹样本数据。

6.4.3　状态–动作值函数估计

同样，可采用蒙特卡洛方法估计状态–动作值函数 $Q_\pi(s, a)$。状态–动作值函数 $Q_\pi(s, a)$ 与状态值函数 $V_\pi(s)$ 的差异在于输入参数包含动作 a 和状态 s。状态–动作值函数 $Q_\pi(s, a)$ 度量智能体在状态 s 下选择动作 a 能获得的期望累积回报。因此，需要收集状态 s 下智能

体作出动作 a 后的轨迹数据，具体表示为

$$\text{Trajectory } 1 : \langle s, a, r_1, s_{11}, a_{11}, r_{11}, .., s_{1.}, a_{1.}, r_{1.} \rangle$$

$$\text{Trajectory } 2 : \langle s, a, r_2, s_{21}, a_{21}, r_{21}, .., s_{2.}, a_{2.}, r_{2.} \rangle$$

$$\vdots$$ (6.13)

$$\text{Trajectory } n : \langle s, a, r_n, s_{n1}, a_{n1}, r_{n1}, .., s_{n.}, a_{n.}, r_{n.} \rangle$$

由于环境状态转移函数 $P : \mathcal{S} \times \mathcal{A} \times \mathcal{S} \to [0,1]$ 是动态随机模型，特别是状态转移函数未知的情况下，蒙特卡洛采样是非常重要的方法。在相同的状态 s 和动作 a 情况下，不同轨迹中环境模型的下一个状态也有可能不一样。因此，环境模型的即时回报函数 $R : \mathcal{S} \times \mathcal{A} \times \mathcal{S} \to \mathcal{R}$ 反馈的即时回报也有可能不一样。在相同的状态 s 和动作 a 情况下，智能体可以重复采样，获得 n 个轨迹数据 τ。

基于经验数据集 τ，可直接计算每一条轨迹 τ 的累积回报 G_τ，并对状态–动作值函数 $Q_\pi(s,a)$ 进行估计，即

$$Q_\pi(s,a) = E_\pi[G_t | S_t = s, A_t = a]$$

$$= E_\pi[R_t + \gamma R_{t+1} + \gamma^2 R_{t+2} + \gamma^3 R_{t+3} + \cdots | S_t = s, A_t = a]$$

$$= E_\pi\left[\sum_{k=0}^{\infty} \gamma^k R_{t+k} | S_t = s, A_t = a\right]$$ (6.14)

$$\approx \frac{1}{n} \sum_{\tau}\left[\sum_{k=0}^{\infty} \gamma^k R_{t+k} | S_t = s, A_t = a, t = 0\right]$$

其中：n 表示智能体采样的轨迹 τ 的数量，所有的轨迹 τ 都满足 $S_0 = s$ 和 $A_0 = a$。在实际应用时，蒙特卡洛方法具有较好的效果，且简单易懂，直接从经验样本轨迹 τ 中统计状态 s 和动作 a 对应的累积回报值 G_i，其中 $i \in \{1, 2, ..., n\}$，说明相同的状态 s 和动作 a 情况下采样了 n 次，计算平均累积回报值，从而估计状态–动作值函数为

$$Q_\pi(s,a) = \frac{1}{n} \sum_{i=1}^{n} G_i$$ (6.15)

状态–动作值函数的估计公式（6.14）和式（6.15）是等价的，只是不同的表示形式。

6.4.4　值函数增量更新方法

由大数定理可知，蒙特卡洛估计是无偏估计。为了减小方差，必须增加采样量，即 n 必须很大。样本数量越多，估计越准确，越逼近真实值，误差越小。一般不方便将所有的 n

个轨迹采样完成后，再计算各个轨迹的累积回报，然后求均值，作为值函数的估计值。在实际应用蒙特卡洛方法时，轨迹数据的采样难度大，值函数更新速度较低，学习效率较低。因此，一般情况下，我们使用在线增量更新的方式，具体计算过程表示为

$$
\begin{aligned}
V_n(s) &= \frac{1}{n}\sum_{i=1}^{n} G_i \\
&= \frac{1}{n}\sum_{i=1}^{n-1} G_i + \frac{1}{n}G_n \\
&= \frac{1}{n}(n-1)\frac{1}{(n-1)}\sum_{i=1}^{n-1} G_i + \frac{1}{n}G_n \\
&= \frac{1}{n}(n-1)V_{n-1}(s) + \frac{1}{n}G_n \\
&= V_{n-1}(s) + \frac{1}{n}(G_n - V_{n-1}(s))
\end{aligned}
\tag{6.16}
$$

增量更新公式推导过程表明，状态 s 的值函数无须在 n 条轨迹都采样完成后再更新。每次采样一条轨迹后都可以及时更新状态值函数，将前一次的平均值 $V_{n-1}(s)$ 加上 $\frac{1}{n}(G_n - V_{n-1})$ 即可。随着采样次数的增加，由于系数 $\frac{1}{n}$ 随着 n 增大越来越小，后期采样轨迹的累积回报值对状态值函数 $V(s)$ 的估计均值的影响也越来越小。

在实际应用中，蒙特卡洛方法估计状态值函数 $V(s)$，一般采用状态值函数 $V(s)$ 的更新公式为

$$
V_n(s) = V_{n-1}(s) + \alpha(G_n - V_{n-1}(s))
\tag{6.17}
$$

其中，参数 α 类似于机器学习中常用的学习率超参数，展开公式可得

$$
\begin{aligned}
V_n(s) &= \alpha G_n + (1-\alpha)V_{n-1}(s) \\
&= \alpha G_n + (1-\alpha)(\alpha G_{n-1} + (1-\alpha)V_{n-2}(s)) \\
&= \alpha G_n + \alpha(1-\alpha)G_{n-1} + (1-\alpha)^2 V_{n-2}(s) \\
&= \alpha G_n + \alpha(1-\alpha)G_{n-1} + (1-\alpha)^2(\alpha G_{n-2} + (1-\alpha)V_{n-3}(s)) \\
&= \alpha G_n + \alpha(1-\alpha)G_{n-1} + \alpha(1-\alpha)^2 G_{n-2} + (1-\alpha)^3 V_{n-3}(s)
\end{aligned}
\tag{6.18}
$$

由式（6.18）推导可知，采样的累积回报具有不同的权重，与原始定义具有一定区别。在状态值函数的原始估算公式（6.16）中，每一条经验轨迹样本的累积回报 G_i 是等权重的。

同样，蒙特卡洛方法估计状态–动作值函数 $Q(s,a)$ 时，也采用状态–动作值函数 $Q(s,a)$

的增量更新公式为

$$Q_n(s,a) = Q_{n-1}(s,a) + \alpha(G_n - Q_{n-1}(s,a)) \tag{6.19}$$

其中：参数 α 为模型参数更新的学习率。学习率 α 直接决定模型参数更新的快慢，同时也影响模型训练的稳定性。

6.4.5　蒙特卡洛强化学习伪代码

综上所述，在马尔可夫决策过程的模型框架下，结合智能体模型、值函数、蒙特卡洛方法、增量更新方法等基础知识，给出蒙特卡洛强化学习算法伪代码，如 Algorithm 2所示 [114]。

Algorithm 2: 蒙特卡洛强化学习算法伪代码

Input: 马尔可夫决策过程模型，状态空间 $\mathcal{S}$，动作空间 $\mathcal{A}$，折扣系数 γ，以及环境模型 Env（包含状态转移函数和即时回报函数模块），初始化的状态–动作值函数 $Q(s,a) = 0$，智能体采样策略为 ϵ–贪心策略

Output: 最优策略 π^*

1　**for** $k = 0, 1, 2, 3, 4, 5, ...$ **do**

2　　% 采用 ϵ–贪心策略生成轨迹

3

$$\pi(s,a) = \begin{cases} 1 - \epsilon + \dfrac{\epsilon}{|\mathcal{A}|}, & a = \arg\max_a Q(s,a) \\ \dfrac{\epsilon}{|\mathcal{A}|}, & a \neq \arg\max_a Q(s,a) \end{cases} \tag{6.20}$$

　　ϵ–贪心策略生成的轨迹样本表示为

$$\langle s_0, a_0, r_0, s_1, a_1, r_1, .., s_T, a_T, r_T \rangle \tag{6.21}$$

　　for $t = 0, 1, 2, 3, 4, ..., T$ **do**

4　　　$G_t = \sum_{k=t}^{T} \gamma^{k-t} r_k$

5　　　$Q(s_t, a_t) \leftarrow Q(s_t, a_t) + \alpha(G_t - Q(s_t, a_t))$

6　% 计算最优策略

7　**for** $s \in \mathcal{S}$ **do**

8　　$\pi^*(s) = \arg\max_a Q(s,a)$

蒙特卡洛强化学习算法伪代码 Algorithm 2包含算法输入数据、输出策略和算法核心计算流程。蒙特卡洛强化学习算法建立在马尔可夫决策过程模型基础之上，将状态空间 $\mathcal{S}$、动作空间 $\mathcal{A}$、折扣系数 γ，以及环境模型 Env（包含状态转移和即时回报模块）作为算法输入。蒙特卡洛强化学习算法输出为最优化策略函数 π^*。在算法初始化过程中，状态–动作值函数 $Q(s,a)$ 都设置为 0。智能体采样策略为 ϵ–贪心策略，具体策略函数表示如式 6.20。

在算法运行之初，智能体的状态–动作值函数 $Q(s,a)$ 都始化为 0，因此 ϵ–贪心策略近似为随机策略，每个动作都具有相同的概率。随着状态–动作值函数 $Q(s,a)$ 的更新，ϵ–贪心

策略以概率 $1-\epsilon$ 选择状态–动作值函数 $Q(s,a)$ 最大的动作；而以概率 ϵ 随机选择动作。动作空间中智能体动作的数量为 $|\mathcal{A}|$，因此每个动作被随机选择的概率为 $\dfrac{\epsilon}{|\mathcal{A}|}$，其中也包括状态–动作值函数 $Q(s,a)$ 最大的动作 $a = \arg\max_a Q(s,a)$。因此，状态–动作值函数 $Q(s,a)$ 最大的动作 $a = \arg\max_a Q(s,a)$ 被选择的概率为 $1-\epsilon+\dfrac{\epsilon}{|\mathcal{A}|}$。

智能体基于 ϵ–贪心策略采样生成轨迹样本可表示为

$$\langle s_0, a_0, r_0, s_1, a_1, r_1, .., s_T, a_T, r_T \rangle \tag{6.22}$$

在实际计算过程中，一条完整的轨迹样本并非只计算整个轨迹的累积回报，可以将完整轨迹进行拆分，表示如下：

$$\langle s_1, a_1, r_1, .., s_T, a_T, r_T \rangle$$

$$\langle s_2, a_2, r_2, .., s_T, a_T, r_T \rangle$$

$$\vdots \tag{6.23}$$

$$\langle s_T, a_T, r_T \rangle$$

拆分后的轨迹同样是一条条完整的经验轨迹数据，因为智能体都到达了终止状态。我们可以更新轨迹中出现的所有状态的动作值函数。此番操作提高了经验样本数据的使用效率，进而提高策略函数的更新效率。我们可以针对每一条拆分后的轨迹计算状态 s_t 和动作 a_t 的累积收益回报，即

$$G_t = \sum_{k=t}^{T} \gamma^{k-t} r_k \tag{6.24}$$

状态 s_t 和动作 a_t 的状态–动作值函数 $Q(s_t, a_t)$ 更新为

$$Q(s_t, a_t) \leftarrow Q(s_t, a_t) + \alpha(G_t - Q(s_t, a_t)) \tag{6.25}$$

状态–动作值函数 $Q(s_t, a_t)$ 迭代更新，智能体基于更新后的状态–动作值函数 $Q(s,a)$ 和 ϵ–贪心策略重新采样生成轨迹样本，然后重新更新状态–动作值函数 $Q(s,a)$，直至状态–动作值函数 $Q(s,a)$ 收敛，最终算法输出策略函数：$\pi^*(s) = \arg\max_a Q(s,a)$。

6.5　时序差分学习

蒙特卡洛方法具有较多良好的性质，如简单、直接且算法容易实现。但是，蒙特卡洛方法也存在较多缺点，如方差较大、算法不稳定。在强化学习应用场景中，很多情况下完整采样轨迹难度较大，且非常耗费时间资源、空间资源和计算资源。

6.5.1 时序差分简介

蒙特卡洛方法通过一定的设计和数据处理能够采样一次完整轨迹就更新一次值函数。但是，如果每采样一步（无须采样完整轨迹）就能更新值函数，那么算法效率将更高。因此，Sutton教授等人提出了时序差分学习（Temporal-Difference Learning，TD learning）[129]。时序差分学习采用自举（Bootstrapping）方法，即用估计值来估计并更新自身的数值。时序差分学习方法的状态值函数更新公式表示如下：

$$
\begin{aligned}
V_\pi(s) &= E_\pi[R_t + \gamma R_{t+1} + \gamma^2 R_{t+2} + \gamma^3 R_{t+3} + ...|S_t = s] \\
&= E_\pi[R_t + \gamma(R_{t+1} + \gamma R_{t+2} + \gamma^2 R_{t+3} + ...)|S_t = s] \\
&= E_\pi[R_t + \gamma G_{t+1}|S_t = s] \\
&= E_\pi[R_t + \gamma V_\pi(S_{t+1})|S_t = s]
\end{aligned}
\tag{6.26}
$$

在时序差分学习方法的状态值函数更新公式中，为了估计状态 s 的值函数 $V_\pi(s)$，公式右边出现了下一个状态 S_{t+1} 的状态值 $V_\pi(S_{t+1})$。因此，时序差分学习方法用状态值函数 $V_\pi(s)$ 估计状态值函数 $V_\pi(s)$ 自身，这就是自举。公式中大写字母对应随机变量，小写字母对应随机变量的取值。

时序差分学习方法的最大特点是采用自举方法，不需要采样完整的轨迹数据，只需要采样轨迹中智能体一步样本数据就能够更新状态值函数，从而提高状态值函数 $V_\pi(s)$ 的学习效率。但是，因为策略 π 随着状态值函数的更新一直在变化，因此时序差分学习方法估计出来的状态值函数不一定是无偏估计。

基于同样的思路，也可以用时序差分学习方法估计状态–动作值函数，具体表示如下

$$
\begin{aligned}
Q_\pi(s,a) &= E_\pi[R_t + \gamma R_{t+1} + \gamma^2 R_{t+2} + \gamma^3 R_{t+3} + ...|S_t = s, A_t = a] \\
&= E_\pi[R_t + \gamma(R_{t+1} + \gamma^1 R_{t+2} + \gamma^2 R_{t+3} + ...)|S_t = s, A_t = a] \\
&= E_\pi[R_t + \gamma G_{t+1}|S_t = s, A_t = a] \\
&= E_\pi[R_t + \gamma Q_\pi(S_{t+1})|S_t = s, A_t = a]
\end{aligned}
\tag{6.27}
$$

在公式中，G_{t+1} 的期望值用动作–状态值函数 $Q_\pi(S_{t+1})$ 替换，大写字母 S_{t+1} 为随机变量，小写字母为随机变量的取值。蒙特卡洛方法需要完整的轨迹数据，时序差分学习方法不需要智能体与环境交互到终止状态，就可以及时更新状态值函数 $V_\pi(s)$ 或者状态–动作值函数 $Q_\pi(s,a)$。在强化学习算法中，两类重要的时序差分学习方法是 Q–learning 算法和 SARSA 算法 [129]。

6.5.2 Q–learning 算法简介

强化学习 Q–learning 算法目标是学习最优化策略函数 π^*，算法核心任务是估计状态–动作值函数 $Q(s,a)$。Q–learning 算法的输入包括状态空间 $\mathcal{S}$、动作空间 $\mathcal{A}$、折扣系数 γ，以及环境模型 Env 的其他参数。同样，Q–learning 算法模型的整体框架为马尔可夫决策过程。在 Q–learning 算法初始化过程中，状态–动作值函数 $Q(s,a)=0$。因此，在给定的状态下所有动作值都是一样的，等价于初始采样策略为随机策略，即

$$\pi(a|s) = \frac{1}{|\mathcal{A}|} \tag{6.28}$$

随机策略中 $|A|$ 表示动作空间的大小，即动作数量。在 Q–learning 算法之初，智能体通过随机策略与环境交互，获得经验样本数据，然后更新状态–动作值函数 $Q(s,a)$，Q–learning 算法的状态–动作值函数更新公式为

$$Q(s,a) \leftarrow Q(s,a) + \alpha(y - Q(s,a)) \tag{6.29}$$

其中，y 一般称作 TD 目标值，即表示状态–动作值函数 $Q(s,a)$ 的更新目标或者逼近目标，具体表示为

$$y = r + \gamma \max_{a'} Q(s',a') \tag{6.30}$$

其中，r 表示智能体在状态 s 下采取动作 a 的即时回报值，s' 表示状态 s 下采取动作 a 后环境返回的下一个状态。更新公式中即时回报 r 和下一个状态 s' 都是环境模型返回的信息。因此，智能体只需要与环境交互进行采样，就能够获得经验数据

$$\langle s', a', r \rangle$$

并对状态–动作值函数 $Q(s,a)$ 进行迭代更新。

在 Q–learning 算法状态–动作值函数 $Q(s,a)$ 的更新公式中，$\max_{a'} Q(s',a')$ 为 Q–learning 算法的核心操作。时序差分学习方法不用采样完整的路径后再更新状态–动作值函数。因为没有完整的轨迹，就无法计算状态和动作的累积回报值。因此，我们需要估计下一个状态 s' 的价值，此时只能依赖现有的状态–动作值函数 $Q(s',a')$ 来进行估计。Q–learning 算法选择状态 s' 下可选择动作中 $Q(s',a')$ 值最大的动作所对应的状态–动作值来估计状态 s' 的价值。

需要强调的是，智能体并不需要真正执行动作 $\arg\max_{a'} Q(s',a')$。在实际应用中，算法将所有动作代入当前阶段的状态–动作值函数 $Q(s',a')$，遍历所有的动作后，计算所有动作的状态–动作值函数，选择一个最大数值 $\max_{a'} Q(s',a')$ 来更新状态–动作值函数 $Q(s,a)$。Q–learning 算法中 $\arg\max_{a'} Q(s',a')$ 是假想的动作，智能体不需要真正执行。

时序差分学习方法的状态–动作值函数的估计需要通过采样经验数据来完成，Q–learning 算法采样过程与蒙特卡洛方法一样，只是基于样本数据的状态–动作值函数更新过程不一样。在时序差分方法中，每采样一步后就更新状态值函数，其中 Q–learning 方法是经典的时序差分学习方法，具体伪代码如 Algorithm 3所示 [114]。

6.5.3 Q–learning 算法伪代码

在强化学习 Q-learning 算法的轨迹数据采样过程中，策略函数的优劣直接决定采样样本的质量。因此为了增加采样样本的多样性，智能体的策略函数采用 ϵ-贪心策略：

$$\pi(s,a) = \begin{cases} 1 - \epsilon + \dfrac{\epsilon}{|\mathcal{A}|}, & a = \arg\max_a Q(s,a) \\ \dfrac{\epsilon}{|\mathcal{A}|}, & a \neq \arg\max_a Q(s,a) \end{cases} \tag{6.31}$$

在算法运行之初，智能体采样策略为随机策略，即对应 $\epsilon = 1$，智能体完全随机地从动作空间采样。随着状态-动作值函数 $Q(s,a)$ 更新的迭代运行，可以将 ϵ 数值进行衰减，减小至 ϵ 的最小值 $\epsilon_{\min}$ 后不再变化，使得采样过程始终保持一定的随机性，增加样本的多样性，增强强化学习智能体的探索能力。

Algorithm 3: 时序差分 Q–learning 算法的伪代码

Input: 状态空间 $\mathcal{S}$，动作空间 $\mathcal{A}$，折扣系数 γ，以及环境模型 Env（包含状态转移函数和即时回报函数模块），初始化的状态-动作值函数 $Q(s,a) = 0$，初始采样策略为随机策略 $\pi(a|s) = \dfrac{1}{|\mathcal{A}|}$。

Output: 最优策略 π^*

1   **for** $k = 0, 1, 2, 3, 4, 5, \ldots$ **do**
2   % 每次循环针对一条轨迹
3   初始化状态 s
4   **for** $t = 0, 1, 2, 3, 4, \ldots, T$ **do**
5   % 采用 ϵ-贪心策略为
6

$$\pi(s,a) = \begin{cases} 1 - \epsilon + \dfrac{\epsilon}{|\mathcal{A}|}, & a = \arg\max_a Q(s,a) \\ \dfrac{\epsilon}{|\mathcal{A}|}, & a \neq \arg\max_a Q(s,a) \end{cases} \tag{6.32}$$

产生一步轨迹为

7

$$\langle s, a, r, s' \rangle \tag{6.33}$$

其中，a 是基于 ϵ-贪心策略产生的动作，r 是环境模型返回的即时回报，s' 是环境模型返回的下一个状态。更新状态-动作值函数 $Q(s,a)$ 为

$$Q(s,a) \leftarrow Q(s,a) + \alpha(r + \gamma \max_{a'} Q(s',a') - Q(s,a)) \tag{6.34}$$

智能体进入下一个状态 $s = s'$
8   **if** s 为终止状态 **then**
9   开始下一条轨迹采样

10 % 计算最优策略
11 **for** $s \in \mathcal{S}$ **do**
12   $\pi^*(s) = \arg\max_a Q(s,a)$

将 Q–learning 算法中智能体产生的一步轨迹表示成 $\langle s,a,r,s' \rangle$，a 是智能体基于 ϵ–贪心策略产生的动作，r 是环境模型返回的即时回报，s' 是环境模型返回的下一个状态。更新状态–动作值函数 $Q(s,a)$ 为

$$Q(s,a) \leftarrow Q(s,a) + \alpha(r + \gamma \max_{a'} Q(s',a') - Q(s,a)) \tag{6.35}$$

当状态–动作值函数 $Q(s,a)$ 更新后，智能体进入下一个状态 $s = s'$，重新采用 ϵ–贪心策略，采样新的一步轨迹 $\langle s,a,r,s' \rangle$，循环采样，迭代更新状态–动作值函数 $Q(s,a)$，直至状态–动作值函数 $Q(s,a)$ 收敛，最终 Q–learning 算法输出策略函数为

$$\pi^*(s) = \arg\max_a Q(s,a) \tag{6.36}$$

6.5.4 SARSA 算法简介

Q–learning 算法估计状态–动作值函数，采用自举方法。在更新状态–动作值函数时，Q–learning 算法使用动作

$$a^* = \arg\max_{a'} Q(s',a')$$

对应的状态–动作值 $Q(s, \arg\max_{a'} Q(s',a'))$ 来估计状态–动作值函数，存在过估计（Overestimation）问题。与 Q–learning 算法类似，时序差分学习方法中的 SARSA 算法也大量应用在复杂决策问题之中，是强化学习经典算法。

在 SARSA 算法中，智能体基于 ϵ–贪心策略产生一步轨迹数据

$$\langle s,a,r,s',a' \rangle$$

一步轨迹数据中，a 是基于 ϵ–贪心策略产生的动作。r 是环境模型返回的即时奖励。s' 是环境模型返回的下一个状态。a' 是智能体在状态 s' 下基于 ϵ–贪心策略产生的下一个动作。SARSA 算法运用一步轨迹数据 $\langle s,a,r,s',a' \rangle$ 更新状态–动作值函数为

$$Q(s,a) \leftarrow Q(s,a) + \alpha(r + \gamma Q(s',a') - Q(s,a)) \tag{6.37}$$

完成一次更新后，智能体进入下一个状态 $s = s'$，同时 $a = a'$。在 SARSA 算法中，智能体基于 ϵ–贪心策略产生新的一步轨迹数据 $\langle s,a,r,s',a' \rangle$。循环迭代更新状态–动作值函数 $Q(s,a)$，直至状态–动作值函数 $Q(s,a)$ 收敛，并达到最优，最终算法输出策略函数为

$$\pi^*(s) = \arg\max_a Q(s,a) \tag{6.38}$$

SARSA 算法具体流程如伪代码 Algorithm 4所示 [114]。

6.5.5 SARSA 算法伪代码

Algorithm 4是时序差分学习算法 SARSA 的伪代码。

Algorithm 4: 时序差分学习 SARSA 算法伪代码

Input: 状态空间 $\mathcal{S}$，动作空间 $\mathcal{A}$，折扣系数 γ，以及环境 E，初始化的状态–动作值函数 $Q(s,a)=0$，初始化采样策略 $\pi(a|s)=\dfrac{1}{|A|}$

Output: 最优策略 π^*

1 **for** $k = 0, 1, 2, 3, 4, 5, ...$ **do**

2   % 每次循环针对一条轨迹

3   初始化状态 s

4   **for** $t = 0, 1, 2, 3, 4, ..., T$ **do**

5   % 采用 ϵ-贪心策略生成一步轨迹数据

6

$$\pi(s,a) = \begin{cases} 1 - \epsilon + \dfrac{\epsilon}{|\mathcal{A}|}, & a = \arg\max_a Q(s,a) \\ \dfrac{\epsilon}{|\mathcal{A}|}, & a \neq \arg\max_a Q(s,a) \end{cases} \tag{6.39}$$

         产生一步轨迹数据 $\langle s, a, r, s', a' \rangle$，其中 a 是基于 ϵ-贪心策略产生的动作，r 是获得的即时奖励。s' 是下一个状态，a' 是基于 ϵ-贪心策略产生的下一个状态和动作。

7   更新动作值函数：

$$Q(s,a) \leftarrow Q(s,a) + \alpha(r + \gamma Q(s',a') - Q(s,a)) \tag{6.40}$$

         智能体进入下一个状态 $s = s'$ 以及 $a = a'$

8   **if** s 为终止状态 **then**

9   开始下一条轨迹采样

10 % 计算最优策略

11 **for** $s \in \mathcal{S}$ **do**

12

$$\pi^*(s) = \arg\max_a Q(s,a) \tag{6.41}$$

6.5.6 SARSA 与 Q–learning 对比分析

SARSA 算法与 Q–learning 算法都是经典的时序差分学习算法，两个算法非常类似，大部分代码相同。我们为了算法完整性和便于理解，在伪代码 Algorithm 3 和 Algorithm 4 中没有做省略处理。SARSA 算法与 Q–learning 算法的主要区别在于 SARSA 算法的状态–动作值更新公式为

$$Q(s,a) \leftarrow Q(s,a) + \alpha(\underbrace{r + \gamma Q(s',a')}_{\text{Execute}} - Q(s,a)) \tag{6.42}$$

公式中，在计算 TD 目标时，智能体基于当前策略采样动作 a'，并且执行（Execute）。而 Q–learning 算法中，状态–动作值更新公式为

$$Q(s,a) \leftarrow Q(s,a) + \alpha(\underbrace{r + \gamma \max_{a'} Q(s',a')}_{\text{Imagine}} - Q(s,a)) \tag{6.43}$$

在计算 TD 目标时，会基于当前状态–动作值函数 $Q(s',a')$，选择 $Q(s',a')$ 的最大值更新状态–动作值函数，无须执行对应动作 $\arg\max_{a'} Q(s',a')$，可认为是假想（Imagine）执行了动作，获得对应的状态–动作值。

6.6 策略梯度方法

在强化学习算法中，经典的 SARSA 算法与 Q–learning 算法的核心任务都是更新状态–动作值函数 $Q(s,a)$，采用蒙特卡洛方法的强化学习算法主要任务也是估计状态值函数 $V(s)$。因此三类强化学习算法都属于值函数方法。与之对应，强化学习算法中另一类算法是策略梯度方法，此类方法直接优化策略函数[114]。在科学研究和工程应用领域，策略梯度方法有着广泛的应用。

6.6.1 轨迹概率

在强化学习方法中，值函数方法应用广泛，通过值函数可以构建最优化策略函数。强化学习方法可以分成值函数方法和策略函数方法。策略函数方法一般可采用策略梯度算法进行策略函数的学习和更新。同样，智能体通过与环境交互，获得一个经验轨迹为

$$\tau = \{s_0, a_0, r_0, s_1, a_1, r_1, s_2, a_2, r_2, \cdots, s_T, a_T, r_T\} \tag{6.44}$$

轨迹 τ 的折扣累积回报为

$$R(\tau) = \sum_{t=0}^{T} \gamma^t r_t \tag{6.45}$$

强化学习算法的基础模型是马尔可夫决策过程。基于马尔可夫过程假设，我们可以计算轨迹 τ 发生的概率为

$$p_{\boldsymbol{\theta}}(\tau) = p(s_0)\pi_{\boldsymbol{\theta}}(a_0|s_0)p(s_1|s_0,a_0)\pi_{\boldsymbol{\theta}}(a_1|s_1)p(s_2|s_1,a_1)\cdots$$
$$= p(s_0)\prod_{t=0}^{T}\pi_{\boldsymbol{\theta}}(a_t|s_t)p(s_{t+1}|s_t,a_t) \tag{6.46}$$

其中：$p(s_{i+1}|s_i,a_i)$ 为环境状态转移函数，表示环境模型在状态 s_i 时，接收到智能体动作 a_i 后，环境状态转移到新状态 s_{i+1} 的概率值。强化学习智能体进行轨迹采样时，可以认为从分布 $p(s_0)$ 中随机采样获得初始状态 s_0。在轨迹 τ 发生的概率 $p_{\boldsymbol{\theta}}(\tau)$ 公式中，$\pi_{\boldsymbol{\theta}}(a_i|s_i)$ 为策略函数，表示智能体在状态 s_i 时选择动作 a_i 的概率。

策略函数 $\pi_{\boldsymbol{\theta}}(a_i|s_i)$ 的参数为 $\boldsymbol{\theta}$，策略函数形式多样，如线性函数模型、非线性函数模型、核函数模型、前馈神经网络模型、卷积神经网络模型或图神经网络模型等。在理论分析中，轨迹 τ 发生概率 $p_{\boldsymbol{\theta}}(\tau)$ 的计算公式中连乘函数可取对数，转化为求和函数，即

$$\log p_{\boldsymbol{\theta}}(\tau) = \log p(s_0) + \sum_{t=1}^{T}\log \pi_{\boldsymbol{\theta}}(a_t|s_t) + \sum_{t=1}^{T}\log p(s_{t+1}|s_t,a_t) \tag{6.47}$$

6.6.2 策略梯度

策略函数 $\pi_{\boldsymbol{\theta}}(a_i|s_i)$ 的更新直接影响轨迹 τ 的发生概率。可以计算轨迹 τ 的发生概率对策略函数参数 $\boldsymbol{\theta}$ 的梯度 $\nabla \log p_{\boldsymbol{\theta}}(\tau)$，即

$$
\begin{aligned}
\nabla \log p_{\boldsymbol{\theta}}(\tau) &= \nabla \left(\log p(s_0) + \sum_{t=1}^{T} \log \pi_{\boldsymbol{\theta}}(a_t|s_t) + \sum_{t=1}^{T} \log p(s_{t+1}|s_t, a_t) \right) \\
&= \nabla \log p(s_0) + \nabla \sum_{t=1}^{T} \log \pi_{\boldsymbol{\theta}}(a_t|s_t) + \nabla \sum_{t=1}^{T} \log p(s_{t+1}|s_t, a_t) \\
&= \nabla \sum_{t=1}^{T} \log \pi_{\boldsymbol{\theta}}(a_t|s_t) \\
&= \sum_{t=1}^{T} \nabla \log \pi_{\boldsymbol{\theta}}(a_t|s_t)
\end{aligned}
\tag{6.48}
$$

在公式推导过程中，消除了其他项，只留下与策略函数参数 $\boldsymbol{\theta}$ 相关的项 $\nabla \log \pi_{\boldsymbol{\theta}}(a_t|s_t)$。因为状态概率分布函数 $p(s_0)$ 和策略函数参数 $\boldsymbol{\theta}$ 无关，同时状态转移函数 $p(s_{i+1}|s_i, a_i)$ 和策略函数参数 $\boldsymbol{\theta}$ 也无关，因此，我们有

$$
\nabla_{\boldsymbol{\theta}} \log p(s_0) = 0
\tag{6.49}
$$

以及

$$
\nabla_{\boldsymbol{\theta}} \sum_{t=1}^{T} \log p(s_{t+1}|s_t, a_t) = 0
\tag{6.50}
$$

通过理论分析后，复杂的概率计算问题和梯度计算问题变得相对简单，有利于进一步理论分析和计算实验。

6.6.3 目标函数

强化学习算法的目标是训练和学习策略函数，而策略函数的更新目标是使得智能体与环境交互过程中获得最大的累积回报。优化策略函数需要大量的经验轨迹数据。因此，智能体需要与环境交互得到大量的轨迹数据。针对每一条轨迹 τ 可以计算对应的累积收益，最优策略应该使得智能体每一次轨迹采样过程都能够获得最优化的累积收益。因此，目标函数可以设定为所有轨迹的期望累积收益表示为

$$
J_{\boldsymbol{\theta}} = \sum_{\tau} R(\tau) p_{\boldsymbol{\theta}}(\tau)
\tag{6.51}
$$

公式中，$R(\tau)$ 表示轨迹 τ 的累积回报，$p_{\boldsymbol{\theta}}(\tau)$ 表示轨迹 τ 发生的概率。策略梯度算法的目标就是找到最优化的策略函数参数 $\boldsymbol{\theta}^*$，即最优策略 $\pi_{\boldsymbol{\theta}^*}$，使得期望累积收益 $J_{\boldsymbol{\theta}^*}$ 最大，满足

$$\pi_{\boldsymbol{\theta}^*} = \arg\max_{\pi_{\boldsymbol{\theta}}} \sum_{\tau} R(\tau)p_{\boldsymbol{\theta}}(\tau) \tag{6.52}$$

策略梯度方法直接对目标函数 $J_{\boldsymbol{\theta}}$ 求梯度，可得

$$
\begin{aligned}
\boldsymbol{\nabla} J_{\boldsymbol{\theta}} &= \sum_{\tau} R(\tau)\boldsymbol{\nabla} p_{\boldsymbol{\theta}}(\tau) \\
&= \sum_{\tau} R(\tau)p_{\boldsymbol{\theta}}(\tau)\frac{\boldsymbol{\nabla} p_{\boldsymbol{\theta}}(\tau)}{p_{\boldsymbol{\theta}}(\tau)} \\
&= \sum_{\tau} R(\tau)p_{\boldsymbol{\theta}}(\tau)\boldsymbol{\nabla}\log p_{\boldsymbol{\theta}}(\tau) \\
&= E_{\tau\sim p_{\boldsymbol{\theta}}(\tau)}\left[R(\tau)\boldsymbol{\nabla}\log p_{\boldsymbol{\theta}}(\tau)\right]
\end{aligned} \tag{6.53}
$$

其中，用等式 $\boldsymbol{\nabla} p_{\boldsymbol{\theta}}(\tau) = p_{\boldsymbol{\theta}}(\tau)\boldsymbol{\nabla}\log p_{\boldsymbol{\theta}}(\tau)$ 进行了替换。因为 $\nabla\log p_{\boldsymbol{\theta}}(\tau) = \dfrac{\nabla p_{\boldsymbol{\theta}}(\tau)}{p_{\boldsymbol{\theta}}(\tau)}$，此番操作是强化学习策略梯度分析中比较关键的技巧。在策略梯度算法中，策略函数梯度计算可以通过蒙特卡洛采样进行估计

$$
\begin{aligned}
\boldsymbol{\nabla} J_{\boldsymbol{\theta}} &= E_{\tau\sim p_{\boldsymbol{\theta}}(\tau)}\left[R(\tau)\boldsymbol{\nabla}\log p_{\boldsymbol{\theta}}(\tau)\right] \\
&\approx \frac{1}{N}\sum_{n=1}^{N} R\left(\tau^n\right)\boldsymbol{\nabla}\log p_{\boldsymbol{\theta}}\left(\tau^n\right)
\end{aligned} \tag{6.54}
$$

或者

$$
\begin{aligned}
\boldsymbol{\nabla} J_{\boldsymbol{\theta}} &= E_{\tau\sim p_{\boldsymbol{\theta}}(\tau)}\left[R(\tau)\boldsymbol{\nabla}\log p_{\boldsymbol{\theta}}(\tau)\right] \\
&\approx \frac{1}{N}\sum_{n=1}^{N}\sum_{t=1}^{T_n} R\left(\tau^n\right)\boldsymbol{\nabla}\log p_{\boldsymbol{\theta}}\left(a_t^n|s_t^n\right)
\end{aligned} \tag{6.55}
$$

在策略梯度算法中，运用梯度上升对策略函数参数进行更新，具体更新公式可写作

$$\boldsymbol{\theta} \leftarrow \boldsymbol{\theta} + \alpha\boldsymbol{\nabla} J_{\boldsymbol{\theta}} \tag{6.56}$$

其中：参数 α 为学习率，决定策略函数参数的更新速率，是强化学习算法中重要超参数。

6.6.4　蒙特卡洛策略梯度算法

在强化学习策略梯度算法中，REINFORCE 算法又称作蒙特卡洛策略梯度算法。智能体与环境交互过程中需要循环交互获得一条完整轨迹，然后计算轨迹的累积收益，作为梯度更新的权重。策略函数参数更新公式表示为

$$\boldsymbol{\theta} \leftarrow \boldsymbol{\theta} + \alpha G_t\boldsymbol{\nabla}\log\pi_{\boldsymbol{\theta}}\left(a_t|s_t\right) \tag{6.57}$$

REINFORCE 算法最大化累积收益 $J_{\boldsymbol{\theta}}$（目标函数），运用梯度上升更新策略函数 $\pi_{\boldsymbol{\theta}}(a|s)$ 的参数 $\boldsymbol{\theta}$，超参数 α 为学习率，G_t 为状态 s_t 和动作 a_t 对应的累积收益，可通过一条完整轨迹计算。智能体在状态 s_t 下将以更高的概率选择累积收益越大的动作 a_t。

6.6.5　REINFORCE 算法伪代码

Algorithm 5是蒙特卡洛策略梯度算法（REINFORCE 算法）的伪代码[114]。

Algorithm 5: 蒙特卡洛策略梯度算法（REINFORCE 算法）的伪代码

Input: 状态空间 $\mathcal{S}$，动作空间 $\mathcal{A}$，折扣系数 γ，以及环境模型 Env，可微分策略函数 $\pi_{\boldsymbol{\theta}}(a|s)$，$\alpha$ 为学习率

Output: 最优策略 π^*

1　初始化策略函数参数 $\boldsymbol{\theta}$
2　**for** $n = 0, 1, 2, 3, 4, 5, ...$ **do**
3　　% 每次循环针对一条轨迹
4　　初始化状态 s_0，生成一条轨迹：
5　
$$\tau = \{s_0, a_0, r_0, s_1, a_1, r_1, s_2, a_2, r_2, \cdots, s_T, a_T, r_T\} \tag{6.58}$$
　　for $t = 0, 1, 2, 3, 4, ..., T$ **do**
6　　　计算当前时间步开始到轨迹结束时累积回报 G_t：
7　
$$\boldsymbol{\theta} \leftarrow \boldsymbol{\theta} + \alpha G_t \nabla \log \pi_{\boldsymbol{\theta}}(a_t|s_t) \tag{6.59}$$
　　　if s 为终止状态 **then**
8　　　　开始下一条轨迹采样
9　　**if** $\boldsymbol{\theta}$ 收敛 **then**
10　　　停止迭代
11　返回最优参数 $\boldsymbol{\theta}$，并得到最优策略 π^*.

在蒙特卡洛策略梯度算法（REINFORCE 算法）的伪代码 Algorithm 5中，算法输入为状态空间 $\mathcal{S}$、动作空间 $\mathcal{A}$ 和折扣系数 γ，以及环境模型 Env 的其他参数。REINFORCE 算法主要模块为参数更新、策略函数梯度以及可微分策略函数 $\pi_{\boldsymbol{\theta}}(a|s)$。策略函数多种多样，可以根据不同复杂决策问题和环境模型进行选择，如线性函数、神经网络模型和图神经网络模型等。蒙特卡洛策略梯度算法基于策略梯度上升迭代优化策略函数 $\pi_{\boldsymbol{\theta}}(a|s)$ 的参数 $\boldsymbol{\theta}$，直至参数 $\boldsymbol{\theta}$ 收敛。

6.7　强化学习分类

强化学习方法众多，诸多算法之间存在相似性，同时也各有优劣。因为在强化学习算法发展和演化过程之中，各类算法之间相互学习，相互融通，相互借鉴，共同演化。为了

更深刻理解和分析强化学习方法，可对其进行简单分类，了解不同算法之间的异同，为实现强化学习算法、改进强化学习算法和设计新强化学习算法做准备。

强化学习方法一般可分为值函数方法和策略函数方法、On-policy 和 Off-policy 强化学习方法、Online 和 Offline 强化学习方法、Model-based 和 Model-free 强化学习方法等。

6.7.1 值函数方法和策略函数方法

强化学习方法可以分成值函数方法和策略函数方法，如 Q–learning 和 SARSA 属于值函数方法，REINFORCE 算法属于策略函数方法。值函数方法优化状态值函数或者状态–动作值函数，然后基于最优化的值函数生成最优化策略函数。策略梯度方法直接优化策略函数，采用策略梯度进行策略函数参数更新，最终直接得到最优化的策略函数。

6.7.2 On-policy 和 Off-policy 强化学习

强化学习方法也可以分成 On-policy 和 Off-policy 强化学习方法。如 Q–learning 属于 Off-policy 方法，而 SARSA 属于 On-policy 方法。我们将智能体与环境交互的策略叫作行为策略，智能体优化的策略叫作目标策略。On-policy 和 Off-policy 强化学习主要区别在于智能体与环境交互过程中所使用的行为策略是否为更新优化的目标策略。

Q–learning 属于 Off-policy 方法，行为策略为 ϵ–贪心策略，ϵ–贪心策略基于目标策略，但是，更新状态–动作值函数时智能体选择最大的状态–动作值进行更新。SARSA 属于 On-policy 方法，智能体基于当前策略函数真实地执行动作，以此计算更新的 TD 目标值，并更新状态–动作值函数。

6.7.3 Online 和 Offline 强化学习

强化学习也可以分成 Online 强化学习和 Offline 强化学习，两者主要区别是数据利用和采集。Offline 强化学习是近年来新的大力发展的领域，智能体无须与环境交互。智能体学习策略函数的样本数据来源于已经保存的历史经验数据。在 Online 强化学习中，智能体与环境交互，获得经验数据并更新策略函数，更新完后丢弃数据，重新采样新的轨迹样本数据。诸多类型的强化学习方法没有绝对的优劣之分，只是适用于不同的复杂环境问题。

6.7.4 Model-based 和 Model-free 强化学习

强化学习也可以分成基于模型的（Model-based）和无模型（Model-free）强化学习，主要区别在于智能体在学习最优化策略过程中是否使用模型进行规划和学习。一般而言，复杂系统中环境转移函数或回报函数是未知的，或是没有动力学方程等。经验数据只能通过智能体与环境进行交互获得，经典的 SARSA 算法与 Q–learning 算法都可以看作无模型（Model-free）强化学习方法。

在 Model-based 强化学习算法中，智能体除了与环境进行交互获得经验数据，还能够学习环境模型，并与学习到的环境模型进行交互，并获得模拟数据来更新策略。在围棋游戏中，环境模型就是围棋规则，是明确的且易于模拟。因此，智能体无须真实地采取行动也能够模拟对弈情况，进行规划。例如，围棋程序 AlphaGo 采用蒙特卡洛树搜索，确定最优动作，然后与环境交互，更加高效地采集高质量的样本数据，更新智能体的策略函数。

6.8 应用实践

强化学习涉及了很多概念，理解和掌握基础概念是学习强化学习和深度强化学习的基础。例如，我们需要深刻理解强化学习中状态、动作、即时奖励、状态转移、策略函数、值函数等概念。本节将分析一个简单的示例，在一个名为 Gridworld 的玩具环境模型中训练强化学习智能体。在强化学习中，网格世界经常被用作玩具模型，因为其简单性和可解释性，为入门强化学习提供了诸多合适的案例，具体如图6-1所示。

在现实应用场景中，强化学习系统两大核心模块分别为智能体和环境模型。智能体通过与环境进行交互获得经验数据，并训练智能体的策略函数。现实世界模型极其复杂，建模难度较大，因此对复杂环境进行抽象和简化是常用操作。环境模型的抽象和简化丢弃了部分现实世界信息，因此智能体训练完成后，实际部署和应用过程中容易出现泛化性较差的问题。因此，我们需要平衡环境模型的可行性和有效性，并反复尝试。图6-1所示的网格模型是对现实世界最极端的简化和抽象。

在网格世界中，应用强化学习解决决策问题，需要先将网格世界问题建模成马尔可夫决策过程，定义马尔可夫决策过程五元组：

- 状态空间
- 动作空间
- 即时奖励
- 状态转移
- 折扣系数

马尔可夫决策过程对现实世界和现实问题进行简化和抽象建模，其中马尔可夫性是建模的关键，即智能体的动作行为只受当前状态影响，而与历史状态信息无关。复杂问题建模成马尔可夫决策过程后，我们可采用强化学习中诸多优秀算法和理论进行问题分析和求解。

6.8.1 状态空间

在图6-1所示的网格世界中，状态空间是一个 10×10 的二维空间，一共包含了 100 个单元格，每个方格对应一个状态。智能体的目标是从起始状态（左上角）通过移动到达目标状态，也就是终止状态。网格世界的起始状态是左上角的单元格，如果将二维网格世界用坐标编号，起始状态坐标定义为 $(0,0)$，目标状态或终止状态坐标为 $(5,5)$。在网格世界中，灰色单元格是墙壁，智能体碰到墙壁无法移动。

6.8.2　动作空间

图6-1所示的网格世界中动作空间包含 4 个动作，分别对应向上、向下、向左和向右移动。但是，智能体并非在每一个状态下 4 个动作都是有效的，因此，智能体能够从最多 4 个动作中选择移动方向，如边界状态下，智能体不能够移动到网格世界之外。智能体移动到网格世界中灰色单元格（墙壁）也是无效动作。四个角上的状态只有两个合法的动作，边界上的状态只有 3 个合法动作。

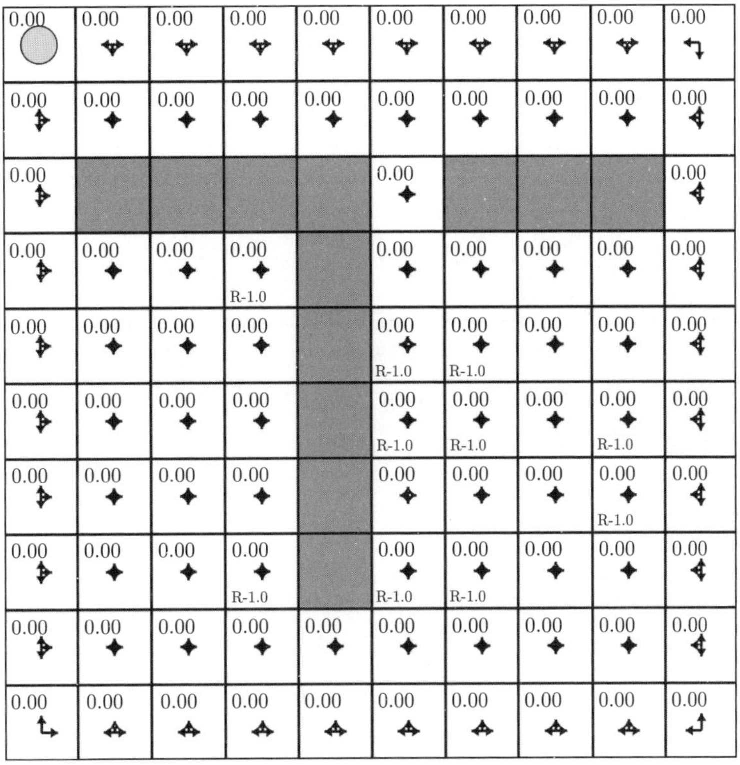

图 6-1　网格世界示例图

6.8.3　状态转换

网格世界中环境状态转移过程是确定性的。环境模型在给定状态和动作下都会转移至相同的新状态。图6-1所示的网格世界中无随机性因素。例如，智能体当前状态为起始状态时，智能体向右移动的动作的结果一定是智能体从状态 $(0,0)$ 移动到状态 $(0,1)$。一般而言，确定性的状态转移环境模型比随机性的状态转移环境模型更容易训练智能体。

6.8.4　即时奖励

在智能体与环境交互过程中，智能体获得环境返回的下一个状态以及即时奖励值 R，通过与环境交互而累积即时奖励，智能体的目标是最大化累积奖励。网格世界中智能体只有在到达终止状态 $(5,5)$ 时才能获得 $+1$ 的即时奖励。为了增加环境复杂性，图6-1所示的网格世界在终止状态附近，存在一些状态的即时奖励值设置成了–1。

在图6-1所示的网格世界中，状态的即时奖励值 R 在单元格下方，状态价值在单元格上方。状态价值定义为智能体在此状态能够获得的期望累积奖励。即时奖励 R 表示智能体跳转到此状态能够获得的奖励值。智能体的目标是最大化长远的累积奖励，而不是眼前单次动作产生的即时奖励。

6.8.5　折扣系数

智能体到达中心单元格 $(5, 5)$ 时获得 +1 的奖励（单元格中显示了 $R\ 1.0$）。智能体转移到终止状态周边少数状态时，将获得 −1 的奖励（单元格中显示 $R\ −1.0$）。智能体的目标函数是最大化累积奖励，为

$$r_t = R_t + \gamma R_{t+1} + \gamma^2 R_{t+2} + \gamma^3 R_{t+3} + \cdots \tag{6.60}$$

其中，γ 为折扣系数。因此智能体需要尽可能移动到有 +1.0 奖励的目标状态，同时需要避免进入即时奖励为 −1 的状态。智能体进入终止状态后，智能体的状态重置为起始状态。换句话说，图6-1所示的网格世界是一个确定性的、有限的马尔可夫决策过程，智能体目标是找到最大化累积折扣奖励的策略函数。

6.8.6　状态价值函数

智能体期望尽可能快地移动到终止状态，且尽可能避免移动到即时奖励值为 −1 的状态。如果考虑智能体在二维网格世界中随机游走（随机策略），那么智能体很难获得较大的累积奖励。显然，智能体为了能够最大化累积奖励值，不能进行随机游走，行为动作必须有目的性，而行为动作的选择可以依赖状态价值函数。状态价值函数定义为

$$V_\pi(s) = E_\pi[R_t + \gamma R_{t+1} + \gamma^2 R_{t+2} + \gamma^3 R_{t+3} + \cdots | S_t = s] \tag{6.61}$$

其中：γ 为折扣系数，s 表示状态，状态价值函数取值如图6-2所示。

图6-2中单元格中上方数字为状态价值 $V(s)$。状态价值 $V(s)$ 表示智能体在状态 s 时能获得的期望累积奖励值。显然，在移动过程中，智能体尽可能选择移动到状态值 $V(s)$ 越大的状态。强化学习算法的核心任务就是为智能体更新状态值函数 $V(s)$，进而找到最优策略函数。

图6-2中状态值 $V(s)$ 最大的状态为终止状态。状态值 $V(s)$ 为负数的状态为即时奖励为 −1 的状态。由此可见，状态值 $V(s)$ 和即时奖励值具有一定的相关性，但是 $V(s)$ 不完全由即时奖励值确定。图6-2中采用 TD 算法对状态值 $V(s)$ 进行更新，智能体基于图中状态值 $V(s)$ 能够确定最优策略。

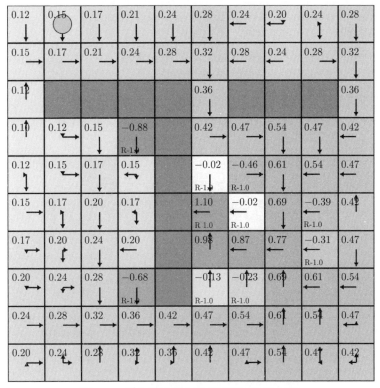

图6-2　状态值函数和最优策略函数示例图

6.8.7　最优策略函数

强化学习智能体最终目的是学习一个最优化策略函数，如图 6-2 中箭头显示。最优策略函数决定了智能体在给定状态 s 情况下的最优动作。例如，智能体位于图6-2中左下角 $(9,0)$ 状态时，智能体的最优动作是向上或者向右，因为状态 $(8,0)$ 和状态 $(9,1)$ 的状态值都是 0.24，因此智能体可以随机选择向上或者向右移动。

如果智能体位于图6-2中左下角 $(8,1)$ 状态时，智能体的最优动作是向右移动，因为状态 $(8,1)$ 的四周可选择的状态（对应四个可选择的动作：上、下、左、右移动）的状态值分别为 0.24、0.24、0.24 和 0.32，其中状态值最大为 0.32，对应向右移动到状态 $(8,2)$，因此智能体在状态 $(8,1)$ 的最优动作为向右移动。

强化学习智能体的策略函数比较抽象，且策略函数形式多样，如线性函数模型、非线性函数模型、核函数模型、前馈神经网络模型、卷积神经网络模型或图神经网络模型等。网格世界中最优策略函数是一个简单、直白且能可视化的例子，如图6-2箭头所示。

➾ 第 6 章习题 ➾

1. 什么是序贯决策问题？
2. 强化学习与其他机器学习方法的主要区别是什么？
3. 什么是马尔可夫决策过程？

4. 实现一个网格世界中 Q-learning 算法。
5. 对比分析 TD 算法和 MC 算法的差异？
6. 对比分析 Q-learning 算法和 SARSA 算法的差异？
7. 对比分析 On-policy 和 Off-policy 算法优缺点。
8. 强化学习中值函数方法和策略函数方法的优缺点有哪些？

第 7 章

深度强化学习

7.1 深度强化学习背景

人工智能时代，智能算法层出不穷，广泛应用于人类生活、工作和学习的方方面面。自动驾驶汽车、机器翻译、同声传译、人脸识别等，都和人类生活息息相关。在现实世界不同领域、不同场景中，人工智能应用所面对的环境复杂度或问题复杂度也各不相同，尤其是自动驾驶汽车领域存在较大的挑战。人类交通环境耦合了社会系统、自然天气系统等，是一个高度开放、随机、动态、部分可观察的复杂巨系统。一直以来，如何抽象和模型化环境系统是人类面对的核心问题，极具挑战。

人工智能技术将在更多行业和领域服务于人类工作、生活和学习。例如，人工智能技术与教育的结合，智能教育系统更好地优化学生学习过程和教师教学过程；人工智能与工业的结合，智能制造技术基于新一代信息通信技术与先进制造技术，深度融合设计、生产、管理、服务等制造活动的各个环节；人工智能与金融的结合，智能投顾和智能风险防控系统能够为金融市场的健康稳定发展提供保障。

7.1.1 深度学习

深度学习技术得益于深度神经网络模型强大的表示能力、学习能力和泛化能力，并在具有复杂、多模态、海量数据的问题中表现出了惊人的智能水平。例如，深度卷积神经网络模型在图像识别领域的广泛应用。深度注意力神经网络模型在自然语言处理方面的突出表现等，都使得深度学习在人工智能时代大放异彩。

人工智能一般可以分作计算智能、感知智能、决策智能和认知智能等。在计算智能方面，计算机在很多方面就远远超出了人类的计算能力；在感知智能方面，深度学习蓬勃发展，近年来感知智能在很多领域中得到极大的提升；在决策智能方面，人工智能不仅仅需要超强的感知智能和计算智能，还需要能够进行智能决策的算法，能够适应复杂的环境，及时对风险和问题作出反应，并能够有效的优化自身策略，提高智能决策水平。

7.1.2　深度强化学习

深度强化学习（Deep Reinforcement Learning，DRL）是重要的智能决策方法[126-128]。深度强化学习融合深度学习和强化学习，是求解复杂决策问题的重要框架，如图7-1所示。图7-1是深度强化学习的基础框架，包含智能体和环境模型。智能体通过与环境模型进行交互，获得大量经验数据，并优化自身策略函数。智能体基于环境模型的状态进行决策，输出行为动作。在当前状态和动作下，环境模型返回给智能体即时奖励或即时回报以及下一个状态。

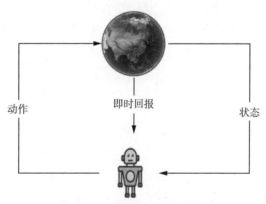

动作　　　　即时回报　　　　状态

图 7-1　深度强化学习框架

在强化学习算法中，策略函数将环境状态作为输入参数，并输出策略行为。如何处理环境状态信息是获得优秀智能策略的关键。强化学习的决策智能以感知智能为基础，深度强化学习模型采用深度学习模型来提升其感知模块，如深度神经网络、卷积神经网络、循环神经网络、图神经网络等。深度强化学习算法相较于强化学习算法而言，算法框架和原理是一致的，只是在策略函数的表示方面存在较大差异。因此，两者在模型训练和学习方面具有较大的区别。

基于不同的环境状态，我们可以采用不同的深度学习模型。例如，视频游戏智能体可以采用深度卷积神经网络模型。或者在同一个智能体中，我们可以融合多种深度学习模型来解决环境状态多模态问题，既包含时序序列，也包含图片数据，同时也包含离散属性数据等。我们可以通过深度前馈神经网络、卷积神经网络、循环神经网络模型提取特征后输出智能动作。策略函数 $\pi(s)$ 可表示成 f_{DNN}、f_{CNN}、f_{RNN} 或者融合多种深度神经网络模型。图强化学习主要考虑环境状态为图或网络数据，通过图神经网络模型来建模策略函数 π，并在图上进行智能决策，解决图相关或网络相关的智能决策问题。

7.2　深度 Q 网络方法

在深度强化学习算法中，深度 Q 网络（Deep Q–Network，DQN）方法是知名度和使用率较高的算法，也是入门深度强化学习的基础算法[130]。

7.2.1　Q 表格

深度 Q 网络方法来源于强化学习经典算法 Q–learning。经典的 Q–learning 是表格型学习算法，策略函数或者状态–动作值函数用表格（Q–table）表示为

$$\begin{array}{c} \begin{array}{ccccc} a_1 & a_2 & \cdots & a_{m-1} & a_m \end{array} \\ \begin{array}{c} s_1 \\ s_2 \\ \vdots \\ s_{n-1} \\ s_n \end{array} \left(\begin{array}{ccccc} Q_{11} & Q_{12} & \cdots & Q_{1,m-1} & Q_{1m} \\ Q_{21} & Q_{22} & \cdots & Q_{2,m-1} & Q_{2m} \\ \vdots & \vdots & \ddots & \vdots & \vdots \\ Q_{n-1,1} & Q_{n-1,2} & \cdots & Q_{n-1,m-1} & Q_{n-1,m} \\ Q_{n1} & Q_{n2} & \cdots & Q_{n,m-1} & Q_{nm} \end{array} \right) \end{array}$$

状态–动作值表格的每一行对应状态空间中一个状态 s，每一列对应动作空间中一个行为动作 a。状态–动作值表格元素 Q_{ij} 表示智能体在状态 s_i 情况下动作 a_j 的价值 $Q(s_i,a_j)$，即智能体在状态 s 情况下执行动作 a 能获得的期望累积回报值 $Q(s_i,a_j)$。

基于状态–动作值表格元素 Q_{ij}，智能体最优化策略可以表示成

$$\pi^*(s_i) = \arg\max_{a_j} Q(s_i,a_j) \tag{7.1}$$

强化学习与深度强化学习的重要区别就是策略函数的表现形式。表格型策略函数具有较大局限性，特别是遇到动作空间和状态空间巨大的复杂决策问题。

7.2.2　轨迹采样

在强化学习算法中，收集训练数据主要靠智能体与环境模型交互。Q–learning 算法是通过智能体与环境交互得到样本经验数据，并估计表格中状态–动作值 $Q(s,a)$。状态–动作值 $Q(s,a)$ 定义为智能体在状态 s 采取动作 a 能获得的期望累积回报值。智能体从初始状态 s_0 出发，采用动作 a_0，获得即时奖励 r_0，系统状态跳转到下一个状态 s_1，一直迭代下去，直至终止状态 s_T。我们可以将此过程记作一条完整轨迹，表示为

$$\langle s_0, a_0, r_0, s_1 \rangle,$$

$$\langle s_1, a_1, r_1, s_2 \rangle,$$

$$\vdots$$

$$(7.2)$$

$$\langle s_{T-1}, a_{T-1}, r_{T-1}, s_T \rangle$$

蒙特卡洛估计是准确地估计状态–动作值 $Q(s_0, a_0)$ 的最简单的方式。智能体从初始状态 s_0 出发,采用动作 a_0,进行多次采样后,可以计算每一条轨迹的累积回报。环境模型的状态转移函数具有随机性,给定相同的状态和动作,环境模型可能跳转到不同的下一个状态。

智能体在状态 s_0 开始,采用动作 a_0 后,基于环境返回的状态继续采取相应的动作,直到终止状态。然后,智能体回到初始状态 s_0,采用动作 a_0 后继续与环境交互,迭代交互多次后,计算每次完整轨迹的累积回报值。最后,我们计算所有完整轨迹的累积回报值的平均值,可以得到估计的状态–动作值 $Q(s_0, a_0)$。同样,其他的状态–动作值 $Q(s, a)$ 可采用相同的操作估计出对应的状态–动作值函数。因此,遍历所有的状态–动作组合,可以估计出 Q 表格中的所有元素。当然,实际估计过程可以采用一些技巧加快迭代估计的效率。

7.2.3 深度神经网络近似策略函数

表格型 Q–learning 算法对小型问题能够取得不错的结果。但是,当环境模型很复杂、状态空间规模巨大、动作空间巨大时,Q 表格的存储都将耗费大量的内存资源,每一对状态–动作值的估计也将耗费大量的计算资源和存储资源。因此融合深度学习模型超强的表示能力,我们用深度神经网络模型表示状态–动作值函数,能够极大提高模型的适用范围,将参数化的神经网络模型 $Q(s, a; \boldsymbol{\theta})$ 近似状态–动作值函数,此过程可简单表示为

$$Q(s, a; \boldsymbol{\theta}) = Q(s, a) \tag{7.3}$$

其中:深度神经网络模型表示智能体策略函数,参数为 $\boldsymbol{\theta}$。策略函数表示形式多样,如线性函数模型、非线性函数模型、核函数模型、前馈神经网络模型、卷积神经网络模型或图神经网络模型等。

深度 Q 网络算法的主要任务是估计参数 $\boldsymbol{\theta}$。我们通过深度学习的优化算法调整模型参数,使得深度神经网络模型能够更好地近似真实的状态–动作值函数。在蒙特卡洛方法估计模型参数过程中,我们需要一条条完整的轨迹,即智能体每次交互都必须到达终止状态后才能更新模型参数。虽然蒙特卡洛方法能够得到状态–动作值的无偏估计,但是每次更新都需要计算完整轨迹的累积回报。如果轨迹长度比较大,那么随机性影响越大,状态–动作值的估计方差越大,模型训练过程的稳定性将受到影响,直接导致模型收敛困难。

深度强化学习算法以强化学习算法为基础,很多深度强化学习方法都是经典强化学习算法的拓展,将表格学习替换成深度神经网络模型优化。例如,Q–learning 算法和 SARSA

算法都是强化学习的经典算法,是时序差分学习(Temporal-Difference Learning, TD learning)算法的代表,蕴含强化学习的核心思想,是众多深度强化学习算法的基础模型框架。

7.2.4　TD 目标

深度 Q 网络(DQN)模型参数的优化过程不采用蒙特卡洛方法,而采用时序差分(TD)方法,单步的智能体轨迹数据也可以更新模型参数。深度 Q 网络的关键步骤是计算 TD 目标值(TD Target),即

$$y = r + \gamma \max_{a'} Q(s', a') \tag{7.4}$$

TD 目标值是动作–状态值函数 $Q(s,a)$ 的估计值。智能体在状态 s 下执行动作 a,获得即时回报 r,到达下一个状态 s'。为了估计动作–状态值函数 $Q(s,a)$,TD 方法将即时回报 r 加上折扣后的下一个状态 s' 能够获得的累积回报值,并用状态 s' 下最大的状态–动作值进行估计。在时序差分(TD)方法更新过程中,算法不是直接将 $Q(s,a)$ 更新到目标值 y,而是设定一个超参数学习率 α,将 $Q(s,a)$ 朝着目标值 y 更新一小步,更新公式表示为

$$Q(s,a) \leftarrow Q(s,a) + \alpha(r + \gamma \max_{a'} Q(s', a') - Q(s,a)) \tag{7.5}$$

时序差分(TD)方法的训练目标是状态–动作值 $Q(s,a)$ 趋近 TD 目标值 $r + \gamma \max_{a'} Q(s', a')$,即为

$$Q(s,a) \approx (r + \gamma \max_{a'} Q(s', a')) \tag{7.6}$$

表格型的时序差分学习方法直接更新状态–动作值 $Q(s,a)$。基于深度神经网络模型的时序差分学习方法具有相同的更新思想,优化更新的目标为对应的模型参数。

7.2.5　TD 误差

随着深度 Q 网络参数的迭代优化和更新,$Q(s,a)$ 越来越靠近目标值 y。但是,每次迭代更新的目标值会发生变化,因此在训练过程中模型不稳定。随着迭代的进行,$Q(s,a)$ 与目标值 y 之间的差距越来越小,趋近于 0。在深度 Q 网络参数的优化更新过程中,可定义 TD 误差,具体表示为

$$\delta = y - Q(s,a) = \left[r + \gamma \max_{a'} Q(s', a')\right] - Q(s,a) \tag{7.7}$$

在不同类型的深度强化学习算法中,TD 目标的定义会存在区别。

7.2.6　目标函数

在深度 Q 网络算法中,状态–动作值函数 $Q(s,a)$ 由深度神经网络模型参数化为 $Q(s,a;\boldsymbol{\theta})$,因此不能按照上述方式直接更新状态–动作值 $Q(s,a)$,而是更新深度神经网络模型参数 $\boldsymbol{\theta}$。深度神经网络模型并不保存状态值和状态–动作值,而是通过深度神经网络模型计算状态值或状态–动作值。状态值和状态–动作值的信息保存在深度神经网络模型参数

之中。因此，在优化深度 Q 网络过程中，将目标函数（损失函数）设定成最小化 $Q(s, a; \boldsymbol{\theta})$ 与 TD 目标值 y 之间的差值，即

$$\min J(\boldsymbol{\theta}) = \min \frac{1}{n} \sum_{i=1}^{n} (y_i - Q(s_i, a_i; \boldsymbol{\theta}))^2 \tag{7.8}$$

此时，深度 Q 网络算法的 TD 目标值为

$$y_i = r + \gamma \max_{a'} Q(s', a'; \boldsymbol{\theta}) \tag{7.9}$$

随着深度 Q 网络的迭代更新，TD 误差越来越小，目标函数越来越小，最优参数满足

$$\boldsymbol{\theta}^* = \arg\min_{\boldsymbol{\theta}} \frac{1}{n} \sum_{i=1}^{n} (y_i - Q(s_i, a_i; \boldsymbol{\theta}))^2 \tag{7.10}$$

将深度 Q 网络模型训练过程转化成最优化问题，可以通过大量数值优化方法进行参数更新，如梯度下降算法等。

7.2.7　目标函数梯度

深度 Q 网络算法采用梯度下降进行参数更新，可以计算小批量 n 个状态转换序列（一步轨迹数据）的损失函数 $J(\boldsymbol{\theta})$ 及其梯度，即

$$\nabla J(\boldsymbol{\theta}) = -\frac{2}{n} \sum_{i=1}^{n} (y_i - Q(s_i, a_i; \boldsymbol{\theta})) \nabla Q(s_i, a_i; \boldsymbol{\theta}) \tag{7.11}$$

为了模型简化，此处忽略 TD 目标 y_i 的梯度。在目标函数梯度公式中，参数 n 为小批量样本的数量，作为模型超参数，小批量样本的数量可以调节。$\nabla Q(s_i, a_i; \boldsymbol{\theta})$ 是状态–动作值函数 $Q(s_i, a_i; \boldsymbol{\theta})$ 的梯度，表示状态–动作值函数 $Q(s_i, a_i; \boldsymbol{\theta})$ 的增加方向。损失函数 $J(\boldsymbol{\theta})$ 的梯度 $\nabla J(\boldsymbol{\theta})$ 表示损失函数的数值增加方向。

7.2.8　深度神经网络参数更新

在深度 Q 网络模型参数的迭代更新过程中，需要最小化目标函数 $J(\boldsymbol{\theta})$，因此基于小批量样本的随机梯度值进行更新，网络参数更新公式表示为

$$\boldsymbol{\theta} = \boldsymbol{\theta} - \alpha \nabla J(\boldsymbol{\theta}) \tag{7.12}$$

代入小批量样本的随机梯度值，深度 Q 网络模型参数更新公式也可以表示为

$$\boldsymbol{\theta} = \boldsymbol{\theta} + \frac{2}{n} \sum_{i=1}^{n} (y_i - Q(s_i, a_i; \boldsymbol{\theta})) \nabla Q(s_i, a_i; \boldsymbol{\theta}) \tag{7.13}$$

深度 Q 网络参数更新的目标是状态–动作值 $Q(s_i, a_i; \boldsymbol{\theta})$ 趋近 TD 目标值 $y_i = r + \gamma \max_{a'} Q(s', a')$。在深度强化学习中，深度神经网络模型参数的更新比表格型状态–动作值的更新更加复杂。为了深刻理解深度神经网络模型参数的更新，我们简单分析上述参数更新公式。

如果 $y_i > Q(s_i, a_i; \boldsymbol{\theta})$，TD 目标值较大，因此需要增加状态–动作值 $Q(s_i, a_i; \boldsymbol{\theta})$。此时 $y_i - Q(s_i, a_i; \boldsymbol{\theta}) > 0$，则 $\nabla Q(s_i, a_i; \boldsymbol{\theta})$ 前面乘数为正值，而且梯度 $\nabla Q(s_i, a_i; \boldsymbol{\theta})$ 为状态–动作值函数 $Q(s_i, a_i; \boldsymbol{\theta})$ 增加的方向。因此，深度 Q 网络参数更新公式使得状态–动作值 $Q(s_i, a_i; \boldsymbol{\theta})$ 趋近 TD 目标值 y_i。

如果 $y_i < Q(s_i, a_i; \boldsymbol{\theta})$，TD 目标值较小，需要减少状态–动作值 $Q(s_i, a_i; \boldsymbol{\theta})$，而此时 $y_i - Q(s_i, a_i; \boldsymbol{\theta}) < 0$，则 $\nabla Q(s_i, a_i; \boldsymbol{\theta})$ 前面乘数为负值，且梯度 $\nabla Q(s_i, a_i; \boldsymbol{\theta})$ 为状态–动作值函数 $Q(s_i, a_i; \boldsymbol{\theta})$ 增加的方向。因此，深度 Q 网络参数更新公式使得状态–动作值减小，$Q(s_i, a_i; \boldsymbol{\theta})$ 趋近 TD 目标值 y_i。

7.2.9　最优策略

深度 Q 网络算法任务是训练一个深度神经网络模型近似状态–动作值函数 $Q(s, a)$，获得最优参数 $\boldsymbol{\theta}^*$。我们可以基于最优状态–动作值函数 $Q(s, a; \boldsymbol{\theta}^*)$ 构建最优策略 π^* 为

$$\pi^*(s) = \arg\max_a Q(s, a; \boldsymbol{\theta}^*) \tag{7.14}$$

在给定状态 s 下，智能体的最优策略函数输出最优动作。但是，深度 Q 网络只能计算状态 s 下所有动作的状态–动作值，并不直接输出最优动作。因此，智能体选择的最优动作是状态–动作值最大的动作。

7.3　深度 Q 网络算法关键技术

深度 Q 网络算法的广泛应用和卓越性能，得益于几个关键技术，如 ϵ–贪心策略、目标网络、经验回放机制等。

7.3.1　ϵ–贪心策略

智能体通过策略函数与环境交互，获得经验轨迹数据，并更新深度 Q 网络和策略函数。在深度 Q 网络算法运行时，为了让智能体在环境中尽量探索，我们可以增加更多的随机性，采用 ϵ–贪心策略，具体表示为

$$\pi(s, a) = \begin{cases} 1 - \epsilon + \dfrac{\epsilon}{|\mathcal{A}|}, & a = \arg\max_a Q(s, a; \boldsymbol{\theta}) \\ \dfrac{\epsilon}{|\mathcal{A}|}, & a \neq \arg\max_a Q(s, a; \boldsymbol{\theta}) \end{cases} \tag{7.15}$$

在现有次优状态–动作值函数 $Q(s, a; \boldsymbol{\theta})$ 的基础上，智能体并非每次都选择当前次优函数值最大的动作，而是以一定的概率 ϵ 随机选择动作。因为在深度 Q 网络算法运行之初，

状态–动作值函数 $Q(s, a; \boldsymbol{\theta})$ 并不是真实的（最优的）状态–动作值函数，因此选择当前函数值最大的动作也并非是真实的最优动作。在实际算法运行中，参数 ϵ 是一个可调节的参数，而且可以为 ϵ 设定特殊的衰减策略，如线性衰减、指数衰减等。

在深度 Q 网络算法运行之初，一般设定 $\epsilon = 1$，也就是说初始化策略函数为完全随机的函数，智能体在动作空间中完全随机地、等概率地挑选动作，并执行动作，收集经验轨迹数据。随着状态–动作值函数的优化更新，智能体减少探索的力度，ϵ 随着模型参数的迭代更新而慢慢衰减。

当 ϵ 衰减到设定的最小值 $\epsilon_{\min}$ 时，参数 ϵ 停止衰减，使得智能体一直保持一定的随机性，增加探索能力。在实际应用中，我们可设定迭代次数达到总迭代次数的一定比例时，参数 ϵ 衰减到最小值 $\epsilon_{\min}$，并停止衰减。

7.3.2　目标网络

在深度 Q 网络算法中，TD 目标随着参数更新会随时发生变化，深度 Q 网络算法为了模型训练的稳定性，引入目标网络，表示成 $Q(s, a; \boldsymbol{\theta}^-)$。目标网络 $Q(s, a; \boldsymbol{\theta}^-)$ 与策略网络 $Q(s, a; \boldsymbol{\theta})$ 具有相同的网络结构，因此参数结构完全一致，只是更新的频率较低。深度 Q 网络算法计算 TD 目标时运用目标网络 $Q(s, a; \boldsymbol{\theta}^-)$ 进行估计，即

$$y = r_t + \gamma \max_{a'} Q(s', a'; \boldsymbol{\theta}^-) \tag{7.16}$$

因此，在深度 Q 网络参数的优化更新过程中，我们可定义 TD 误差为

$$\delta = y - Q(s, a) = \left(r + \gamma \max_{a'} Q(s', a'; \boldsymbol{\theta}^-) \right) - Q(s, a; \boldsymbol{\theta}) \tag{7.17}$$

神经网络 $Q(s, a; \boldsymbol{\theta})$ 迭代更新 C 步（超参数）后，我们更新目标网络参数为

$$\boldsymbol{\theta}^- = \boldsymbol{\theta} \tag{7.18}$$

7.3.3　经验回放

深度 Q 网络算法运用经验回放机制（Experience Replay），将 ϵ-贪心策略产生的一步轨迹 $\langle s, a, r, s' \rangle$ 存入经验池。智能体从经验池中随机采样一步轨迹数据，并计算梯度和更新参数。经验回放机制能增加经验样本数据的效率，同时通过随机采样减少样本数据之间的相关性，增加模型训练过程的稳定性。

7.3.4　DQN 算法伪代码

在 Q–learning 算法的基础上，深度 Q 网络算法用深度神经网络模型替换 Q 表格，增加深度 Q 网络算法的表示能力和学习能力，进一步增强深度 Q 网络算法的决策能力。但是，深度 Q 网络算法引入深度神经网络模型后，模型训练的收敛性、稳定性和学习效率都遇到了困难和挑战。

深度 Q 网络算法融合诸多程序设计技巧和思想[130]，其算法伪代码如 Algorithm 6所示。

Algorithm 6: 深度 Q 网络（DQN）算法的伪代码

Input: 状态空间 $\mathcal{S}$，动作空间 $\mathcal{A}$，折扣系数 γ，以及环境模型 Env。
初始化状态–动作值函数的神经网络模型 $Q(s,a;\boldsymbol{\theta})$ 的参数 $\boldsymbol{\theta}$
初始化目标网络 $Q(s,a;\boldsymbol{\theta}^-)$ 的参数 $\boldsymbol{\theta}^- = \boldsymbol{\theta}$。
Output: 最优策略 π^*

1　**for** $k = 0,1,2,3,4,5,...$ **do**
2　　% 每次循环采样一条轨迹
3　　初始化状态 s
4　　**for** $t = 0,1,2,3,4,...,T$ **do**
5　　　智能体采用 ϵ–贪心策略产生一步轨迹 $\langle s,a,r,s' \rangle$，并存入经验池
6　　　**if** 需要更新参数的时候 **then**
7　　　　从经验池中随机采样小批量 n 个状态转移序列对 $\langle s,a,r,s' \rangle$，针对每个样本序列 i 计算 TD 目标值 y_i
8　　　　**if** s' 是终止状态 **then**
9　　　　　$y_i = r_t$
10　　　**else**
11　　　　$y_i = r_t + \gamma \max_{a'} Q(s',a';\boldsymbol{\theta}^-)$
12　　　计算小批量样本的损失函数 $J(\boldsymbol{\theta})$ 及其梯度：

$$\nabla J(\boldsymbol{\theta}) = -\frac{2}{n}\sum_{i=1}^{n}(y_i - Q(s_i,a_i;\boldsymbol{\theta}))\nabla Q(s_i,a_i;\boldsymbol{\theta}) \tag{7.19}$$

更新网络参数 $\boldsymbol{\theta} = \boldsymbol{\theta} - \alpha\nabla J(\boldsymbol{\theta})$
13　　% 参数 $\boldsymbol{\theta}$ 更新 C 次后更新一次 $\boldsymbol{\theta}^-$
14　　**if** 间隔 C 步 **then**
15　　　$\boldsymbol{\theta}^- = \boldsymbol{\theta}$

16　返回最优参数 $\boldsymbol{\theta}$，并得到最优策略 π^*

深度 Q 网络算法运用 ϵ–贪心策略增强智能体的探索能力。目标网络使得训练过程更加稳定和高效。经验回放机制增加样本数据的使用效率和消除样本之间的部分相关性，使得模型训练过程更加稳定。

7.4　深度 Q 网络算法面临的挑战

强化学习系统存在著名的死亡三角问题（Deadly Triad）。在深度强化学习系统中，同时存在三个因素会出现系统训练不稳定和不收敛的情况，严重影响模型的有效训练和收敛性。三个因素分别为离策略（Off–policy）、自举（Bootstrapping）和函数近似（Function Approximation）。

7.4.1 离策略

离策略（Off-policy）是指智能体与环境交互过程中行为策略（Behavior Policy）和优化目标策略（Target Policy）不一样。如果行为策略和目标策略一样，则叫作在策略学习（On-policy）。

在深度 Q 网络算法中，智能体与环境的交互策略是 ϵ-贪心策略，与优化策略并非完全一致。ϵ-贪心策略引入随机性，增加智能体探索能力，使得智能体能够更加充分的探索环境，获得更好的优化策略。

7.4.2 自举

自举（Bootstrapping）是指强化学习算法（时序差分学习算法）中状态–动作值函数的参数更新过程，使用了自身状态–动作值函数的估计值，具体更新公式为

$$Q(s,a) = Q(s,a) + \alpha(r + \gamma \max_{a'} Q(s',a') - Q(s,a)) \tag{7.20}$$

在公式中，为了估计函数 $Q(s,a)$，TD 目标计算过程中用到函数 $Q(s',a')$ 的数值，而 $Q(s',a')$ 同样是估计值。

7.4.3 函数近似

深度强化学习理论部分与强化学习基本一致。在强化学习基础部分中，基本思想和核心算法都进行了阐述和分析。在强化学习的基础上，深度强化学习采用深度神经网络模型进行函数近似（Function Approximation），建模特征提取模块以及策略函数模块。

一定程度上，深度神经网络模型增加深度强化学习模型的特征提取能力，增强模型的表征能力，也能提高模型泛化能力。另一个角度而言，非线性深度神经网络模型也增加了模型训练难度、稳定性和收敛性。从理论上讲，深度神经网络模型能够近似任何复杂的非线性函数。但是实际应用中，深度神经网络模型的训练和学习过程也变得异常复杂，并不能轻易收敛到最优解，直接影响模型拟合效果和近似效果。

7.5 深度策略梯度方法

深度策略梯度（Deep Policy Gradient）算法不同于深度 Q 网络（DQN）算法。深度策略梯度算法直接优化策略函数，可以适用于连续的动作空间[129]。

7.5.1 深度 Q 神经网络算法的局限

在深度 Q 网络（DQN）算法中，策略优化过程需要通过状态–动作值函数进行求解。智能体在给定状态 s 下需要为动作空间中每个动作 a 计算状态–动作值 $Q(s,a)$，然后取最

大值对应的动作。策略函数具体表示为

$$\pi^*(s) = \arg\max_a Q(s, a; \boldsymbol{\theta}^*) \tag{7.21}$$

参数 $\boldsymbol{\theta}^*$ 表示最优状态–动作值函数的参数。经典的 DQN 方法简单易懂，在给定状态 s 下，最优策略选择期望累积回报最大的动作。

在一些实际应用中，动作空间并非是离散的，或者动作空间非常之大，计算所有动作的状态–动作值具有较高的计算复杂度。智能体在给定状态 s 下遍历所有动作并计算状态–动作价值 $Q(s,a)$，然后取最大值难度较大，实用性有限。在工业界和学术界，一些针对深度 Q 网络的改进算法使得深度 Q 网络算法也适用于连续动作空间，使其应用领域更加广泛。

7.5.2 深度策略梯度算法简介

策略梯度算法（Policy Gradient）是强化学习经典算法。深度策略梯度算法是深度强化学习中一类重要算法。在强化学习基础部分，基于蒙特卡洛方法的策略梯度（REINFORCE）算法是理解和学习深度策略梯度算法的基础[129]。智能体与环境交互过程中会产生一步一步的轨迹（Trajectory），表示为

$$\langle s_0, a_0, r_0, s_1 \rangle,$$
$$\langle s_1, a_1, r_1, s_2 \rangle,$$
$$\vdots \tag{7.22}$$
$$\langle s_{T-1}, a_{T-1}, r_{T-1}, s_T \rangle$$

一步轨迹 $\langle s_i, a_i, r_i, s_{i+1} \rangle$ 包含四元组，表示智能体在状态 s_i 时基于当前策略函数选择动作 a_i，环境模型返回即时奖励值 r_i 和下一个环境状态 s_{i+1}。我们将一步一步的轨迹片段拼接，可得到一条完整的轨迹 τ，即

$$\langle s_0, a_0, r_0, s_1, a_1, r_1, s_2, a_2, r_2, s_3 \cdots, s_T \rangle \tag{7.23}$$

智能体从初始状态 s_0 开始，基于策略函数 $\pi_{\boldsymbol{\theta}}(a|s)$ 与环境交互，获得轨迹 τ 的概率可以表示为

$$p_{\boldsymbol{\theta}}(\tau) = p(s_0)\pi_{\boldsymbol{\theta}}(a_0|s_0)p(s_1|s_0,a_0)\pi_{\boldsymbol{\theta}}(a_1|s_1)p(s_2|s_1,a_1)\cdots$$
$$= p(s_0)\prod_{t=0}^{T}\pi_{\boldsymbol{\theta}}(a_t|s_t)p(s_{t+1}|s_t,a_t) \tag{7.24}$$

式中：$p(s_0)$ 表示初始状态 s_0 的分布函数。$p(s_{i+1}|s_i,a_i)$ 表示环境状态转移函数。在状态 s_i 时，环境模型接收到智能体动作 a_i 后，环境状态转移到新状态 s_{i+1} 的概率值为 $p(s_{i+1}|s_i,a_i)$。函数 $\pi_{\boldsymbol{\theta}}(a_i|s_i)$ 为策略函数，其参数为 $\boldsymbol{\theta}$，表示智能体在状态 s_i 时选择动作

a_i 的概率。策略函数 $\pi_{\boldsymbol{\theta}}(a_i|s_i)$ 的表现形式多样，如线性函数模型、非线性函数模型、核函数模型、前馈神经网络模型、卷积神经网络模型或图神经网络模型等。

在智能体与环境交互过程中，除了状态转移信息，样本轨迹 τ 还包含智能体获得的即时回报信息 r_t。强化学习的目标是为智能体学习一个策略函数，策略函数的优化目标是尽可能获得较高的累积回报。定义每条轨迹的折扣后累计回报为

$$R(\tau) = \sum_{t=0}^{T-1} \gamma^t r_t \tag{7.25}$$

其中：参数 γ 为折扣系数。智能体循环采样多条轨迹数据，可以计算每条轨迹发生的概率 $p_{\boldsymbol{\theta}}(\tau)$ 和每条轨迹的累计回报 $R(\tau)$，并将平均累积回报作为智能体优化目标函数，即

$$J(\boldsymbol{\theta}) = \sum_{\tau} R(\tau) p_{\boldsymbol{\theta}}(\tau) \tag{7.26}$$

深度策略梯度算法的目标函数是最大化平均累积回报，获得最优的策略函数为

$$\pi_{\boldsymbol{\theta}}^* = \arg\max_{\pi_{\boldsymbol{\theta}}} \sum_{\tau} R(\tau) p_{\boldsymbol{\theta}}(\tau) \tag{7.27}$$

7.6 深度策略梯度算法关键技术

深度策略梯度算法是一类广泛使用的深度强化学习算法，其有效性和高效性在学术界和工业界都得到了验证，如应用在 ChatGPT 模型训练之中。深度策略梯度算法的关键技术包括策略梯度估计、优势函数估计等。

7.6.1 策略梯度估计

在深度策略梯度算法中，策略函数 $\pi_{\boldsymbol{\theta}}$ 由深度神经网络模型进行参数化，通过迭代更新参数 $\boldsymbol{\theta}$ 来优化策略函数。与强化学习基础一样，目标函数梯度可进行简单推导，加深对策略梯度的理解，具体表示为

$$\begin{aligned}
\boldsymbol{\nabla} J(\boldsymbol{\theta}) &= \sum_{\tau} R(\tau) \boldsymbol{\nabla} p_{\boldsymbol{\theta}}(\tau) \\
&= \sum_{\tau} R(\tau) p_{\boldsymbol{\theta}}(\tau) \frac{\boldsymbol{\nabla} p_{\boldsymbol{\theta}}(\tau)}{p_{\boldsymbol{\theta}}(\tau)} \\
&= E_{\tau \sim p_{\boldsymbol{\theta}}(\tau)} \left[R(\tau) \boldsymbol{\nabla} \log p_{\boldsymbol{\theta}}(\tau) \right] \\
&= E_{\tau \sim p_{\boldsymbol{\theta}}(\tau)} \left[R(\tau) \boldsymbol{\nabla} \left(\log p(s_0) + \sum_{t=0}^{T} \log \pi_{\boldsymbol{\theta}}(a_t|s_t) + \sum_{t=0}^{T} \log p(s_{t+1}|s_t, a_t) \right) \right] \\
&= E_{\tau \sim p_{\boldsymbol{\theta}}(\tau)} \left[R(\tau) \left(\sum_{t=0}^{T} \boldsymbol{\nabla} \log \pi_{\boldsymbol{\theta}}(a_t|s_t) \right) \right]
\end{aligned} \tag{7.28}$$

在式 (7.28) 中，用到两个关键等式将复杂的梯度计算过程进行了简化，两个等式分别为：$\nabla\left(\log p(s_0)\right)=0$ 和 $\nabla\left(\sum_{t=1}^{T}\log p(s_{t+1}|s_t,a_t)\right)=0$。初始状态分布函数 $p(s_0)$ 和状态转移函数 $p(s_{t+1}|s_t,a_t)$ 都与参数 $\boldsymbol{\theta}$ 无关，因此梯度为 0。在上述推导过程中，我们还用到一个技巧，即 $\log p_{\boldsymbol{\theta}}(\tau)=\dfrac{\nabla p_{\boldsymbol{\theta}}(\tau)}{p_{\boldsymbol{\theta}}(\tau)}$，简化了参数估计过程。

在公式 (7.28) 中，目标函数的梯度估计只和轨迹的累积回报相关，一定程度上简化了参数更新过程。完整轨迹的累积回报 $R(\tau)$ 太笼统，包含整个轨迹的累积回报，而不是针对单个状态–动作对的累积回报情况。因此在实际应用过程中，继续将公式 (7.28) 中累积回报 $R(\tau)$ 做更加细致的优化，使用优势函数 $A_{\pi_{\boldsymbol{\theta}}}(s_t,a_t)$ 代替。因此，策略梯度计算公式可以表示为

$$\nabla J(\boldsymbol{\theta})=E_{s_0\sim\mu(s_0),a\sim\pi_{\boldsymbol{\theta}}(s,a)}\sum_{t=0}^{T}\nabla\log(\pi_{\boldsymbol{\theta}}(a_t|s_t))A_{\pi_{\boldsymbol{\theta}}}(s_t,a_t) \tag{7.29}$$

其中：E 表示期望，$s_0\sim\mu(s_0)$ 表示从状态概率分布 $\mu(s)$ 随机抽样初始状态，智能体从初始状态 s_0 开始采样轨迹数据。$a\sim\pi_{\boldsymbol{\theta}}(s,a)$ 表示智能体基于策略函数 $\pi_{\boldsymbol{\theta}}(s,a)$ 输出动作 a，完成与环境的交互，获得经验轨迹数据，并代入公式计算目标函数的梯度估计值。

7.6.2 策略函数参数更新

在目标函数梯度估计过程中，可以重复采样经验轨迹数据，并通过求平均值来近似梯度的估计值。$\pi_{\boldsymbol{\theta}}(s,a)$ 表示策略函数，$\boldsymbol{\theta}$ 表示策略函数参数，也是目标函数参数，是算法更新的待优化参数。在智能体重复采样过程中，智能体遇到终止状态后需要随机选择初始状态，并开始新一轮经验轨迹数据 τ 的采样，将样本数据代入梯度公式，计算随机梯度的估计值为

$$\nabla_{\boldsymbol{\theta}_k}J(\boldsymbol{\theta}_k)=\frac{1}{|\mathcal{D}_k|}\sum_{\tau\in\mathcal{D}_k}\sum_{t=0}^{T}\nabla_{\boldsymbol{\theta}_k}\log(\pi_{\boldsymbol{\theta}_k}(a_t|s_t,\boldsymbol{\theta}_k))A_{\pi_{\boldsymbol{\theta}_k}}(s_t,a_t) \tag{7.30}$$

在深度策略梯度算法中，目标函数越大越好，表示智能体的期望累计回报越大越好。因此，我们使用梯度上升方法更新策略函数参数为

$$\boldsymbol{\theta}_{k+1}=\boldsymbol{\theta}_k+\alpha\nabla_{\boldsymbol{\theta}_k}J(\boldsymbol{\theta}_k) \tag{7.31}$$

公式中，α 为学习率，k 为迭代更新的次数。

7.6.3 优势函数估计

在深度策略梯度算法中，目标函数的梯度计算公式中 $A_{\pi_{\boldsymbol{\theta}}}(s_t,a_t)$ 表示优势函数，定义为

$$A(s_t,a_t)=R_t-V(s_t) \tag{7.32}$$

其中：R_t 表示智能体在状态 s_t 执行动作 a_t 后一次完整轨迹的折扣累积回报值，即

$$R_t = \sum_{t'=t}^{T-1} \gamma^{t'-t} r(s_{t'}, a_{t'}, s_{t'+1}) \tag{7.33}$$

在优势函数计算公式中，$V(s_t)$ 表示智能体在状态 s_t 的期望折扣累积回报。优势函数度量智能体在状态 s_t 执行动作 a_t 获得的累积回报值与智能体在状态 s_t 的期望累积回报值的差异。

7.6.4 状态值函数估计

状态值函数 $V(s_t)$ 表示状态 s_t 的期望折扣累积回报值。因此，优势函数 $A_{\pi_{\boldsymbol{\theta}}}(s_t, a_t)$ 表示一次抽样轨迹数据中状态–动作值高于期望累积回报的情况。在优势函数公式中，$V(s_t)$ 表示状态 s_t 的期望累积回报值。因此，通过最小二乘法估计方法，估计状态值函数 $V(s_t)$。智能体从状态 s_t 开始采样一条完整轨迹，并计算该轨迹的折扣累积回报值 R_t，以此近似状态值函数 $V(s_t)$。因此，最小二乘法估计状态值函数的目标函数定义为

$$J_V(\boldsymbol{w}) = \frac{1}{|\mathcal{D}_k|T} \sum_{\tau \in \mathcal{D}_k} \sum_{t=0}^{T} (V_{\boldsymbol{w}}(s_t) - R_t)^2 \tag{7.34}$$

其中：$\boldsymbol{w}$ 为状态值函数 $V(s_t)$ 的参数；$\mathcal{D}_k$ 为第 k 次迭代的经验数据集合；T 为轨迹长度；τ 为一个轨迹样本数据。我们为了估计状态值函数 $V(s_t)$ 的参数 $\boldsymbol{w}$，用最小二乘法将状态值函数 $V(s_t)$ 的参数估计问题转化成最优化问题，具体表示为

$$\min \frac{1}{|\mathcal{D}_k|T} \sum_{\tau \in \mathcal{D}_k} \sum_{t=0}^{T} (V_{\boldsymbol{w}}(s_t) - R_t)^2 \tag{7.35}$$

采用梯度下降方法更新状态值函数 $V(s_t)$ 的参数 $\boldsymbol{w}$，计算目标函数梯度为

$$\boldsymbol{\nabla} J_V(\boldsymbol{w}) = \frac{1}{|\mathcal{D}_k|T} \sum_{\tau \in \mathcal{D}_k} \sum_{t=0}^{T} (V_{\boldsymbol{w}}(s_t) - R_t) \boldsymbol{\nabla}_{\boldsymbol{w}_k} V_{\boldsymbol{w}}(s_t) \tag{7.36}$$

状态值函数 $V(s_t)$ 的参数更新公式为

$$\boldsymbol{w}_{k+1} = \boldsymbol{w}_k - \alpha_{\boldsymbol{w}} \boldsymbol{\nabla} J_V(\boldsymbol{w}) \tag{7.37}$$

因此，采用梯度下降方法更新状态值函数 $V(s_t)$ 的参数 $\boldsymbol{w}$，有

$$\boldsymbol{w}_{k+1} = \boldsymbol{w}_k - \alpha_{\boldsymbol{w}} \frac{1}{|\mathcal{D}_k|T} \sum_{\tau \in \mathcal{D}_k} \sum_{t=0}^{T} (V_{\boldsymbol{w}}(s_t) - R_t) \boldsymbol{\nabla}_{\boldsymbol{w}_k} V_{\boldsymbol{w}}(s_t) \tag{7.38}$$

式中：$\alpha_{\boldsymbol{w}}$ 为状态值函数 $V(s_t)$ 的参数 $\boldsymbol{w}$ 的学习率，它决定了参数 $\boldsymbol{w}$ 更新的速率和稳定性。一般与策略函数参数 $\boldsymbol{\theta}$ 的学习率 α 取不同大小数值，因此策略函数和状态值函数参数更新速率不同。

7.6.5　深度策略梯度算法伪代码

深度策略梯度算法将策略梯度算法 REINFORCE 的策略函数用深度神经网络模型表示。而且，策略函数参数更新过程引入优势函数概念，并拟合状态值函数 $V(s)$。一般而言，状态值函数也可以用深度神经网络模型表示，因此深度策略梯度算法存在两个不同结构的深度神经网络模型，需要同时训练两个深度神经网络模型。深度策略梯度优化算法（Deep Policy Gradient）伪代码如 Algorithm 7 所示[114]。

Algorithm 7: 深度策略梯度优化算法（Deep Policy Gradient）伪代码

Input: 状态空间 $\mathcal{S}$，动作空间 $\mathcal{A}$，折扣系数 γ，以及环境模型 Env

初始化状态值函数 $V_{\boldsymbol{w}}(s)$ 参数 $\boldsymbol{w}$

初始化策略函数 $\pi_{\boldsymbol{\theta}}(s,a)$ 参数 $\boldsymbol{\theta}$

Output: 最优策略函数 $\pi_{\boldsymbol{\theta}}(s,a)$

1　**for** $k = 0,1,2,3,4,5,...$ **do**

2　　智能体基于策略 $\pi_{\boldsymbol{\theta}_k}$ 与环境模型交互，获得轨迹数据集合 $\mathcal{D}_k = \{\tau_i\}$

3　　计算每一条轨迹数据中所有状态的累积回报，有

4

$$R_t = \sum_{t'=t} \gamma^{t'-t} r_{\pi_{\boldsymbol{\theta}}}(s_{t'}, a_{t'}, s_{t'+1}) \tag{7.39}$$

5　　计算优势函数值为

6

$$A(s_t, a_t) = R_t - V(s_t) = \sum_{t'=t}^{T} \gamma^{t'-t} r_{\pi_{\boldsymbol{\theta}}}(s_{t'}, a_{t'}, s_{t'+1}) - V(s_t) \tag{7.40}$$

7　　计算梯度公式为

8

$$\nabla_{\boldsymbol{\theta}_k} J(\boldsymbol{\theta}_k) = \frac{1}{|\mathcal{D}_k|} \sum_{\tau \in \mathcal{D}_k} \sum_{t=0}^{T} \nabla_{\boldsymbol{\theta}_k} \log(\pi_{\boldsymbol{\theta}_k}(a_t|s_t)) A_{\pi_{\boldsymbol{\theta}_k}}(s_t, a_t) \tag{7.41}$$

9　　更新策略函数参数为

10

$$\boldsymbol{\theta}_{k+1} = \boldsymbol{\theta}_k + \alpha \nabla_{\boldsymbol{\theta}_k} J(\boldsymbol{\theta}_k) \tag{7.42}$$

11　　回归估计状态值函数参数 $\boldsymbol{w}$，拟合状态价值函数和累积回报，最小化目标函数为

12

$$\min \frac{1}{|\mathcal{D}_k|T} \sum_{\tau \in \mathcal{D}_k} \sum_{t=0}^{T} (V_{\boldsymbol{w}}(s_t) - R_t)^2 \tag{7.43}$$

13　　更新状态值函数参数为

14

$$\boldsymbol{w}_{k+1} = \boldsymbol{w}_k - \alpha_{\boldsymbol{w}} \frac{1}{|\mathcal{D}_k|T} \sum_{\tau \in \mathcal{D}_k} \sum_{t=0}^{T} (V_{\boldsymbol{w}}(s_t) - R_t) \nabla_{\boldsymbol{w}_k} V_{\boldsymbol{w}}(s_t) \tag{7.44}$$

7.7 行动者–评论家方法

在行动者–评论家方法（Actor–Critic，AC）算法中，Actor 对应策略函数（策略深度神经网络模型），Critic 对应值函数（深度神经网络模型）。强化学习方法可简单分成值函数方法和策略函数方法，而 AC 方法融合值函数方法和策略函数方法。深度 Q 网络算法是经典的值函数方法，基于状态–动作值函数 $Q(s,a)$ 构造策略函数。深度策略梯度优化方法直接优化策略函数，基于策略函数梯度迭代更新策略函数。在实际应用过程中，值函数方法和策略函数方法也存在诸多问题，如训练稳定性和效率问题等。

7.7.1 AC（Actor–Critic）算法简介

在深度策略梯度算法中，目标函数 $J(\boldsymbol{\theta})$ 的梯度计算公式有

$$\boldsymbol{\nabla} J(\boldsymbol{\theta}) =$$
$$E_{s_0\sim\mu(s_0),a\sim\pi_{\boldsymbol{\theta}}(s,a)} \sum_{t=0}^{T} \boldsymbol{\nabla} \log(\pi_{\boldsymbol{\theta}}(a_t|s_t)) \left(\sum_{t'=t}^{T} \gamma^{t'-t} r_{\pi_{\boldsymbol{\theta}}}(s_{t'},a_{t'},s_{t'+1}) - V(s_t) \right) \tag{7.45}$$

式中：状态 s 和动作 a 的状态–动作值的估计公式为

$$R_t = \sum_{t'=t}^{T} \gamma^{t'-t} r_{\pi_{\boldsymbol{\theta}}}(s_{t'},a_{t'},s_{t'+1}) \tag{7.46}$$

此估计值需要智能体完整采样一条轨迹后才能计算得到。因此，以此为基础的梯度计算公式方差较大，更新策略函数参数过程不稳定，容易造成策略函数收敛困难。

同时，在回归拟合状态值函数 $V_{\boldsymbol{w}}(s)$ 的参数 $\boldsymbol{w}$ 时，累积回报 R_t 是状态值函数 $V_{\boldsymbol{w}}(s)$ 需要逼近的对象，拟合优度受到智能体采样的经验轨迹数据优劣的影响。同样，拟合状态值函数 $V_{\boldsymbol{w}}(s)$ 也需要智能体完整采样一条轨迹后才能进行最小二乘法估计。

Actor–Critic 方法为了减少方差，增加训练稳定性，更新过程采用时序差分学习算法，对 $\sum_{t'=t}^{T} r_{\pi_{\boldsymbol{\theta}}}(s_{t'},a_{t'},s_{t'+1})$ 进行估计，具体估计公式为

$$r + \gamma V_{\boldsymbol{w}}(s') \tag{7.47}$$

时序差分学习方法无须采样完整的轨迹，智能体只需采样一步，获得即时回报 r，转移到下一个状态 s'，并用下一个状态的状态值 $V_{\boldsymbol{w}}(s')$ 来估计当前状态 s 下动作 a 的价值，此番操作是典型的自举方法。

7.7.2 A2C 算法简介

A2C（Advantage Actor–Critic）算法关键步骤是计算状态 s 和动作 a 的优势函数。智能体在状态 s 下基于策略 $\pi_{\boldsymbol{\theta}}(s)$ 产生动作 a，获得环境模型返回的即时奖励 r，以及下一个状态 s'。基于时序差分学习规则，我们可以计算优势函数为

$$\delta = r + \gamma V_{\boldsymbol{w}}(s') - V_{\boldsymbol{w}}(s) \tag{7.48}$$

优势函数和 TD 误差具有类似结构。因此随着状态值函数参数的迭代更新，优势函数值越来越小，因此状态值函数网络更新规则可表示为

$$w = w + \alpha_{\boldsymbol{w}}\delta\boldsymbol{\nabla} V_{\boldsymbol{w}}(s) \tag{7.49}$$

其中：$\alpha_{\boldsymbol{w}}$ 为状态值函数参数 $\boldsymbol{w}$ 的学习率，δ 为优势函数值，$\boldsymbol{\nabla} V_{\boldsymbol{w}}(s)$ 为状态值函数梯度。

同样，策略函数的神经网络模型参数的更新规则为

$$\boldsymbol{\theta} = \boldsymbol{\theta} + \alpha_{\boldsymbol{\theta}}\delta\boldsymbol{\nabla}\log\pi_{\boldsymbol{\theta}}(s,a) \tag{7.50}$$

公式中，$\alpha_{\boldsymbol{\theta}}$ 为策略函数参数 $\boldsymbol{\theta}$ 的学习率，δ 为优势函数值，$\boldsymbol{\nabla}\log\pi_{\boldsymbol{\theta}}(s,a)$ 为对数策略函数的梯度。

7.7.3　A2C 算法伪代码

综上述所，A2C 算法的伪代码如 Algorithm 8所示。A2C 算法与 AC 算法类似，主要区别是 AC 算法中值函数为状态–动作值函数，A2C 算法中值函数为状态值函数。A2C 算法主要框架如 Algorithm 8所示[126-128]。

Algorithm 8: A2C 算法伪代码

Input: 状态空间 $\mathcal{S}$，动作空间 $\mathcal{A}$，折扣系数 γ，以及环境模型 Env。
神经网络 $V_{\boldsymbol{w}}(s)$ 近似状态值函数，作为评论家。
神经网络 $\pi_{\boldsymbol{\theta}}(s,a)$ 近似策略函数，作为行动者。
初始化状态值函数 $V_{\boldsymbol{w}}(s)$ 参数 $\boldsymbol{w}$。
初始化策略函数 $\pi_{\boldsymbol{\theta}}(s,a)$ 参数 $\boldsymbol{\theta}$。
Output: 最优策略 $\pi_{\boldsymbol{\theta}}$

1 **for** $k = 0,1,2,3,4,5,...$ **do**
2 　% 基于当前策略 $\pi_{\boldsymbol{\theta}}(s,a)$ 与环境模型交互，获得轨迹序列 (s,a,r,s')
3 　**for** 轨迹中每一步 **do**
4 　　策略 $\pi_{\boldsymbol{\theta}}(s)$ 产生动作 a，获得即时奖励 r，以及下一个状态 s';
5 　　计算优势函数：
6
$$\delta = r + \gamma V_{\boldsymbol{w}}(s') - V_{\boldsymbol{w}}(s) \tag{7.51}$$

　　更新值函数网络：
7
$$\boldsymbol{w} = \boldsymbol{w} + \alpha_{\boldsymbol{w}}\delta\boldsymbol{\nabla} V_{\boldsymbol{w}}(s) \tag{7.52}$$

　　更新策略网络：
8
$$\boldsymbol{\theta} = \boldsymbol{\theta} + \alpha_{\boldsymbol{\theta}}\delta\boldsymbol{\nabla}\log\pi_{\boldsymbol{\theta}}(s,a) \tag{7.53}$$

　　$s = s'$

7.8 应用与实践的通用框架

深度强化学习融合诸多学科的思想和精华。深度学习和强化学习的融合极大地强化了人工智能系统的学习能力和决策能力。深度强化学习不同于强化学习中价值函数和策略函数的线性表示或者表格表示,深度强化学习引入非线性函数(深度神经网络模型)来近似价值函数和策略函数,使得强化学习的决策能力有较大提升,同时也带来很多极具挑战的问题,如难训练、难解释、难收敛、不稳定等。

深度强化学习中深度神经网络模型包括深度前馈神经网络(DFNN)、卷积神经网络(CNN)、注意力神经网络、循环神经网络(RNN)以及图神经网络(GNN)等。图神经网络和强化学习的融合是图强化学习的核心。

深度强化学习模型架构是研究者和应用者入门图强化学习模型的基础。一般的深度强化学习模型的深度学习模块替换成图神经网络(GNN)模型,就能提取和表示图类型数据状态和结构信息,将深度强化学习应用场景扩大到图相关决策任务。在深度强化学习建模过程中,模块化程序设计思想尤其重要。复杂模型和复杂系统都是通过子模型和子系统构成,可以看成是一个个模块组成,而模块之间的关联关系也错综复杂,通过替换不同模块能对模型和系统进行升级和改进。因此,需要深刻理解各个模块的原理和算法,也需要洞悉模块间的勾稽关系和业务逻辑,才能构建高效、稳定的人工智能决策系统,并能高效地迭代模型,持续改进和提升模型性能。

以强化学习中经典问题为例,简单介绍深度强化学习方法的算法原理、实践应用和编程实践。在深度强化学习建模过程中,需要将强化学习基础概念和各个功能模块进行模型化和抽象化。在此过程中,首要任务就是深入分析问题背景和问题结构,将问题建模成马尔可夫决策过程,定义和建模状态空间、动作空间、即时奖励、状态转移模型、策略函数、值函数、智能体模型等。我们采用 OpenAI 经典控制环境 Gym 中的经典游戏来阐述深度强化学习的建模和训练过程。

7.8.1 马尔可夫决策过程模型

深度强化学习模型具有两大核心模块,智能体模型和复杂环境模型,如图7-2所示。图中上部分为环境模型,下部分为智能体模型。智能体基于策略函数输出动作,环境模型返回即时回报和环境下一个状态。

深度强化学习建模过程类似于强化学习建模过程,将待解决的问题建模成马尔可夫决策过程。本节将以 OpenAI 控制环境 Gym 中经典控制游戏倒立摆(CartPole-v1)为例,简单介绍建模倒立摆游戏的马尔可夫决策过程,其关键的五元组分别为:

- 状态空间
- 动作空间
- 即时奖励
- 状态转移

- 折扣系数

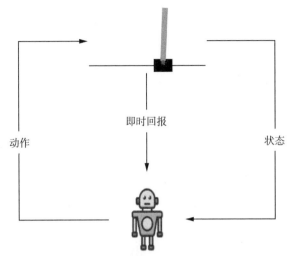

图 7-2 深度强化学习框架

7.8.2 状态空间

倒立摆 CartPole–v1 环境状态由四个变量表示，分别为小车位置 x、小车速度 v、杆的角度 θ、杆的角速度 ω。因此，倒立摆 CartPole–v1 环境的状态空间维度为 4，每一个时刻的状态可以表示为向量：(x, v, θ, ω)。当杆与垂直方向的夹角超过 15 度，或者小车从中心移动超过 2.4 个单位时，一轮游戏就结束，小车重置到初始状态。

7.8.3 动作空间

在倒立摆 CartPole–v1 游戏中，直杆初始是直立的，智能体的目的是防止它倒下。因此，需要训练智能体输出动作，分别为向左和向右施力。智能体通过向推车施加 +1 或 −1 的力来控制小车系统。倒立摆 CartPole–v1 环境的动作空间为离散动作空间，维度为 1，包含两个动作，分别为向左施力和向右施力两个动作。

7.8.4 状态转移函数

倒立摆 CartPole–v1 环境中小车的状态由四个变量表示：小车位置 x、小车速度 v、杆的角度 θ、杆的角速度 ω。四个变量都具有清晰的物理含义。倒立摆 CartPole–v1 环境是一个简单的物理模型系统，环境模拟较为简单，可以通过经典的牛顿力学等知识进行模拟。因此，环境模型可以基于牛顿力学构建状态转移函数，该部分已有大量的开源代码可实现。

7.8.5 即时奖励函数

在倒立摆 CartPole–v1 环境中，每个时间步直杆保持直立都会获得 +1 的奖励。智能体通过左右施加力控制小车，产生环境状态、行为动作、即时奖励等信息，构成完整的经验轨迹数据。

7.8.6 折扣系数

倒立摆 CartPole-v1 环境设定最大迭代次数为 500 个时间步。智能体计算累积回报时，需要考虑折扣系数 γ。

7.9 基于策略梯度算法的应用与实践

本节将简单介绍基于策略梯度算法的应用与实践，包括复杂环境建模、深度学习模型、深度强化学习算法、智能体模型以及模型训练等。

7.9.1 复杂环境模型

倒立摆 CartPole-v1 游戏设置简单且易操作，如图7-3所示。图中一根杆子通过一个无驱动的接头连接到一辆小推车上，小推车沿着无摩擦的轨道左右移动。倒立摆游戏虽然简单，但包含牛顿力学等相关知识，作为经典控制问题，CartPole-v1 游戏非常适用于深度强化学习模型示例。

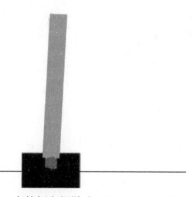

图 7-3　OpenAI 经典控制环境 Gym 中的倒立摆游戏（CartPole-v1）

在现实世界中，此类游戏甚多。例如，可将铅笔放在一个手指头上，因为铅笔容易倾斜或者手部抖动，需要通过移动手指来保持铅笔不会倒下。人类初次完成这个动作时容易失败，通过反复练习几次，能较快地掌握技巧，坚持一段时间保持铅笔不会倒下。倒立摆游戏的环境模型简化了移动过程，小车只能在一维空间中水平移动，而手指可以在三维空间任意移动。同样，强化学习智能体需要通过多次尝试来收集经验数据，优化策略函数，尽可能长时间保持小车上杆子不倒。

7.9.2 深度学习模型

深度强化学习模型的主要任务是为智能体训练最优化策略函数，而策略函数由深度学习模型（深度神经网络或图神经网络）表示。本例将采用简单的多层感知机模型来表示策略函数，具体代码如下：

```
1   import torch
2   import torch.nn as nn
3   import torch.nn.functional as F
4   # 定义神经网络模型
5   class deep_nn(nn.Module):
6       def __init__(self, action_space=2, input_dim=4, hidden_dim=64):
7           super(deep_nn, self).__init__()
8           self.linear1 = nn.Linear(input_dim, hidden_dim)
9           self.linear2 = nn.Linear(hidden_dim, action_space)
10      # 定义神经网络结构
11      def forward(self, x):
12          x = F.relu(self.linear1(x))
13          x = F.relu(self.linear2(x))
14          out = F.log_softmax(x, dim=0)
15          return out
```

示例代码采用深度学习模型框架 PyTorch 定义深度神经网络模型结构，输入参数为动作数量 action_space=2，输入状态维度 input_dim=4，神经网络模型的隐藏层神经元数量 hidden_dim=64。深度神经网络模型定义两个隐藏层，隐藏层神经元数量都为 64。神经网络输入层的神经元数量为 input_dim=4，输出层的神经元数量为 action_space=2，对应智能体两个动作，即向左和向右施加作用力。因此，神经网络模型表示输入状态到输出动作之间的映射关系。示例代码中第 6 行至第 9 行定义神经网络层，第 11 行至第 15 行运用已定义的基础神经网络层搭建神经网络模型结构。神经网络模型采用 ReLU 非线性激活函数，具体代码细节可参见相关配套资料。

7.9.3　深度强化学习算法

深度神经网络模型是深度强化学习模型的重要模块。在定义深度神经网络模型后，我们需要应用强化学习算法训练神经网络模型参数。深度强化学习智能体的策略函数将当前状态映射为动作空间中的动作，智能体通过策略函数与环境交互获得环境模型反馈的即时奖励值以及环境模型下一个状态，智能体继续基于新的环境状态输出当前最优动作（或次优动作），逐步迭代更新深度神经网络模型参数，最大化累积回报值。

深度强化学习算法基本流程可以简化为智能体与环境交互获得经验数据，并基于经验数据更新深度神经网络模型参数。深度强化学习算法众多，各具优缺点，如 Q 学习算法（Q–learning）、深度 Q 神经网络算法（Deep Q–Network）、策略梯度算法（Policy Gradient）、确定性策略梯度算法（Deterministic Policy Gradient）、深度确定性策略梯度算法（Deep Deterministic Policy Gradient）、孪生延迟深度确定性策略梯度算法（Twin Delayed DDPG）以及 D4PG（Distributed Distributional Deep Deterministic Policy Gradient）算法等。本例将采用深度策略梯度算法（Deep Policy Gradient）和 REINFORCE 算法来训练深度神经网络模型，融合深度神经网络模型的 REINFORCE 算法具体示例代码如下：

```
1  import torch
2  import torch.optim as optim
3  import torch.nn as nn
4  # 实现强化学习算法REINFROCE
5  class REINFROCE(nn.Module):
6      def __init__(self, policy, learning_rate=0.001, gamma=0.9999):
7          super(REINFROCE, self).__init__()
8          self.policy = policy
9          self.optimizer = optim.Adam(self.policy.parameters(), lr=learning_rate)
10         self.gamma = gamma
11         self.experience_buffer = []
12         self.baseline = []
13     def memory_data(self, data):
14         self.experience_buffer.append(data)
15     def learn(self):
16         self.optimizer.zero_grad()
17         discounted_reward_t = 0
18         loss = 0
19         for reward, prob in self.experience_buffer[::-1]:
20             discounted_reward_t = reward + self.gamma * discounted_reward_t
21             loss += -prob
22         if len(self.baseline) < 10:
23             self.baseline.append(discounted_reward_t)
24             loss = loss * discounted_reward_t
25         else:
26             self.baseline.append(discounted_reward_t)
27             loss = loss * (discounted_reward_t-torch.mean(torch.tensor(self.baseline[-10:-1])))
28         loss.backward()
29         self.optimizer.step()
30         self.experience_buffer = []
```

在深度强化学习训练之初，智能体的策略函数是随机初始化的策略函数，智能体与环境模型交互，获得样本轨迹数据 τ，样本轨迹数据由一连串的状态、动作和即时回报组成，即

$$\tau = \{s_0, a_0, r_0, s_1, a_1, r_1, s_2, a_2, r_2, \cdots, s_T, a_T, r_T\} \tag{7.54}$$

示例代码中函数 memory_data 将交互得到的经验轨迹数据保存到变量 experience_buffer，作为模型训练和梯度估计的数据。针对每一条轨迹 τ，我们可以计算轨迹 τ 的累计回报为

$$G(\tau) = \sum_{t=0}^{T} \gamma^t r_t \tag{7.55}$$

其中：γ 为折扣系数。γ 取值为 0 到 1 之间。γ 越大，智能体越注重远期收益。γ 越小，智能体越不注重远期收益。

在深度强化学习模块的示例代码中，learn 函数实现了 REINFORCE 算法过程，采用 Adam 梯度更新算法，如 REINFORCE 算法示例代码的第 9 行所示。在机器学习优化算法中，很多优秀的梯度更新算法具有较好的优化性能，如随机梯度下降算法（SGD）、加入动量因子的 Momentum SGD、改进后的 Nestrov Momentum SGD、学习率能够随着梯度变化而自适应调节的自适应梯度下降（Adagrad）算法、RMSprop 梯度下降算法、Adadelta 梯度下降算法等。示例代码的第 28 行计算累积梯度，并在第 29 行更新深度神经网络模型参数。

7.9.4　智能体模型

深度神经网络模型提取环境状态信息进行决策，深度强化学习模型优化和更新深度神经网络模型参数。智能体模型结合定义好的复杂环境模型、深度神经网络模型、强化学习模型来训练智能体的策略函数，即优化深度神经网络模型参数，具体示例代码如下：

```
1   from torch.distributions import Categorical
2   import torch
3   import torch.nn as nn
4   import torch.nn.functional as F
5   import gym
6   device = torch.device("cuda:0" if torch.cuda.is_available() else "cpu")
7   env = gym.make('CartPole--v1')
8   learning_rate = 0.01
9   episodes = 500
10  gamma = 0.999
11  log_interval = 10
12  dnn = deep_nn(action_space=2, input_dim=4, hidden_dim=64)
13  learner = REINFROCE(dnn, learning_rate, gamma).to(device)
14  sum_reward = 0
15  sum_reward_list = []
16  action_list = []
17  for episode in range(episodes):
18      state = env.reset()
19      state = torch.tensor(state, dtype=torch.float)
20      done = False
21      step = 0
22      while not done:
23          action_prob = learner.policy(state.to(device))
24          action_distrib = Categorical(torch.exp(action_prob))
25          action = action_distrib.sample()
26          next_state, reward, done, _ = env.step(action.item())
```

```
27        learner.memory_data((reward, action_prob[action]))
28        state = next_state
29        state = torch.tensor(state, dtype=torch.float)
30        sum_reward += reward
31        step += 1
32
33    learner.learn()
34    sum_reward_list.append(sum_reward)
35    sum_reward = 0.0
```

在智能体模型的示例代码中，第 1 行至第 5 行导入模型相关模块，第 6 行获得系统可行的计算设备，如果 GPU 可用，模型将优先使用 GPU 加速训练过程。第 7 行定义环境模型，采用 OpenAI 经典的 Gym 模型库中的倒立摆游戏。第 8 行至第 11 行定义参数更新的学习率、累积奖励的折扣系数和训练过程记录信息的间隔步长。

第 12 行定义深度神经网络模型 dnn，dnn 输入参数为动作数量 action_space、状态变量大小 input_dim 和隐藏层神经元数量 hidden_dim。动作空间大小决定深度神经网络模型输出层神经元数量。状态变量大小决定深度神经网络模型输入层神经元数量。环境模型的状态变量大小为 4，对应状态向量 (x, v, θ, ω) 的长度。神经网络模型的输出层神经元数量为 2，对应动作空间大小，为离散动作空间，分别对应向左和向右施加作用力。

示例代码的第 13 行构建强化学习 REINFORCE 算法实例 learner。第 17 行至第 31 行为模型训练过程，包括智能体与环境交互过程，收集大量的经验轨迹数据，存入 learner 的变量 experience_buffer 之中，然后运用 REINFORCE 算法更新深度神经网络模型参数。

7.9.5　深度强化学习模型训练结果

深度强化学习智能体的训练过程存在较多挑战，我们按照示例代码中超参数训练智能体策略函数对应的神经网络模型参数，并统计智能体获得的累积回报情况。智能体模型训练 500 个回合，智能体获得的累积回报值变化情况如图7-4所示。图中每条线对应一个学习率，四个模型结构一样，只是超参数学习率不一样，分别为 0.05、0.02、0.01 和 0.005。随着模型的训练次数增加，智能体获得的累积回报值越来越高，最后慢慢收敛至最优，智能体获得的累积回报值达到 500（CartPole-v1 环境设置智能体最大时间步为 500）。在机器学习模型中，学习率是一个重要的超参数。学习率太大，模型不稳定，不容易收敛，如图中学习率为 0.05 和 0.02 的情况。学习率太小，学习速度较慢。

在图7-4中，较优的学习率为 0.005，模型迭代 200 个回合后达到最优，但模型收敛过程也存在不稳定情况，可以运用更加高级的深度强化学习算法，如深度 Q 神经网络算法、深度策略梯度算法、确定性策略梯度算法、深度确定性策略梯度算法、孪生延迟深度确定性策略梯度算法等。

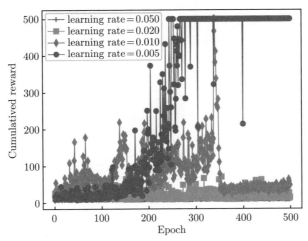

图 7-4　CartPole-v1 环境中深度强化学习模型训练结果

7.10　基于深度 Q 网络算法的应用与实践

深度强化学习模型直接从原始游戏画面的像素级数据学习游戏控制策略函数[130]，并达到人类游戏控制水平，极大激发了深度强化学习研究热潮。游戏控制策略函数主要结构为深度卷积神经网络模型，训练模型的算法是 Q-learning 改进版，且提出两个关键改进思想，使得模型训练更加稳定和高效。Mnih 等人的研究成果[130] 震撼人心，算法从输入的原始像素数据学习人类水平的控制智能，从像素到智能决策，跨度如此之大，体现人工智能和深度强化学习的巨大潜力，使得深度强化学习模型得到大量关注和发展。我们将以 Atari 中 SpaceInvaders 游戏为例，介绍深度强化学习模型的应用和实践。

一般来说，深度强化学习模型建模现实问题之前，可以先从人类视角去体会和了解人类进行策略学习和策略改进的过程。在玩 SpaceInvaders 游戏过程中，人类决策的信息来源于游戏画面。人类基于所看到的游戏环境状态来决定下一步动作。在 SpaceInvaders 游戏中，智能体的任务是消灭更多的太空入侵者，而获得奖励分数，分数越高，智能体越优秀。

深度强化学习的目标是通过不断更新和改进策略，使得累积得分越高越好。我们将从七个方面（状态空间、动作空间、状态转移模型、奖励函数、环境模型、策略函数模型和深度强化学习算法）入手，结合示例代码介绍深度强化学习模型的训练过程和结果。

7.10.1　游戏环境状态空间

在视频游戏状态空间中，状态变量是原始 Atari 游戏画面图像，即 210×160 像素图像，颜色为 128 色，Atari 游戏画面颜色只是为了美观，对游戏控制决策的影响较小。高画质和色彩增加了模型的计算量和存储资源的消耗。因此，可以对原始数据进行预处理。例如，原始画面转换成灰度图，且缩小图像大小，具体处理过程如图7-5所示。

在数据预处理过程中，我们结合具体问题来抽象化特征变量，对于一些不必要的信息进行人工过滤和转化，节约计算资源和存储资源，同时也能提高决策精度和智能化水平。例如，在围棋游戏中，棋盘颜色和棋子表面纹路等信息在围棋落子决策过程中没有价值。因此，在状态表示过程中，算法可以过滤掉此类信息。在环境状态空间的设计过程中，我们不能完全寄希望于端到端的深度学习模型，而忽视原始数据预处理的重要性。

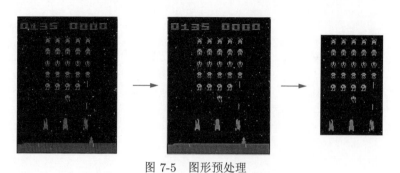

图 7-5　图形预处理

7.10.2　智能体动作空间

SpaceInvaders 游戏作为简单射击类游戏，智能体能左右移动，动作空间为一个离散型的变量，分别对应向左移动、不动、向右移动以及射击和不射击，如图7-6所示。

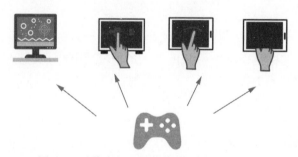

图 7-6　动作空间，游戏控制器对应的动作

图7-6简单展示智能体动作，如射击或不射击、向左移动、向右移动和不动。在 SpaceInvaders 游戏环境中，动作空间是离散型变量，因此选择的深度强化学习算法必须能够兼容离散型动作输出，如深度 Q 网络算法等。

7.10.3　游戏即时奖励

SpaceInvaders 游戏画面可以显示当前智能体累积奖励值，每次动作的即时奖励可以通过动作前后累积回报值的差值定义。在实际训练过程中，即时奖励可以作为环境模型的输出变量，并独立输出，不需要构建模型识别游戏画面的累积回报值。虽然智能体能从画面中有效地进行数字识别，但是增加了模型复杂度和训练难度。

本示例展示深度强化学习模型从像素级数据到人类级游戏控制策略的建模过程和学习过程。SpaceInvaders 视频游戏的即时奖励比较明确，不需要增加过多的人工设计和人为因素也能够比较高效地训练智能体，并达到人类玩家的控制水平。

7.10.4　游戏状态转移模型

游戏环境作为智能体交互对象，状态转移模型较为简单。可以将状态转移过程简化成时间推移过程，游戏的后续画面作为智能体获得的游戏环境下一个状态。当前游戏环境状态 s_t 是当前智能体所看到的游戏画面，下个状态 s_{t+1} 就是下一个时刻游戏画面。在实际智能体训练过程中，我们将连续的 k 个画面同时作为状态变量传入策略函数，此时的环境状态变量不是游戏图像的二维矩阵形式，而是三维张量形式。连续的 k 个画面作为环境状态，包含更多游戏系统信息，智能体能从连续画面中识别出速度、方向等信息。

7.10.5　游戏环境模型

在深度强化学习模型中，环境模型融合状态空间、动作空间、即时奖励模型、状态转移模型等。基于游戏状态空间、动作空间、即时奖励模型和状态转移模型，环境模型需要在接收到智能体动作后能够即时返回一个奖励值和下一个状态。

在绝大部分深度强化学习落地项目中，项目最主要的工作是构建与智能体交互的环境模型。环境模型的好坏直接影响智能体的应用和部署表现。有效的环境模型建立在深度理解项目背景和业务逻辑的前提之下。本示例将直接使用 Arcade 学习环境 Atari 2600 中的 SpaceInvaders 游戏环境模型。

7.10.6　游戏策略模型

在智能体与环境模型交互过程中，智能体基于环境状态变量进行智能化决策。例如，此示例中智能体进行移动和射击来消灭太空入侵者。策略模型部分为深度神经网络模型，也是深度强化学习的"深度"部分，即深度学习模型，如深度前馈神经网络、深度卷积神经网络、深度循环神经网络、深度图神经网络等。SpaceInvaders 游戏画面是规则的三维张量形式，深度卷积神经网络模型适合处理此类图像数据。

此示例中深度强化学习模型的强大之处在于将游戏画面的像素信息直接转化成游戏智能控制操作，深度强化学习智能体在游戏环境中获得与人类相差无几的表现。策略模型示意图如图7-7所示，中间部分表示深度神经网络模型，可采用深度卷积神经网络模型，模型的优劣直接关系到智能体策略函数对游戏画面信息的提取能力和高层次特征的抽象能力，提取到的信息越有价值，越能够获得高质量的决策行为。

7.10.7　深度强化学习算法

如何训练智能决策模型（深度神经网络），如何学习深度学习模型海量的参数，如何最终获得一个优质的策略函数，这些都是深度强化学习算法可以解决的问题。深度强化学习算法是智能系统的重要部分，也是深度强化学习中的"强化学习"部分。基于大量的深度强化学习算法和开源代码库，可以基于问题背景和模型特征选择合适的深度强化学习算法。

本示例介绍应用深度强化学习算法 DQN 训练智能体，完成 SpaceInvaders 游戏的控制。深度强化学习算法家族庞大，可供选择的算法非常之多，如深度 Q 神经网络算法、深度策略梯度算法、确定性策略梯度算法、深度确定性策略梯度算法、孪生延迟深度确定性策略梯度算法等。

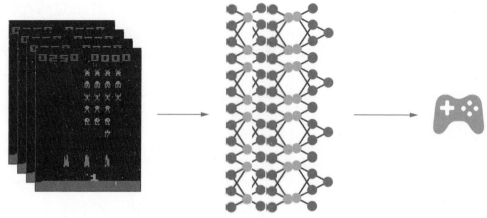

图 7-7　策略模型示意图

7.10.8　模型训练分析

复杂环境系统的决策问题需要进行非常细致的问题抽象和模型构建。从建模状态空间和动作空间开始，策略函数的输入变量为环境状态信息变量，策略函数的输出变量为动作信息变量。状态空间和动作空间是智能体最容易被外界所理解和观察到的模块，也是环境模型的基础。

基于不同的状态和动作对，环境模型需要输出一个即时奖励值，因此我们需要对环境奖励建模。深度强化学习智能体完全基于环境的即时反馈信息进行策略更新和改进。在实际问题中，奖励建模是非常困难的部分，同时也是非常关键的建模步骤。

在状态空间的基础上，状态转移函数决定智能体在状态空间中从一个状态跳转至下一个状态的动力学过程。智能体在不同状态间跳转，探索环境状态空间，为优化智能体的策略函数收集经验轨迹数据。智能体在当前策略下探索环境，收集数据，更新策略，循环迭代，期望获得更高的累积回报。

环境模型融合状态空间、动作空间、奖励模型和状态转移模型。环境模型承担与智能体进行交互的任务，同时也是智能体学习的环境。环境模型与真实环境越接近，智能体策略函数的迁移效果和泛化效果也越好。深度强化学习的主要任务是学习智能体的策略函数模型。一般来说，策略函数模型是用深度神经网络模型表示。图神经网络模型的策略函数用深度图神经网络模型表示。

整合上述七个模块，构建基于深度强化学习的游戏控制系统，并给出模型构建和模型训练的主要代码，具体代码如下所示：

```
1  #导入环境模型库
2  import gym
3  #导入策略模型多层感知机
```

```
4   from stable_baselines.deepq.policies import MlpPolicy
5   #导入深度强化学习算法DQN
6   from stable_baselines import DQN
7   #构建智能体学习环境模型太空入侵者'SpaceInvaders-v0'
8   env = gym.make('SpaceInvaders-v0')
9   #初始化深度强化学习算法DQN，构建智能体agent
10  agent = DQN(MlpPolicy, env,verbose=1,tensorboard_log='log')
11  #训练智能体agent，迭代次数为25000
12  agent.learn(total_timesteps=25000)
13  #保存训练的智能体模型agent
14  agent.save("SpaceInvaders")
15
16  #加载已训练的智能体模型agent
17  agent = DQN.load("SpaceInvaders")
18  #初始化环境模型
19  obs = env.reset()
20  #测试智能体agent玩游戏
21  while True:
22      #智能体agent基于环境的当前状态输出动作action
23      action, _states = agent.predict(obs)
24      #环境env结合自身的状态和智能体agent的动作action输出下一个状态obs和即时奖励rewards
25      obs, rewards, dones, info = env.step(action)
26      #可视化智能体和环境状态
27      env.render()
```

对比前一章节基于 PyTorch 的示例代码，基于 stable_baselines 的核心代码简单且高效，能够学习一个非常智能的策略来操控 SpaceInvaders 游戏，并获得较高分数。示例代码的简洁主要归功于两大模块：环境模块和深度强化学习算法模块。本例中两个最难、最复杂的模块已有开源代码库，只需要进行合理调用即可。示例代码第二行的 import gym 语句导入智能体学习的环境集合库：OpenAI 的开源代码库 gym。研究人员能够很方便地测试深度强化学习算法性能，并与其他算法对比分析。stable_baselines 是 GitHub 上开源的深度强化学习算法库，包含很多流行的深度强化学习算法，进行了非常高效的封装，智能系统开发人员能够便利地调用。MlpPolicy 是 stable_baselines 定义的策略函数模型，即深度神经网络模型。

7.10.9　模型结果分析

示例代码选择经典的深度 Q 网络（DQN）算法作为深度强化学习算法，更新智能体的策略函数参数，模型训练结果如图7-8所示。

图7-8是基于 DQN 的深度强化学习模型训练情况。图7-8是模型训练过程中 Tensorboard 记录的参数和变量演化情况，Tensorboard 提供便利的可视化结果。图中纵坐标为

episode_reward, 表示模型在训练过程中智能体每一轮（Episode）游戏获得的累积回报值。纵轴坐标为累积回报值，横轴坐标为训练的迭代次数。智能体模型训练 25 000 次以后，平均每轮游戏的得分达到 300 分左右。

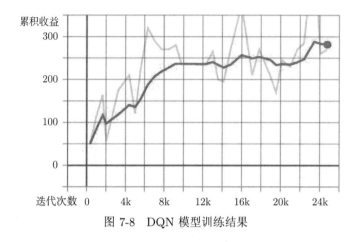

图 7-8　DQN 模型训练结果

我们对比 Mnih 等人 Nature 论文结果可以发现，完全随机策略的情况下（随机移动和随机射击），智能体平均得分为 148 分。此示例中简单十几行代码能够达到随机策略的近 2 倍效果。Nature 论文中基于 DQN 的智能体平均得分达到了 1976，标准差为 893[131]。Nature 论文中 DQN 智能体的得分是本例近 7 倍，原因是 Nature 论文中 DQN 智能体在状态空间和深度神经网络模型架构上进行了大量改进。

在实际运用过程中，优秀的深度强化学习算法要达到最好的效果，与很多因素有关系。整合各个智能模块和调整策略函数的优化过程是一个复杂的系统工程，需要对深度强化学习模型的每一个模块进行非常细致的分析和改进。

7.10.10　模型改进分析

图7-8是 Tensorboard 记录的模型训练中参数和变量情况，为模型训练和参数调优提供非常有价值的信息。在实际应用中，深度强化学习模型的训练技巧非常之多，理解模型的超参数和功能模块是参数调优和模型优化的基础。本示例模型有很多不足之处，和 Nature 论文的 DQN 模型相比要逊色太多。我们为了改进 SpaceInvaders 游戏控制模型，同样可以从七个方面进行改进，如图7-9所示。

图7-9是基于深度强化学习算法构建智能决策模型的关键模块和步骤，以及模块改进方向。在智能模型和系统改进过程中，需要重新审视现有模型的各个模块部件，找出可以改进的模块进行更新迭代。基于深度强化学习算法的智能决策模型的改进过程与原始的强化学习过程极其相似。研究者和开发人员通过不同的改进操作（如超参数调优），能获得一定的奖励值（训练的智能体获得的累积回报值升高或者降低的信号）。研究者和开发人员基于反馈信息进行模型改进、优化和迭代，探索不同的超参数组合、不同模型结构和模块组合。

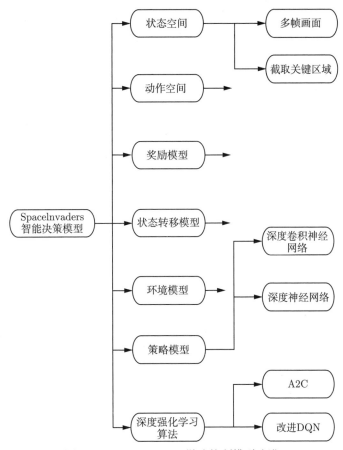

图 7-9　SpaceInvaders 游戏控制模型改进

在智能模型的迭代更新和改进过程中，需要从全局视角对各个模块进行更新和改进，为了能够更好地确定改进模型的关键模块，每次改进一个模块，控制其他模块不变。在深度神经网络模型构建方面，神经架构搜索（Neural Architecture Search, NAS）具有非常好的效果，NAS 方法能改进和探索深度神经网络模型结构。诸多深度学习模型的改进方法在深度强化学习模型改进过程中同样适用，而且也能有效地提高深度强化学习模型性能。例如，超参数中网络层数、每层神经元数量、激活函数类型等关于深度神经网络结构参数，都直接影响深度强化学习模型性能。神经架构搜索方法通过大量计算进行网络结构超参数的搜索，确定最优网络结构。

图7-9列举了基于深度强化学习算法的智能决策模型可改进模块。例如，状态空间可以采用多帧画面同时作为状态变量，Nature 论文中的 DQN 模型进行游戏画面关键区域的截取，能对最终的策略函数产生一定的影响。深度学习领域已经有严格的数学证明，表示多层神经网络模型能够拟合任意函数。但是针对不同数据类型，一般采用特定的深度学习模型。在示例中，策略模型采用深度卷积神经网络模型的效果一般比多层感知机好。深度卷积神经网络模型更加适合处理图像数据。同样，为了提高模型的性能，也可以改进深度强化学习算法，如 A2C、Rainbow DQN 算法等[132]。

∽ 第 7 章习题 ∽

1. 相较于经典强化学习而言，深度强化学习方法的主要改进是什么？
2. 熟悉深度强化学习算法原理。
3. DQN 算法中目标网络的功能是什么？
4. 深度策略梯度优化算法中目标函数是什么？
5. 优势函数的功能是什么？
6. A2C 算法中状态–动作值函数和策略函数的功能分别是什么？
7. 应用深度强化学习算法构建智能决策模。
8. 比较分析 A2C、DQN、DPG 算法的优劣。

第三部分 图强化学习模型框架和应用实践

第 8 章

图强化学习基础

内容提要

- ❏ 强化学习
- ❏ 图
- ❏ 图理论
- ❏ 硬件层
- ❏ 平台层
- ❏ 算法层
- ❏ 应用层
- ❏ 复杂环境模块
- ❏ 深度强化学习
- ❏ 深度神经网络
- ❏ 智能体模型

8.1 图强化学习背景

图强化学习表面上是融合图和强化学习，其实图强化学习是一个高度跨学科和跨领域的研究方向。图是建模复杂系统的有效工具，复杂系统中诸多复杂问题都可以建模成图问题或者网络相关问题。因此，图强化学习能够解决复杂社会系统、复杂经济系统、复杂生物系统、复杂物理系统的诸多控制问题、优化问题和决策问题。同时，图和网络密切相关，也是社会网络、经济网络和金融网络的重要分析方法和研究工具。图强化学习是高度跨学科的、广泛的、普适的和有效的研究领域。

8.1.1 多学科交叉融合

强化学习融合诸多领域知识，如概率论、数理统计、控制论、最优化理论、动态规划、机器学习、神经科学等。近年来蓬勃发展的深度强化学习更是融合深度学习方法，将深度神经网络模型、深度卷积神经网络等模型融入强化学习方法，提升了强化学习的感知能力和决策能力，极大拓展了深度强化学习的应用领域和研究范围。

近年来，学科之间的交叉融合越来越深入，也越来越普及。如何有效处理复杂系统的大问题，需要融合不同学科之间的知识，同时借助计算机的大数据处理能力，将大数据、大算力、大模型的优势发挥到极致，使得很多以前不曾奢望的超复杂模型也能够训练起来，很多复杂问题也能够通过数据、算力和算法的结合被解决。近年来人工智能领域最有名的例子就是 AlphaGo 和 ChatGPT。AlphaGo 是 DeepMind 开发的一种围棋程序，人类智慧的最后堡垒也在算法和算力的加持下被人工智能专家攻破。ChatGPT 是 OpenAI 开发的一种聊天机器人，通过学习和理解人类的语言，基于聊天的上下文进行互动，协助人类完成一些工作，例如论文写作、诗歌创作、语言翻译、代码编写等。

8.1.2 多学科关联关系图

图强化学习模型涉及非常之多的概念和模块，是入门图强化学习的主要内容。图强化学习方法基础知识较多，内容较为庞杂，涉及的基础知识有着较深的原理和思想，横跨多个学科领域，融合多个研究方向，而且所涉及学科领域和研究方向都是一些前沿领域和经典算法。同时，图强化学习正处于蓬勃发展阶段，很多新内容和新算法层出不穷，推动着图强化学习向前发展。通过理论学习和实践应用，探索入门图强化学习的高效路径，为解决复杂图决策问题提供有效工具和解决方案。图强化学习基础如图 8-1 所示。

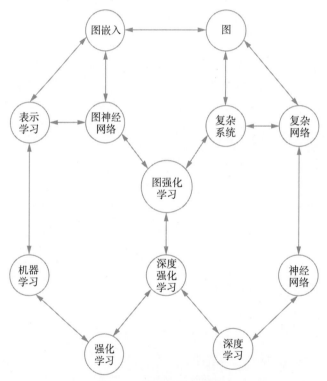

图 8-1 图强化学习基础

图强化学习入门知识从最基础的复杂系统和图表示开始，融合了很多前沿的学习算法，也有很多只是入门级的简单介绍。如果要对图强化学习有较为深刻的理解，需要对不同的基础模块深入探索和研究，并对各个模块之间的关联关系进行分析，做到融会贯通，举一反三。图8-1是图强化学习相关的核心学科和研究领域，以及它们之间的关联关系。

图强化学习基础知识之间的关联结构本身就可以建模成知识点之间的网络关系。图8-1是图强化学习各个知识点之间的关联关系，为了清晰地显示，图8-1中并没有显示所有的关联关系。如图8-1右上角所示，从复杂系统的视角切入图强化学习基础知识，复杂系统是复杂决策问题的背景，也是智能体的决策环境，更是复杂图或复杂网络的建模对象。复杂系统思维或复杂性思维方式也是图强化学习建模的重要思路。

8.1.3　图与网络的基础理论和方法

从复杂系统（第 1 章）开始介绍图强化学习所面对的复杂决策问题以及复杂决策环境。因为环境或系统的复杂性超越人类认知，才需要复杂算法和复杂模型辅助人类进行智能决策。在诸多表示复杂系统的方法中，图（第 2 章）和网络（第 3 章）是最常用的模型和方法。图作为数学领域的古老分支，一直是数学研究的重要领域，为很多学科输送了大量的精妙理论和优秀方法。近些年来，复杂网络科学的飞速发展，使得复杂网络分析方法广泛运用于越来越多的科学研究领域和工程应用领域，而且取得举世瞩目的成就。

8.1.4　图与机器学习的基础理论和方法

图和网络能很好地表示和建模复杂系统或复杂决策问题。将复杂系统很多复杂决策问题形式化，抽象成图或网络上的决策问题。在图分析和网络分析的基础上，图嵌入方法和网络嵌入方法（第 4 章）引入机器学习的思想和相关方法，提高了图数据和网络数据的处理和分析效率。基于图嵌入方法和网络嵌入方法，我们将网络节点和连边以及全局图映射到低维空间，进而在低维空间中解决所面对的图节点问题、连边问题和整图问题。

8.1.5　图神经网络的基础理论和方法

在图嵌入和网络嵌入算法的基础上，图神经网络模型（第 5 章）有较大进步和拓展，融合深度学习模型，实现端到端的训练。在大规模图和复杂问题中，图神经网络模型更加具有可行性和实用性。因此，图神经网络模型是图强化学习感知图或网络环境的重要模块。得益于图神经网络模型的表示能力和学习能力，图强化学习模型的决策智能进一步得到了提高，也拓展了强化学习模型的应用领域。

8.1.6　深度强化学习的基础理论和方法

在深度前馈神经网络、深度卷积神经网络或深度循环神经网络模型的加持下，强化学习的感知智能和决策智能都取得了跨越式提升。深度强化学习（第 7 章）的成熟算法与图神经网络模型深度融合，图强化学习或深度图强化学习模型在图任务或网络任务上具有较大的应用潜力和研究价值。深度强化学习的基础理论和方法是入门图强化学习的基础。

深度强化学习是图强化学习模型的核心部分。深度强化学习是序贯决策问题的有效解决方法，基本框架如图8-2所示。强化学习（第 6 章）框架主要包含两大组成部分：环境模型和智能体模型。基于当前策略函数和状态信息，智能体输出行为动作，与环境模型交互，获得即时回报和下一个环境状态，依次迭代。智能体获得经验轨迹数据，更新和优化策略函数。

在图强化学习模型中，环境模型基于图或网络模型构建，借助图深度神经网络模型提取图或网络信息，图强化学习模型在环境表示和策略表示方面有较大提升。图强化学习是人类寄予厚望的人工智能算法，将在越来越多的领域发挥智能决策能力和学习能力，助力各个学科的发展。同时，图强化学习模型也从各个学科汲取营养，多学科交叉融通，学科之间共同演化和进步。

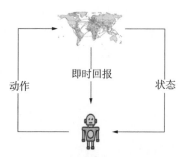

图 8-2　深度强化学习框架

图8-2中环境模型包含国际贸易网络，环境模型将国际贸易网络结构属性和语义属性作为状态，返还给智能体（图下方机器人）。智能体感知环境状态后做出智能动作，环境获得智能体动作后返回给智能体一个即时回报和下一个状态。智能体继续基于状态作出动作，依此循环迭代，直至智能体到达环境的终止状态。我们将此过程称作智能体与环境的一次完整的交互过程，称作一次轨迹采样，或者一个回合。智能体将经验轨迹数据中所有即时回报累加求和，作为智能体的优化目标，通过优化策略函数，最大化智能体一个回合的累积奖励。智能体与环境交互过程中获得经验轨迹样本和累积奖励，以此优化智能体策略函数，使得策略函数朝着获得更多累积收益的方向更新和优化。

8.2　图神经网络和强化学习

强化学习本身是一个跨学科领域，融合概率论、控制论、信息论、人工智能、神经科学等学科的思想和方法。科学发展同样也有"天下大势，分久必合，合久必分"的规律。现阶段科学发展处于交叉融合的阶段。面对复杂科学问题，单一的学科领域知识已经不足以有效地解决相关复杂问题，而借助于不同学科的思想、理论、方法和技术，从新的视角和层面解决复杂科学问题成为极具挑战和潜力的方向。

8.2.1　图神经网络和强化学习的融合

图强化学习融合深度强化学习和图神经网络模型等方法。在实际应用中，为了融合图神经网络模型和深度强化学习模型，需要对两者进行非常深刻的理解和分析，然后对实际问题进行分析、建模、训练和部署。图神经网络模型作为图强化学习系统的感知器（图特征信息提取模块），能够很好地挖掘图结构信息或网络结构信息或语义信息，为智能决策提供有价值的决策变量，提高图强化学习模型的泛化性和普适性。

8.2.2　图强化学习和强化学习的区别

图强化学习与经典强化学习和深度强化学习的主要区别在于，图强化学习中深度学习模型为深度神经网络模型，融合深度图学习模型和强化学习算法。深度图学习模型作为深度强化学习系统的感知器，对复杂环境状态（图或网络状态信息）进行表示学习。换而言之，图强化学习是深度强化学习的子集或拓展。图强化学习是深度强化学习在图数据或网络数据上的拓展应用。

借助深度学习模型强大的表示能力和学习能力，深度强化学习模型极大地提高了强化学习算法在复杂环境中的决策智能。同样，在图强化学习系统中，图神经网络模型能够针对具有图结构的复杂环境状态进行高效地学习和表征，进一步拓展深度强化学习模型的应用场景和表示学习能力，也提高了图强化学习系统的决策智能。

强化学习经过近几十年的发展，在理论和方法上取得了丰硕成果。基于值函数的 Q 学习算法以及基于策略梯度的强化学习算法都表现出强大的应用前景。深度学习的兴起，深度神经网络模型的流行，融合深度学习和强化学习的深度强化学习在围棋领域的突破让世界震惊，也使得深度强化学习进入快速发展的道路。同时，深度强化学习也被寄予厚望，大量学者、科研工作者和行业人员希望借助深度强化学习，在人类迈向通用人工智能的道路上加速前行，使得大数据、大模型更具可行性。因此，有理由认为图强化学习作为深度强化学习的子领域，更具发展潜力，是深度强化学习在图数据或网络数据相关的复杂决策问题上的拓展和应用。

8.2.3　图神经网络提升强化学习性能

图神经网络模型和强化学习算法的融合为解决复杂决策问题带来新方法和新思想。在两者的融合过程中，图神经网络模型为强化学习提供强大的感知能力、表示能力和学习能力。图神经网络学习模块能够拓展深度强化学习的应用场景，提高强化学习模型的应用效能，而且能够更高效地学习图结构的环境特征，特别是图或网络相关的环境特征。

图神经网络模型替换先前的深度前馈神经网络、深度卷积神经网络或者是深度循环神经网络，将强化学习的应用场景扩展到更多的实际应用环境，极大地增强了强化学习的可扩展性和普适性。在实际应用中，图数据或网络数据非常普遍，而图神经网络模型能够更好地学习到图相关的环境特征信息，为深度强化学习的决策智能提升提供有效决策信息。

在深度强化学习模型中，智能体识别复杂环境信息作为状态特征，并进行智能决策，输出智能行为动作。在图强化学习模型中，复杂环境一般由复杂图或复杂网络表示，因此环境状态特征即为图或网络结构特征和语义特征。因此，如何有效地表示图和网络结构特征，是训练和优化智能体策略函数的关键。智能体与复杂环境交互，获得环境状态的有效表示后，深度强化学习智能体能够基于当前状态进行更好的决策。因此，在图强化学习模型中，深度强化学习作为决策模块，而图神经网络模型作为感知模块，强强联合，互相促进，共同完成图上的学习任务和智能决策任务。

8.2.4 强化学习提升图神经网络性能

对于图神经网络模型而言，深度强化学习算法能够对图神经网络结构进行探索和优化，提高图神经网络模型性能。神经网络架构搜索是机器学习的领域之一，神经网络结构搜索也是 AutoML 的一个子领域，自动化完成机器学习问题和深度学习问题。在自动机器学习领域，在不同行业和不同问题中，大量研究工作依托高性能计算，搜索神经网络架构，深度强化学习方法将模型架构优化过程自动化。图神经网络模型作为图深度学习的经典模型，同样存在大量可调节超参数，模型优化过程需要较大的资源耗费。

强化学习通过优化图神经网络模型架构，进行神经网络模型架构搜索，提升图神经网络模型绩效。图神经网络模型包含很多超参数，比如网络结构、网络层数、神经元数量、激活函数、领域信息汇聚函数、信息更新函数等，这些超参数都直接影响图神经网络模型的学习能力和表示能力。为了构建更优的图神经网络模型架构，可以采用强化学习算法进行超参数搜索，构建更优的图神经网络模型。同样，在图神经网络模型可解释性研究方面，强化学习算法也能够提供新思路和新方法。

8.3 图强化学习模型概要

模块化编程思想是构建大规模、超复杂系统时常使用的方法。图强化学习包含很多模块，可以简单分成复杂系统、环境模型、图和网络、深度神经网络、深度强化学习和优化算法等模块，如图8-3所示。

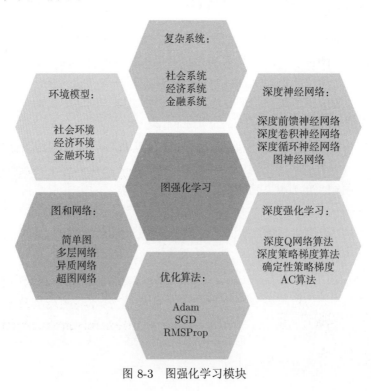

图 8-3 图强化学习模块

8.3.1　复杂系统

复杂系统模块包含问题背景和建模场景。当面对不同的复杂问题时，对应的复杂系统都需要进行抽象和建模，建模成图或网络相关的模型。例如，社会系统、经济系统和金融系统中存在大量建模成复杂社会网络、复杂经济网络和复杂金融网络的研究成果。

图强化学习方法是一个通用且可扩展的模型框架，适用于不同的复杂系统。我们通过将复杂系统抽象成通用的图或网络，进而形式化特定复杂问题，借助于图神经网络模型强大的表示学习能力和强化学习的决策优化能力，图强化学习方法适合构建复杂系统中复杂决策问题的智能决策系统。

8.3.2　环境模型

针对不同的复杂系统，结合特定问题可以构建复杂环境模型。在模型训练过程中，环境模型是智能体与之交互的对象，如社会环境模型、经济环境模型和金融环境模型等。一般情况下，面对不同的问题需要更换特定的环境模型，能够训练不同的智能体来解决特定的问题。

复杂环境模型具有与智能体的交互接口或者交互规则，因此所有的环境模型都需要实现和构建相似的接口，强化模型的可拓展性和普适性。模块化编程或者面向对象编程思想极大地简化了不同环境模型的切换，使得同样的图强化学习模型框架能够便捷地解决不同类型复杂环境中的特定复杂问题。

8.3.3　图和网络

当面对特定复杂系统和特定复杂问题时，需要将复杂系统和问题抽象成图或网络相关的问题。图和网络类型很多，而且具有不同结构特征和演化规律。图包括简单图、多层网络、多重网络、异质网络、动态网络等。在模型建立之初，我们需要充分理解和分析所面对的复杂系统和复杂问题背景，选择合适的图或网络模型。

在实际应用中，越复杂的图和网络模型并非一定取得越好的效果。虽然异质图、多重图、动态图等能够更加准确地描述复杂系统结构和动力学特征。但是在学习和优化过程中，异质图、多重图、动态图更加难以训练和优化。图强化学习模型的训练过程和学习优化过程更容易导致不稳定和不收敛情况。因此，虽然简单图高度抽象和高度简化了问题和环境，但是其结构简单性使得模型的训练和学习更加高效，能够达到较好的学习和优化效果。

8.3.4　深度神经网络

深度神经网络模型是图神经网络和深度强化学习的重要组成部分。深度神经网络模型使得强化学习的感知能力大大提升，同时促进决策能力的提升。在图神经网络模型中，深度神经网络模型也常常被用来对网络节点和连边属性进行深度学习和表示，促进图神经网络模型的表示能力和特征提取能力。深度学习模型众多，如深度神经网络（DNN）、卷积神经网络（CNN）、循环神经网络（RNN）和图神经网络（GNN）等。

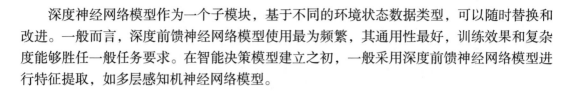

深度神经网络模型作为一个子模块，基于不同的环境状态数据类型，可以随时替换和改进。一般而言，深度前馈神经网络模型使用最为频繁，其通用性最好，训练效果和复杂度能够胜任一般任务要求。在智能决策模型建立之初，一般采用深度前馈神经网络模型进行特征提取，如多层感知机神经网络模型。

8.3.5　深度强化学习

深度强化学习算法众多，且各有优缺点，适用于不同的复杂环境和特殊问题。在实际应用过程中，基于特定环境和问题背景可以选择合适的深度强化学习算法训练智能体策略函数。Q-learning 算法作为强化学习的经典算法，以此为基础发展了大量的优秀算法。如深度 Q 网络算法、Double Deep Q Network、Dueling DQN 等。Rainbow DQN 融合诸多编程技巧和设计思路，取得了较好的实验效果[132]，得到大量关注。

深度强化学习算法在不断演化和迭代，且不断改进和升级，从 DQN 到 PG（Policy Gradient），再到 DPG（Deterministic Policy Gradient）、DDPG（Deep Deterministic Policy Gradient）、Twin Delayed DDPG、D4PG（Distributed Distributional Deep Deterministic Policy Gradient）、Multi-agent DDPG（MADDPG）等，复杂度越来越高，也有各自的适用场景和适用问题。深度强化学习算法融合很多有效的设计思路和编程技巧，提升深度强化学习模型的学习效率和训练稳定性，适应于不同的深度强化学习环境。

8.3.6　优化算法

在图嵌入、网络嵌入、机器学习、深度学习、强化学习和深度强化学习中，优化算法一直都是核心技术，甚至可以认为是机器学习和人工智能的核心技术。在机器学习和人工智能浪潮下，诸多学习问题都可以表示成优化问题。深度学习算法中绝大部分优化算法都采用梯度下降算法。随着发展和演化，梯度下降算法衍生出一个庞大的算法家族，并在机器学习、深度学习和深度强化学习中广泛应用。

诸多深度学习计算平台和开源计算库提供很多优化器，已实现诸多优秀的优化算法，其中随机梯度下降算法（SGD）是基础优化算法。在 SGD 的基础上，深度学习研究人员加入动量因子，发展出动量随机梯度下降算法（Momentum SGD）以及 Nestrov Momentum SGD 算法。在优化算法中，学习率是一个重要的超参数，直接决定模型参数更新步长，影响优化算法的优化效率和学习效果。在自适应梯度下降算法（Adagrad）中，实际的学习率能够随着梯度变化而自适应调节，减少算法对初始学习率的依赖。类似的 RMSprop 梯度下降算法和 Adadelta 梯度下降算法也取得了非常好的优化效果。

常用的 Adam 梯度下降算法融合诸多算法的精髓，成为机器学习领域中研究人员和开发人员较青睐的优化算法。随着深度学习和人工智能技术的发展，优化算法也更新迭代，发展了越来越多的优秀优化技术，在新硬件、新问题、新算法中表现出傲人的性能，取得了优异的成绩，也将一如既往地成为深度学习和人工智能的关键助推器。

在选择优化算法过程中，我们需要针对特定问题尝试不同的优化算法。在庞大的优化算法家族中，没有理论上最优的算法在所有实际问题中都能表现出最好的效果。因为优化算法也有很多超参数，具有各自的特性，适用于特定的优化问题。在一般情况下，优化算法超参数的设定直接影响模型的优化效果。而且，一些理论上较优的优化算法常常因为计算复杂度高，不具有可行性和可拓展性，在实际优化过程中表现不佳。在计算资源允许的条件下，深度学习、深度强化学习、图强化学习等模型的训练过程中，优化算法也能作为一个超参数进行调优，选择最适合给定问题的优化算法。

8.3.7　图强化学习框架概要

图强化学习是一个跨学科的研究领域，融合诸多学科的概念、理论、方法和工具。因此，图强化学习方法本身就是一个复杂系统。建模和训练一个基于图强化学习的智能决策系统是一个系统工程，是一个复杂工程项目，需要同时协调各个模块之间的交互，整合优化，融合各个模块的功能，共同完成给定复杂决策任务。

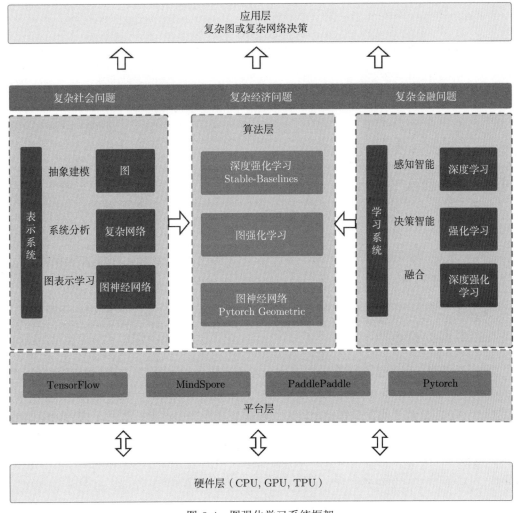

图 8-4　图强化学习系统框架

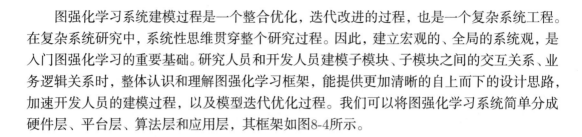

图强化学习系统建模过程是一个整合优化，迭代改进的过程，也是一个复杂系统工程。在复杂系统研究中，系统性思维贯穿整个研究过程。因此，建立宏观的、全局的系统观，是入门图强化学习的重要基础。研究人员和开发人员建模子模块、子模块之间的交互关系、业务逻辑关系时，整体认识和理解图强化学习框架，能提供更加清晰的自上而下的设计思路，加速开发人员的建模过程，以及模型迭代优化过程。我们可以将图强化学习系统简单分成硬件层、平台层、算法层和应用层，其框架如图8-4所示。

8.4 图强化学习框架硬件层

人工智能浪潮得益于大数据、大算力和算法。其中，算力的提升使得大数据也能够进行高效处理和有效分析，同时大模型也能够进行训练和部署。算力作为智能学习系统的硬件基础，也是深度学习、深度强化学习和图强化学习模型的基础。任何复杂的模型、精妙的算法最终都需要落实到计算单元来完成计算和执行。现如今，在机器学习和深度学习领域，常用的硬件有 CPU、GPU 和 TPU 等。

8.4.1 中央处理器

CPU 全称中央处理器（Central Processing Unit），是计算机系统的运算和控制核心，也是信息处理、程序运行的最终执行单元。复杂的深度学习算法最终都需要落实到计算单元。CPU 是一种通用计算单元，也是最基础的计算单元。一般而言，在特定问题上，通用计算单元的效率不如专业的计算单元。

8.4.2 图形处理器

GPU 全称是图形处理器（Graphics Processing Unit），又称显示核心、视觉处理器、显示芯片，是一种专门针对图像类数据的处理单元。一般来说，专业性处理单元效率高于通用性计算单元，如 CPU。GPU 在个人电脑、工作站、游戏机和一些移动设备都有应用。在深度学习领域，GPU 专业的计算能力得到了广泛应用。一般而言，GPU 能够提升大模型几个数量级的训练效率。

8.4.3 张量处理器

TPU 全称是张量处理器（Tensor Processing Unit），是专门加速深层神经网络运算能力而研发的一款芯片。深度神经网络模型存在大量的向量、矩阵、张量数据的计算。相较于 GPU，TPU 更具专业性，特别是针对大规模稠密矩阵的计算，如基于注意力机制的神经网络模型的训练，TPU 具有较高训练效率。TPU 是 Google 于 2016 年 5 月提出的针对 TensorFlow 平台的可编程 AI 加速器，是专门用于机器学习、深度学习的芯片，且装配在 Google 自己的服务器和云服务器，供深度学习研究人员使用。

8.4.4 其他处理器

除了 CPU、GPU 和 TPU，人工智能时代还存在着大量的计算设备，如深度学习处理器（Deep learning Processing Unit，DPU）、神经网络处理器（Neural network Processing Unit，NPU）、大脑处理器（Brain Processing Unit，BPU）等。芯片领域、高端芯片制造领域是国家近年来大力发展的领域，也是国家未来发展的重要基础学科和研究领域。

8.5 图强化学习框架平台层

人工智能兴起和深度学习的普及，得益于算力的突破。一般而言，深度学习模型具有参数多、规模大、复杂度高等特点，因此深度学习模型的训练也极具挑战性。特别是对于个人而言，从零开始构建深度学习模块更是非常困难。但是，近年来大量优秀的深度学习平台的涌现，极大促进了深度学习领域的发展及其模型的训练、部署和应用。

8.5.1 深度学习平台简介

国内外高科技公司、研究机构和科研院校在硬件基础上构建了大量优秀的深度学习平台，如 TensorFlow、PyTorch 以及国内研究人员推出的众多深度学习框架。深度学习平台定义深度学习所需要的一些常用操作的接口、函数或者算子，如深度神经网络计算、梯度计算、GPU 计算、TPU 计算、并行计算、分布式计算等底层操作。

8.5.2 深度学习平台：TensorFlow

TensorFlow 是 Google 开发的端到端开源机器学习平台。如名称所示，TensorFlow 核心数据结构为 Tensor（张量），适用于所有的深度学习计算，具有高效性和普适性。TensorFlow 起源于 Google 内部项目和产品开发，具有较大的使用群体和稳定性。TensorFlow 的稳定性和有效性得到大量工程项目的测试和验证。

TensorFlow 拥有一个完整的生态系统，而深度学习平台的发展依赖于生态系统的发展。生态系统包含各种工具、库和社区资源，活跃的社区能够为开源项目提供源源不断的发展动力，也是持续发展的必要因素。TensorFlow 为研究人员入门深度学习提供简便的工具，推动先进机器学习技术的发展，并使开发者和研究人员能够轻松地构建和部署机器学习和深度学习模型。TensorFlow 支持主流的深度学习硬件，如 TPU、GPU 和 CPU 等，不同类型的计算设备都可以进行深度学习模型的训练和部署。

TensorBoard 和 TensorFlow 搭配能够快速训练和可视化深度学习模型的训练效果和模型结果，能够为研究者和开发人员提供非常便捷的图形可视化界面。TensorBoard 出色的可视化效果和高集成性，也得到其他深度学习平台的支持，如 PyTorch。

8.5.3 深度学习平台：PyTorch

PyTorch 是一个优化的深度学习库，能够使用 GPU 和 CPU 进行深度学习，包含大量的库函数和功能函数。PyTorch 为研究者和科研人员提供便捷的深度学习模型构建平台。PyTorch 的部分深度学习模块有：

- torch.nn：构建深度神经网络模块
- torch.nn.functional：常用函数，如卷积、池化、非线性激活函数等
- torch.Tensor：深度学习基本数据结构
- torch.autograd：自动微分模块
- torch.cuda：GPU 计算模块
- torch.distributed：分布式计算模块
- torch.optim：优化算法模块

TensorFlow 和 PyTorch 各有优缺点，在人工智能和深度学习发展道路上，新的深度学习平台也层出不穷，在分布式计算、多线程、跨平台、自动微分等方面也将取得更大进步和效率提升。随着各个深度学习平台之间相互借鉴和学习，平台之间的差异性也越来越小。

8.5.4 深度学习其他平台

国内各类研究机构和科研院校也推出各种深度学习领域的开源项目。例如，华为的 MindSpore、阿里巴巴的 MNN、腾讯的 TNN、百度的飞桨（PaddlePaddle）等。

- 华为的 MindSpore（https://www.mindspore.cn/）具有自动微分、并行加持、一次训练可多场景部署等特色，支持全场景（终端–边缘–云协同）的深度学习训练推理框架，应用于计算机视觉、自然语言处理等人工智能研究领域和应用场景。
- 阿里巴巴的 MNN（https://github.com/alibaba/MNN）是一个轻量级的深度学习引擎，它通过独特的架构设计，解决大量业务场景下深度学习部署的问题，得到广泛应用。
- 腾讯的 TNN（https://github.com/Tencent/TNN）由优图实验室打造，是移动端高性能、轻量级推理框架，具有很多优势，如跨平台、高性能、模型压缩、代码裁剪等。
- 百度的飞桨（https://www.paddlepaddle.org.cn/）包含深度学习核心框架、工具组件和服务平台，是功能完备的开源深度学习平台，已被中国企业广泛使用，拥有活跃的开发者社区生态。

8.6 图强化学习框架算法层

在图强化学习框架中，硬件层和平台层是进行模型快速开发和算法设计的基础。针对特定的问题和背景，我们需要融合平台层提供的深度强化学习框架和图神经网络框架，进行图强化学习建模，设计解决特定图问题或网络问题的智能算法。

算法层面可以分成表示学习部分和深度强化学习部分。表示学习部分主要是构建深度图神经网络模型,进行图节点、连边和全局结构的表示学习,将图信息映射到低维向量空间。图神经网络算法部分可以通过调用 PyTorch Geometric（PyG）或 Deep Graph Library（DGL）等优秀开源库进行程序设计和算法实现。另一部分,深度强化学习模块支持智能决策和策略优化,以图神经网络模型提取的特征信息为基础,作为深度强化学习模型的策略函数（一般由图神经网络模型表示）。图强化学习模型的训练和优化是深度强化学习模块的主要任务。

8.6.1 深度强化学习框架简介

强化学习方法种类众多,且各具特色,适用于各类复杂决策问题。一般而言,我们可以将强化学习算法分为基于值函数的方法和基于策略函数的方法,或者是在策略强化学习方法（On-policy）和离策略强化学习方法（Off-policy）,或者是在线（Online）强化学习和离线（Offline）强化学习方法,或者是基于模型的（Model-based）强化学习和无模型的（Model-free）强化学习方法等。

深度强化学习有着庞大的算法家族,如深度 Q 网络（DQN）、策略梯度算法（Policy Gradient）、确定性策略梯度算法（Deterministic Policy Gradient）、深度确定性策略梯度算法（Deep Deterministic Policy Gradient）、孪生延迟深度确定性策略梯度算法（Twin Delayed DDPG）以及 D4PG（Distributed Distributional Deep Deterministic Policy Gradient）算法、Multi-agent DDPG（MADDPG）等。随着算法的改进和演化,深度强化学习算法越来越复杂,越来越需要编程技巧和计算机技术。对于入门的初学者而言,实现深度强化学习算法极具挑战性,但是值得尝试。为了能够快速应用深度强化学习算法,我们可以借助已有的算法库和深度强化学习开源项目。

在实际应用和算法实现过程中,如此之多的深度强化学习算法对于个人而言存在大量挑战,而且程序实现过程中也存在大量设计技巧,这些都直接影响深度强化学习算法的稳定性和收敛性。开发人员或使用者为了深度强化学习算法能够稳定、快速且高效地训练模型,采用一些成熟可靠的深度强化学习算法框架是一种较优选择。对于深度强化学习算法的入门研究者而言,可以通过自己实现深度强化学习算法来加深对算法理论的理解,同时锻炼自身动手能力和编程能力。

8.6.2 深度强化学习框架：Stable-baselines

Stable Baselines2（SB2）是基于 TensorFlow 实现的深度强化学习算法库。Stable Baselines3（SB3）是基于 PyTorch 实现的深度强化学习算法库。Stable Baselines 算法库使科研人员、行业研究人员和开发人员能够更容易复制、改进深度强化学习算法。

深度强化学习融合诸多学科的思想和精华,是非常复杂而实用的研究领域和研究方向。深度强化学习源于几十年前的系统论、控制论、信息论、人工智能等领域的思想和技术,是人工智能的重要组成部分。深度强化学习是研究智能决策的重要方向,而且是专门研究复杂系统中序贯决策问题。在机器智能超越人类的计算智能、感知智能的基础上，深度强化学习在决策智能、认知智能以及通用智能等方面将迈进一大步。

在深度强化学习飞速发展过程中，深度学习模型功不可没，如深度神经网络（DNN）、卷积神经网络（CNN）、循环神经网络（RNN）、图神经网络（GNN）等。很多优秀的深度强化学习框架，如 Stable-baselines，都很好地集成了深度神经网络模型，通过调整适当的模型超参数就能够搭建较为复杂的深度神经网络模型来感知环境状态，提升智能体的决策性能。

8.6.3　深度强化学习框架：Reinforcement Learning Coach

Reinforcement Learning Coach 是一个基于 Python 的深度强化学习框架，实现了诸多深度强化学习算法，并以模块化的方式建模智能体与环境交互。Reinforcement Learning Coach 框架是 Intel 开发的开源框架，研究人员和行业人员能够组合各种模块来建模复杂决策问题。Reinforcement Learning Coach 框架能在多个环境中训练智能体并获得智能策略函数。

8.6.4　深度图神经网络框架简介

图神经网络框架需要模块化一些常用的图学习操作，提供通用的图神经网络搭建模块，并将模型构建、模型训练、模型验证、模型测试、模型优化统一到一个框架之中。消息传递神经网络是一个较为通用的图神经网络模型框架。图神经网络框架融合大多数卷积层和池化层等基本操作，融合成一个统一的框架，且能够自动支持 CPU 和 GPU 计算，无须开发人员进行过多的编程修改也能够完成 CPU 和 GPU 计算的切换。

一般来说，深度图神经网络框架需要能够利用 GPU 进行模型训练，借助 GPU 专门的 CUDA 内核实现高性能计算。优秀的模型框架能够提供一些 mini-batch 加载器、分布式训练加速器、多 GPU 训练加速器等，为图神经网络模型构建、模型训练、模型验证、模型测试、模型优化提供通用的模块支持，常用的图神经网络模型框架为 PyTorch Geometric 和 Deep Graph Library 等。

8.6.5　深度图神经网络框架：PyTorch Geometric

图深度学习也称为几何深度学习，PyTorch Geometric (PyG) 是一个基于 PyTorch 构建的深度图神经网络模型库，研究者和开发人员能够快速编写和训练图神经网络模型（Graph Neural Network）。PyTorch Geometric 包含易于使用的小批量加载器，使得模型能够运用在巨型图或网络数据上，且支持多 GPU 进行分布式图学习。PyTorch Geometric 整理了大量常见的基准图数据集。PyTorch Geometric 主要模块如下：

- torch_geometric
- torch_geometric.nn
- torch_geometric.data

- torch_geometric.loader
- torch_geometric.datasets
- torch_geometric.transforms
- torch_geometric.utils
- torch_geometric.graphgym
- torch_geometric.profile

8.6.6　深度图神经网络框架：Deep Graph Library

Deep Graph Library（DGL）是常用的深度图神经网络框架，由 New York University（NYU）和 Amazon Web Services（AWS）联合开发。DGL 基于主流框架进行开发，支持 PyTorch、MXNet 和 TensorFlow 作为其后端。DGL 采用消息传递神经网络模型框架，通过 message function 和 reduce function，每个节点获得所有邻居节点的特征信息，并经过一个非线性函数获得该节点新的表示，通过多层的图神经网络操作，提取图节点、图连边和全局图的特征信息。

8.7　图强化学习框架应用层

图强化学习框架的应用层涉及到很多社会、经济、金融系统和复杂环境中图相关优化问题，很多应用都关系到人类生活、工作和学习的方方面面。例如，人工智能 + 教育、人工智能 + 农业、人工智能 + 工业、人工智能 + 金融等领域都可成为图强化学习的应用领域，都能找到图强化学习的应用场景和待解决的复杂图问题或复杂网络问题。

图强化学习有较大潜力解决图相关的组合优化问题。图论领域存在大量组合优化问题可以通过图强化学习方法求解，如图同构（Graph Isomorphism）问题、旅行商问题（Traveling Salesman Problem）、最小点覆盖问题（Minimum Vertex Cover Problem）、最大割问题（Maximum Cut Problem）、最大独立集问题（Maximum Independent Set Problem）等。

8.8　图强化学习建模

在图强化学习应用实践中，深度强化学习和图神经网络是两大核心技术和方法。研究者和行业从业人员熟练掌握深度强化学习和图神经网络模型架构和训练流程，融合两者的长处，能够解决大量大规模图结构问题。抽象的图强化学习框架如图8-5所示。

8.8.1　图强化学习与马尔可夫决策过程

图强化学习与马尔可夫决策过程如图8-5所示，表示环境和智能体的交互。图强化学习的两大核心分别为图神经网络模型和深度强化学习模型。

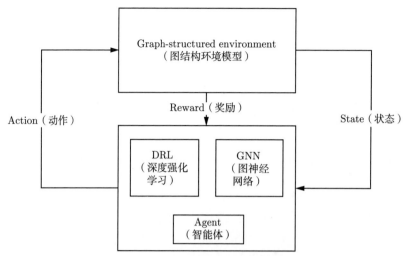

图 8-5　图强化学习与马尔可夫决策过程

本质上来说，图8-5中图强化学习模型主体架构为深度强化学习框架，即马尔可夫决策过程框架。图强化学习是深度强化学习在图结构环境中的应用，主要针对图数据和网络数据决策问题。区别于经典的强化学习模型，在环境建模过程中，图强化学习模型需要考虑图结构环境的状态和状态转移过程，这都与图和网络数据相关，其他内容基本与经典强化学习和深度强化学习环境模型类似。

在图强化学习中，环境模型为图系统或网络系统，包含图或网络结构数据。因此，图结构环境模型的状态特征提取和表示学习主要依赖图神经网络模型。图强化学习模型替换深度强化学习模型中深度前馈神经网络、卷积神经网络或循环神经网络，用图神经网络模型来表示智能体的策略函数。图强化学习的主要计算量是基于强化学习算法更新图神经网络模型参数，即更新策略函数参数，优化策略函数，使得智能体与环境交互过程中最大化累积收益。

8.8.2　图强化学习建模流程

图强化学习建模过程本身就是一个复杂的过程，因为图强化学习模型是一个复杂系统，需要融合不同的功能模块进行图结构学习和智能决策。图强化学习建模过程大致可以分成问题提出、环境建模、智能体建模、模型训练和模型测试五个部分，如图8-6所示。

8.8.3　问题提出

在图强化学习建模过程中，我们从复杂系统中抽象出图和网络相关的问题。图建模和网络建模过程需要找到合适的抽象实体，既不能过于复杂，也不能过于简单。复杂的图模型训练和学习难度大，或者数据采集难度较大；简单的图模型会导致复杂系统信息的过多丢失，可学习的信息和知识太少，在实际应用和部署过程中效果不佳。

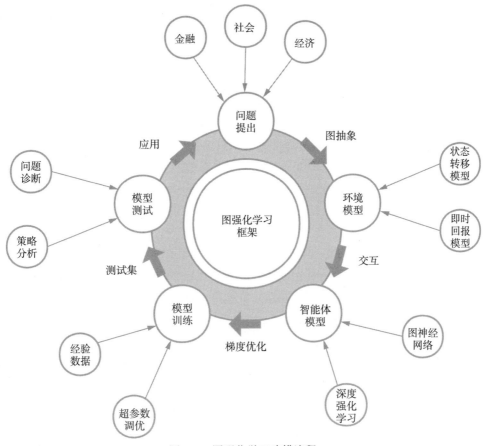

图 8-6　图强化学习建模流程

8.8.4　环境建模

　　复杂系统的环境建模是深度图强化学习的重要模块。智能体与环境模型进行交互,获得策略学习所需要的经验数据,环境模型的优劣直接影响智能体在复杂环境中决策行为的优劣。深刻理解复杂系统的特征规律和图表示的变化规律,是高效构建环境模型的关键。在图强化学习中,环境模型的状态为图信息或网络信息,包括网络结构信息、节点信息、连边信息和全局环境信息等。

8.8.5　智能体建模

　　智能体建模是图强化学习建模的主要部分,包括图神经网络模型和深度强化学习模型。图神经网络模型主要负责从图和网络中提取结构信息和语义信息,并作为决策变量信息。深度强化学习模型主要负责优化基于图神经网络模型的策略函数,通过智能体与环境模型的交互获得经验数据,优化策略函数和更新策略函数参数。

　　在开源程序的时代,很多优秀的模型和代码库都共享在网络共享平台上,我们可以互相学习,如深度强化学习相关的 Stable-baselines 代码库和图神经网络模型相关的 PyTorch

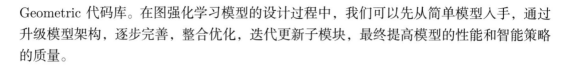

Geometric 代码库。在图强化学习模型的设计过程中，我们可以先从简单模型入手，通过升级模型架构，逐步完善，整合优化，迭代更新子模块，最终提高模型的性能和智能策略的质量。

8.8.6　模型训练

图强化学习模型的训练过程需要借助深度学习平台和框架，模型训练对硬件的要求较高，TensorFlow 和 PyTorch 等深度学习平台和框架都对分布式、GPU 等计算模式进行了很好的集成和优化，为高效训练模型提供了硬件和软件支持。图强化学习模型有大量的超参数，直接影响模型训练的稳定性和效率。深度学习模型训练和强化学习模型训练的技术同样适用于图强化学习模型的训练过程，值得深入研究和分析。

8.8.7　模型测试

图强化学习模型通过智能体与环境模型交互获得高质量数据，完成模型训练。我们为了能够有效应用图强化学习模型，需要在测试环境中进行模型测试。已训练的图强化学习模型需要进行有效性验证，分析模型实际应用的效果，测试模型的泛化性能。图强化学习模型测试后可以部署模型，应用模型，并解决实际问题。

一般而言，图8-6中图强化学习模型构建流程是一个完整的建模流程。但是，在实际建模和模型应用过程中或者测试过程中，如果图强化学习模型效果不理想，需要重新提炼问题，重新抽象问题，重新构建环境模型，或者改进环境模型，然后优化智能体建模，检查训练过程，整合优化各个模块，重复迭代完成模型的最终构建和部署。图8-6中图强化学习模型构建流程可以循环迭代，一轮一轮迭代优化，直至构建最优的图强化学习模型。

8.9　应用实践

在图强化学习模型实践和编程过程中，最大的挑战是融合深度强化学习算法和图神经网络模型。在计算机开源世界中，深度强化学习算法和图神经网络算法开源包众多，不乏优秀的代码框架，如何借鉴开源的程序包搭建图强化学习模型同样具有挑战性。我们通过构建图强化学习模型，为复杂图结构和网络相关问题提供具有普适性和有效性的解决方案。这里，我们将分别简单介绍两大核心模块的示例代码。

8.9.1　深度强化学习模块

在开源代码库 Stable Baselines3 中，深度强化学习算法的示例代码如下所示。开源代码库存在很多优秀的深度强化学习算法，本示例主要使用 Stable–baselines3 代码库。虽然现阶段的 Stable–baselines3 代码库中，深度强化学习算法的策略函数不支持图神经网络模型，但是学习 Stable–baselines3 的算法架构同样具有很高的价值。下面给出部分 Stable–baselines3 示例代码。

```
1   # 导入环境库
2   import gym
3   # 导入深度强化学习算法A2C
4   from stable_baselines3 import A2C
5   # 构建环境模型
6   env = gym.make('CartPole-v1')
7   # 构建A2C模型
8   model = A2C('MlpPolicy', env, verbose=1)
9   # 训练A2C模型
10  model.learn(total_timesteps=10000)
11  # 重置环境模型，获得初始状态
12  obs = env.reset()
13  # 测试模型
14  for i in range(1000):
15      # 模型决策，输出动作
16      action, _state = model.predict(obs, deterministic=True)
17      # 模型获得动作，返回下一个状态和即时回报
18      obs, reward, done, info = env.step(action)
19      # 环境渲染
20      env.render()
21      if done:
22          obs = env.reset()
```

示例代码的第 2 行导入 OpenAI 的 Gym 环境库，第 4 行导入深度强化学习算法库 Stable-baselines3 中 A2C 算法。第 6 行代码构建经典的倒立摆游戏环境模型。第 8 行实例化深度强化学习算法 A2C，将深度神经网络模型作为参数传入。MlpPolicy 表示策略函数为多层感知机神经网络。本例将环境模型也作为参数传入 A2C 算法。深度强化学习算法 A2C 的主要功能就是通过与环境的交互，来收集经验数据，然后更新策略函数参数。第 10 行为模型训练，参数 total_timesteps=10000 表示模型迭代训练 10000 步。

示例代码的第 12 行开始是模型测试部分。用训练好的模型 model 与环境交互之前，需要重置环境模型（第 12 行），然后循环迭代智能体与环境模型的交互过程。第 16 行模型 model 基于当前状态 obs 预测最优动作 action，第 18 行中环境接收到智能体的最优动作后返回下一个状态 obs、即时奖励 reward 以及是否为终止状态的标记 done。第 20 行示例代码可视化环境模型，在迭代过程中能够实时地渲染环境模型，动态监控模型的性能。当环境模型进入终止状态时，我们需要重置环境模型，代码如第 22 行所示。

8.9.2　图神经网络模块

图神经网络模型作为图强化学习感知模块，对环境状态进行特征提取和表示学习，为智能决策提供有效的特征变量。PyTorch Geometric 代码库提供大量的图神经网络模型，下面是构建图注意力机制模型的示例代码。

```
1   import torch
2   import torch.nn.functional as F
3   from torch_geometric.nn import GAT
4   # 定义图注意力机制神经网络模型
5   class TEST_GAT(torch.nn.Module):
6       # 初始化函数
7       def __init__(self):
8           super().__init__()
9           # 图注意力神经网络层
10          self.gat = GAT(dataset.num_node_features, 64, 3, 32)
11          # 线性层
12          self.linear1 = torch.nn.Linear(32, dataset.num_classes)
13      # 图注意力神经网络结构
14      def forward(self, data):
15          x, edge_index = data.x, data.edge_index
16          x = self.gat(x, edge_index)
17          x = F.tanh(x)
18          x = F.dropout(x, training=self.training)
19          x = self.linear1(x)
20          x = F.tanh(x)
21          return F.log_softmax(x, dim=1)
```

示例代码的第 1 行至第 3 行导入图神经网络模块类需要的工具包，如 torch、PyTorch 中深度神经网络相关的类 torch.nn 和功能函数 torch.nn.functional。本示例中深度图神经网络模型基于 torch_geometric.nn 构建，因此导入图注意力机制神经网络模块 GAT。

在 PyTorch Geometric 代码库中，图神经网络模型实现基础的信息汇聚和信息更新功能。我们构建复杂的图神经网络模型，需要重新堆叠 PyTorch Geometric 代码库中图神经网络模块，构建功能强大的深度图神经网络模型。自定义的图神经网络模块类函数 TEST_GAT 继承自深度神经网络类 torch.nn.Module，需要实现初始化函数（第 7 行）和 forward 函数（第 14 行）。在初始化函数中，我们定义了图神经网络主要子模块，可以理解成神经网络层，包括图注意力机制神经网络层、线性层或非线性激活函数等。

在图神经网络模块类中，函数 forward 定义深度图神经网络模型架构。我们首先将图结构数据 data 输入图注意力神经网络模型进行特征提取，data.x 为网络节点属性特征信息，data.edge_index 为网络连边信息。图注意力神经网络模型将节点属性映射成 hidden_dim 维向量（第 16 行），然后将所有节点的属性向量输入非线性激活函数 tanh。我们为了降低模型过拟合可能性，模型使用 dropout 技术（第 18 行）。最后，我们增加一层前馈神经网络模型 linear1（第 19 行），进行非线性变换（第 20 行），通过 log_softmax 函数输出每个网络节点的分类概率（第 21 行）。

在 PyTorch Geometric 代码库中，图神经网络模型都可以直接作为策略函数导入深度强化学习模型。Stable-baselines3 中深度强化学习算法不支持图数据处理，因此需要进行模型改进。基于 PyTorch Geometric 代码的图神经网络模型可以直接被调用，用来分析图或网络相关数据，便于融合深度强化学习算法构建图强化学习智能决策模型。

8.9.3　其他图神经网络模块

PyTorch Geometric 代码库已实现大部分流行的深度图神经网络模型，如表8-1所示。

表 8-1　图神经网络模型

编号	名称	边权重	边属性	二部图	arXiv
0	GCNConv	Y			1609.02907
1	ChebConv	Y			1606.09375
2	SAGEConv			Y	1706.02216
3	GraphConv	Y		Y	1810.02244
4	GatedGraphConv	Y			1511.05493
5	ResGatedGraphConv			Y	1711.07553
6	GATConv		Y	Y	1710.10903
7	TransformerConv		Y	Y	2009.03509
8	AGNNConv				1803.03735
9	GINConv			Y	1810.00826
10	GINEConv		Y	Y	1905.12265
11	ARMAConv	Y			1901.01343
12	SGConv	Y			1902.07153
13	MFConv			Y	1509.09292
14	SignedConv			Y	1808.06354
15	DNAConv	Y			1904.04849
16	PointNetConv			Y	1612.00593
17	PointConv			Y	1612.00593
18	GMMConv		Y	Y	1611.08402
19	NNConv		Y	Y	1704.01212
20	ECConv		Y	Y	1704.01212
21	EdgeConv			Y	1801.07829
22	PPFConv			Y	1802.02669
23	LEConv	Y		Y	1911.07979
24	PNAConv		Y		2004.05718
25	ClusterGCNConv				1905.07953
26	GENConv		Y	Y	2006.07739
27	PANConv				2006.16811
28	FAConv	Y			2101.00797
29	EGConv				2104.01481
30	PDNConv		Y		2010.12878
31	GeneralConv		Y	Y	2011.08843
32	LGConv	Y			2002.02126

表8-1列出了部分 PyTorch Geometric 代码库中已实现的图神经网络模型。表格一共有 6 列，第 1 列为编号，第 2 列为图神经网络名称，第 3 列为图神经网络模型是否支持使用一维边权重信息（edge_weight）的消息传递，如 GraphConv 模型中函数 forward(x, edge_index, edge_weight) 的第三个输入参数所示。第 4 列为图神经网络模型是否支持带有多维连边特征信息（edge_attr）的消息传递，例如神经网络模型 GINEConv 的函数 forward(x, edge_index, edge_attr) 中第三个输入参数所示。第 5 列为神经网络模型是否支持应用在具有源节点和目标节点的二分图（bipartite），例如 SAGEConv(in_channels=(16, 32), out_channels=64)。第 6 列为模型对应的原始文献信息，都为 arXiv 论文编号。例如，图神经网络模型 GCNConv 的原始论文信息为 https://arxiv.org/abs/1609.02907。表8-1中 Y 表示图神经网络模型支持对应功能。

∽ 第 8 章习题 ∾

1. 什么是图强化学习？
2. 简述图强化学习框架。
3. 图强化学习包含了哪些基础模块？
4. 图强化学习中图神经网络模型和强化学习模型的功能分别是什么？
5. 简述融合了图结构环境模型的马尔可夫决策过程。
6. 应用经典深度强化学习模型。
7. 应用深度图神经网络模型。
8. 尝试如何融合不同类型深度强化学习模型和图神经网络模型。

第 9 章

图强化学习应用

9.1　图强化学习模型框架

图强化学习模型框架与深度强化学习框架类似，采用经典的马尔可夫决策过程模型。图强化学习框架中包含三个重要模块：图结构环境模型、图神经网络模型和深度强化学习模块，具体关联关系如图9-1所示。

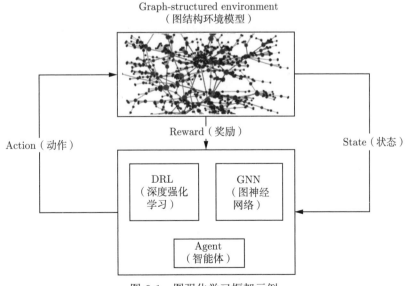

图 9-1　图强化学习框架示例

图9-1是图强化学习简单框架示例,与深度强化学习框架基本一致,重要区别在于环境模型是图结构环境模型。图结构环境(Graph–structured Environment)模型表明智能体交互的环境包含图或网络结构信息,状态信息包含图或网络结构特征变量或属性变量。因此,图强化学习智能体的策略函数模块是能够处理图结构数据的图神经网络模型。图神经网络模型和深度强化学习模块共同组成智能体模型。图神经网络模型表示智能体策略函数,深度强化学习模块负责优化和更新智能体的策略函数,即图神经网络模型参数。

图强化学习模型需要对深度强化学习模型进行拓展和改进,主要是将图元素或网络元素加入环境模型、深度学习模型和强化学习模型之中。在图强化学习的马尔可夫决策过程中,环境状态为图或网络结构信息和属性信息,同时图结构环境的状态转化也融合图或网络结构信息和属性信息。

图强化学习模型对图结构信息进行特征提取和表示学习。因此,图神经网络模型负责对图结构状态信息进行转化和提取,学习到有效的图表示向量,提升智能决策效果。强化学习模块主要任务是优化深度图神经网络模型参数,即优化智能体策略函数,使得智能体获得最大化的累积收益。

图强化学习的基础模型为马尔可夫决策过程,具体定义如下:

> **定义 9.1　基于图结构环境模型的马尔可夫决策过程**
>
> 在图强化学习模型中,基于图结构环境模型的马尔可夫决策过程可表示成一个五元组 $(\mathcal{S}, \mathcal{A}, P, R, \gamma)$,其中:
>
> - $\mathcal{S}$ 表示环境状态集合,如网络节点属性和网络结构等信息。
> - $\mathcal{A}$ 表示动作集合,如移除图顶点、网络节点等针对图的操作。
> - $P : \mathcal{S} \times \mathcal{A} \times \mathcal{S} \to [0,1]$ 是状态转移函数,$P(s_t, a_t, s_{t+1})$ 是状态转移概率,刻画图的演化特征规律。
> - $R : \mathcal{S} \times \mathcal{A} \times \mathcal{S} \to \mathcal{R}$ 是奖励函数或回报函数,针对图结构、图结构动力学过程和特定问题,设定回报函数,如移除网络节点对网络连通性变化量作为即时回报。$\mathcal{R}$ 为连续区间,$R(s_t, a_t, s_{t+1}) \in \mathcal{R}$,$R_{\max} \in \mathbb{R}^+$ (e.g., $[0, R_{\max}]$)。
> - $\gamma \in [0,1)$ 是折扣系数。

9.2　图强化学习模块概述

图强化学习模型融合诸多深度学习、图神经网络和深度强化学习的方法。因此,图强化学习建模过程将比一般的程序设计过程更加复杂,涉及不同功能模块之间的关联关系和接口实现。高效融合诸多复杂模块本身就是一个复杂问题。图强化学习模型以深度强化学习模型作为基础,深度强化学习模型是图强化学习的主体框架。

图强化学习系统的复杂度较高,需要通过模块化程序设计来高效完成智能系统模型构建和编程实现。将图强化学习框架分解成五个模块,分别为复杂环境模块、策略网络模块、强化学习模块、智能体模块和工具类函数模块。

9.2.1　复杂环境模块

复杂环境模块是智能体与之交互的对象，环境模型初始化环境状态，返回给智能体一个初始的状态，智能体基于初始状态开始收集经验轨迹数据。环境模块结合复杂系统和特定问题背景，将需要考虑的动力学特征和规律建模到环境模型之中，在接收到智能体动作后输出下一个状态和即时回报。智能体接收新的环境状态，并基于当前策略函数输出智能行为动作。如此反复，智能体收集经验轨迹数据更新策略函数。

图强化学习的环境模型需要考虑图结构信息和语义信息作为环境状态信息，图信息和网络信息包括网络节点信息、连边信息和全局网络结构信息等。在基于图结构环境模型的马尔可夫决策过程中，基于图结构的环境状态转移包含图或网络动力学特征和演化规律。

9.2.2　图神经网络模块

图强化学习的环境状态较为特殊，与一般的深度强化学习模型相比，状态包含网络结构和节点属性等信息。对于一般的张量型数据类型，我们可以应用深度神经网络（DNN）、卷积神经网络（CNN）、循环神经网络（RNN）进行特征提取，为智能体策略函数提供决策变量。图强化学习的输入状态为网络结构和节点属性等信息，因此需要图神经网络（GNN）模型进行特征提取和表示学习，为图强化学习智能体提供决策信息。

图强化学习模型与深度强化学习模型最大的区别是环境状态不是一般的结构化的张量信息，而是图结构化信息。因此，图神经网络模型是图强化学习的重要组成部分，为图强化学习系统提供表示学习功能，提取图结构信息和属性信息，为智能决策提供有效的决策变量信息。

在实践应用中，图神经网络模块可以基于 PyTorch Geometric 进行构建，PyTorch Geometric 包含大量流行且成熟的图神经网络模型，如图卷积神经网络模型、图注意力神经网络（Graph Attention Network，GAT）、GraphSAGE 等。

9.2.3　强化学习模块

在图强化学习模型中，深度强化学习算法主要任务是更新模型参数或训练智能体策略函数，是图强化学习的重要模块。一定程度上而言，图强化学习是深度强化学习的一个分支。图强化学习模型的环境状态是图结构信息，我们需要采用图神经网络模型来进行特征提取和表示学习，为策略函数的学习和优化提供表征变量。

9.2.4　智能体模块

在图强化学习模型中，智能体模块将图神经网络模型和深度强化学习模型融合起来，用图神经网络表示智能体策略函数，策略函数作为参数传入深度强化学习模块，使用深度强化学习算法更新策略函数参数，优化策略函数。智能体运用当前的策略函数输出动作与环境进行交互，获得经验数据，以此训练图神经网络模型和优化策略函数参数。智能体模块也是图强化学习模型的主要模块，将其他各个子模块整合优化，完成整体图强化学习模

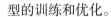

型的训练和优化。

9.2.5 工具类模块

在图强化学习模型中，工具类模块包含一些辅助的功能函数，如模型结果可视化、模型保存、模型加载、模型超参数设置、模型校验、模型测试等。这些功能模块并不是图强化学习的必要组成部分，可以根据模型复杂度和问题难度而调整，或者根据设计者编程习惯进行优化，可学习优秀代码库和模型框架的工具类模块设计思路。

9.2.6 其他模块

图强化学习模型的复杂性较高，可将模型测试模块、模型验证模块、优化模型超参数等作为单独模块。

9.3 复杂环境模块

复杂环境模块需要实现与智能体交互的接口。我们给出一个简单示例，将经典控制问题的环境模块状态变量转化成图结构状态变量，然后通过图神经网络进行特征提取，为基于强化学习算法的策略函数提供决策信息。

9.3.1 环境模块定义

经典控制问题 CartPole–v1 游戏是一根杆子通过未驱动的接头连接到小推车上，小推车沿着无摩擦的轨道移动。我们通过向推车施加 +1 或 –1 的力来控制车摆系统。直杆初始是直立的，智能体的目的是防止它倒下。直杆保持直立的每个时间步都会提供 +1 的奖励。当杆与垂直方向的夹角超过 15°，或者小车从中心移动超过 2.4 个单位时，这一轮游戏就结束。

在一轮游戏过程中，所有的小车状态、行为动作、奖励等信息是一个完整的轨迹经验数据。CartPole–v1 环境状态空间维度是 4，状态向量由四个变量组成，分别为小车位置、小车速度、杆的角度、杆的角速度。动作空间维度是 1，动作数量为 2，为离散化动作空间，包含向左和向右施力两个动作。

9.3.2 环境模块定义代码

图强化学习案例非常之多，文献资料也很多，本实例选择较为简单的问题（经典控制问题 CartPole–v1 游戏）和简单的模块示例进行分析。简单的模型示例适合作为图强化学习的入门案例。

示例代码基于 Python、PyTorch、PyTorch Geometric 等工具包。在开源代码库的选择上，入门者需要权衡开源代码库的复杂度和可扩展度。成熟稳定的代码库一般也很复杂，适合开箱即用，但是不适合初学者通过拓展和改进代码库来学习和实践。因此，图强化学习的入门案例选择简单的模型进行基础概念理解和功能模块的动手实现，做到知行合一，融会贯通。经典游戏 CartPole-v1 的环境模块示例代码如下：

```python
# 导入工具包
import gym
import torch
from torch_geometric.data import Data
from itertools import permutations
# 定义基于图的环境模型
class graph_env(gym.Env):
    def __init__(self):
        super(graph_env, self).__init__()
        self.gym_env = gym.make('CartPole-v1')
        self.observation_space = self.gym_env.observation_space
        self.action_space = self.gym_env.action_space
    # 将环境状态数据转化为图数据
    def to_pyg_data(self, state):
        edge_index = list(permutations([i for i in range(4)], 2))
        edge_index = torch.tensor(edge_index, dtype=torch.long)
        edge_index = edge_index.t().contiguous()
        node_feature = [[state[1], state[2], state[3]], [state[0], state[2], state[3]], [state[0], state[1],
            state[3]], [state[0], state[1], state[2]]]
        node_feature = torch.tensor(node_feature, dtype=torch.float)
        state = Data(x=node_feature, edge_index=edge_index)
        return state
    # 重置环境
    def reset(self):
        state = self.gym_env.reset()
        state = self.to_pyg_data(state)
        return state
    # 环境转移到下一个状态
    def step(self, action):
        state, reward, done, others = self.gym_env.step(action)
        state = self.to_pyg_data(state)
        return state, reward, done, others
```

示例代码的第 2 行至第 5 行导入环境模块需要用到的工具包，如 OpenAI 环境类库 Gym，深度学习框架 Torch，以及图神经网络模型库 PyTorch_Geometric 中图数据定义函数类 Data 等。示例代码的第 7 行开始定义环境类 graph_env，此类继承 gym 中的环境类 Env。

环境类初始化函数 __init__ 将实例化 gym 类中经典环境模型 CartPole-v1（第 10 行）。此示例代码演示如何使用图神经网络模型和深度强化学习算法来玩游戏 CartPole-v1。同时，也可以与深度强化学习章节中基于多层感知机模型的实验结果进行比较。

9.3.3 基于图的环境模块定义

在深度强化学习研究中，我们容易实现对 CartPole-v1 游戏的学习和控制。但是，我们为了讲解图强化学习基本概念和实现过程，将融合图神经网络模型实现对 CartPole-v1 游戏的学习和控制。在图强化学习研究中，我们需要将 CartPole-v1 游戏环境状态转化成图结构数据，在环境类 graph_env 中由函数 to_pyg_data 函数实现（第 14 行）。

图强化学习的图结构环境状态是区别于其他深度强化学习模型的主要部分。图神经网络模型基于 torch_geometric 库构建，因此我们需要将环境状态转化成 torch_geometric 的数据类，主要包括网络节点属性 x 和网络节点连边关系 edge_index。

网络节点连边关系变量 edge_index 决定图或网络结构。第 15 行示例代码应用排列组合函数 permutations 生成从 0、1、2、3 这四个数字中选择两个数字构成的 12 种排列组合数，以此作为网络连边数据。基于图论知识可知，此处构建的图为包含四个节点的完全图 K_4。图节点数量由 CartPole-v1 环境状态长度决定。

图节点属性 node_feature 直接使用节点的邻居节点对应的变量值（第 18 行），但是不包括自身所对应的变量值（也可采用其他定义方式）。最后，我们将图节点属性 node_feature 和图节点连边关系 edge_index 代入 torch_geometric 的图数据定义函数 Data（第 20 行），可生成图数据类型，并作为环境状态信息。

9.3.4 基于图的环境模块重置定义

在图强化学习模型中，环境模块类定义中除了初始化函数，函数 reset 和 step 是另外两个重要且需要重写的函数，分别对应基于图的环境模块重置和状态转移定义。强化学习算法需要智能体与环境进行大量的交互，因此当环境进入终止状态时，智能体需要回到初始状态重新迭代交互，直至完成所有迭代训练。

在此示例代码中，环境重置函数 reset 简单地封装了 CartPole-v1 环境类的原始 reset 函数（第 24 行）。CartPole-v1 游戏环境返回环境状态后，我们通过函数 to_pyg_data 将原始的状态转化成 PyTorch Geometric 图数据（第 25 行），并作为新状态返回给智能体（第 26 行）。

9.3.5 基于图的环境状态转移定义

示例代码的第 28 行实现了环境类的 step 函数，即基于图的环境状态转移函数，也是智能体与环境交互的关键所在。函数 step 接收到智能体动作输入后，返回智能体下一个状态 state、即时回报 reward 和环境状态是否终止的信号 done。函数 step 简单封装了 CartPole-v1 游戏环境的 step 函数（第 29 行），将 CartPole-v1 游戏环境返回的环境状态代入函数 to_pyg_data，转化成 PyTorch Geometric 图数据类型（第 30 行），并作为新环境状态信息。

step 函数是图强化学习环境类构建的主要部分，基于特定的问题背景和问题结构设计和实现环境状态转移函数和回报函数。一般而言，智能体学习的优劣大部分由环境类的 step

函数决定。因此，在实际应用中，我们需要深刻理解复杂系统环境和复杂问题背景，进而完成程序设计和代码实现。

9.4 图神经网络模块

当复杂决策问题建模成图相关决策问题时，因为复杂问题结构多种多样，所以图或网络结构也多种多样，如加权网络和无权网络、有向网络和无向网络、静态网络和动态网络、简单网络和多重关系网络、同质性网络和异质性网络等。图神经网络模型众多，研究者可以选择对应的图神经网络模型处理和分析不同的网络结构。

9.4.1 图神经网络模型选择

在图神经网络模型章节中，我们介绍了几类比较通用的图神经网络模型，如图卷积神经网络（GCN）、图注意力神经网络（GAT）模型等。在实际应用过程中，神经网络模型的选择也能作为"超参数"，通过选择图神经网络模型，找到最适用该复杂决策问题的图神经网络模型。PyTorch Geometric 代码库实现了大部分流行的深度图神经网络模型，可以作为图强化学习模型的重要组成模块。

PyTorch Geometric 库包含大量的图神经网络基础层（Layer），我们可以通过堆叠和组合图神经网络基础层，构建更加复杂的图神经网络模型，解决更加复杂的图相关决策问题。在 PyTorch Geometric 库中，各种各样的图神经网络模型能够相互堆叠和组合，也能够与深度前馈神经网络、卷积神经网络、循环神经网络等其他类型的深度神经网络模型组合使用，适用于多模态数据结构。

9.4.2 图神经网络模块代码示例

为了简化问题，此示例中采用经典的 OpenAI Gym 环境库中车摆游戏环境 CartPole-v1，环境的状态空间维度为 4，每一个时刻的环境状态可以表示为向量：(x, v, θ, ω)。我们通过将原始环境状态向量建模成简单图后，可以应用图神经网络模型提取基于图的环境状态特征。

在图神经网络章节中，图神经网络模块已经做了详细介绍，此处将作简要分析，简单的示例代码如下所示：

```
1  # 导入工具包
2  import torch
3  import torch.nn as nn
4  import torch.nn.functional as F
5  from torch_geometric.nn import GCNConv
6  from torch_geometric.nn import LayerNorm
7  from torch_geometric.nn import global_add_pool
8  # 模型训练过程中优先使用GPU加速
```

```
9   device = torch.device("cuda:0" if torch.cuda.is_available() else "cpu")
10  # 定义图神经网络模型结构
11  class graph_nn(nn.Module):
12      def __init__(self,action_space=None,input_dim=2,hidden_dim=64):
13          super(graph_nn, self).__init__()
14          # 定义图卷积神经网络层
15          self.conv1 = GCNConv(input_dim, hidden_dim)
16          # 定义全连接神经网络层 1
17          self.linear1 = nn.Linear(hidden_dim, hidden_dim)
18          # 定义全连接神经网络层 2
19          self.linear2 = nn.Linear(hidden_dim, action_space)
20          # 定义归一化层
21          self.layer_norm = LayerNorm(hidden_dim)
22      # 定义图神经网络计算图结构
23      def forward(self, x, edge_index):
24          # 图数据通过图卷积神经网络层后再通过非线性激活函数ReLU
25          x = F.relu(self.conv1(x, edge_index))
26          # 图池化操作
27          x=global_add_pool(self.layer_norm(x), torch.LongTensor(list(torch.zeros(4))).to(device))
28          # 非线性激活函数
29          x = F.relu(self.linear1(x))
30          # 线性投射层
31          x = self.linear2(x)
32          # softmax分类，输出结果
33          output = F.log_softmax(x, dim=1)
34          return output
```

9.4.3 图神经网络模块代码解析

示例代码的第 1 行至第 7 行导入图神经网络模块类调用的工具包，如 torch、PyTorch 有关深度神经网络相关的类 torch.nn 和函数 torch.nn.functional 等。本示例的深度图神经网络模型以 torch_geometric.nn 为基础，导入图卷积神经网络模块 GCNConv、层归一化模块 LayerNorm 和池化模块 global_add_pool。当然，我们也可以在一行语句中同时导入三个模块。

示例代码的第 9 行定义图神经网络模型的训练设备，模型训练过程中优先使用 GPU 进行加速，提高模型训练效率。第 11 行开始定义图神经网络模型 graph_nn 类。在图强化学习系统中，图神经网络模块类函数继承自深度神经网络模块类 torch.nn.Module。我们需要编程实现初始化函数 __init__ 和 forward 函数。在初始化函数中，我们可以定义图神经网络主要子模块（图神经网络层），包括图卷积神经网络层、线性层和层归一化操作等。第 12 行定义图神经网络模型输入变量维度 input_dim 和输出变量维度 action_space，以

及神经网络模型隐藏层神经元数量 hidden_dim。

在示例代码的第 15 行至第 21 行中，图神经网络模型类 graph_nn 的初始化函数定义组成图神经网络模型的网络层。第 15 行定义图卷积神经网络层 self.conv1，PyTorch Geometric 代码库实现了大部分图神经网络模型，可作为图神经网络模型基础层进行堆叠和组合。在实际应用中，我们可以堆叠图神经网络层（包含于 torch_geometric.nn）和深度神经网络层（包含于 torch.nn），构建更加复杂的图神经网络模型。

在图神经网络模块类 graph_nn 中，函数 forward 定义图神经网络的计算图结构。首先，我们将图结构数据输入图卷积神经网络模型进行特征提取，将节点属性映射成 hidden_dim 维特征向量（第 25 行），然后运用池化操作 global_add_pool 将所有节点的属性向量进行加和（第 27 行），得到图属性向量表示。池化后的向量可以作为前馈神经网络模型 linear1 的输入，将图属性映射成 hidden_dim 维向量，然后通过非线性激活函数 relu（第 29 行），再经过一层前馈神经网络模型 linear2，映射为与动作空间维度一致的向量（第 31 行）。最后，图神经网络模型通过 log_softmax 函数输出，计算每个智能体动作的概率。

一般而言，图神经网络模块是图强化学习的策略函数模块的重要组成部分。图强化学习的策略函数由图神经网络模型和深度神经网络模型融合而成。图强化学习的策略函数将图数据作为输入，动作信息作为输出，完成从图结构和图属性信息到智能体动作行为的映射。图神经网络模型和深度神经网络模型参数需要强化学习算法进行学习、更新和优化。

9.5　强化学习模块

深度强化学习模块作为图强化学习的重要组成部分，负责优化和更新基于深度图神经网络模型的策略函数。在诸多开源项目支持下，深度图神经网络模型（策略函数）能够处理非常复杂的图结构问题或图相关决策问题。深度图神经网络模型的复杂度较高，参数规模大。因此，在图强化学习模型训练过程中，高效的深度强化学习算法显得尤为关键。

9.5.1　强化学习算法选择

深度强化学习算法各具特色，如动作空间可以分成离散动作空间和连续动作空间，或者两者混合。图强化学习问题的动作空间属性决定了可选用深度强化学习算法的范围。

9.5.2　强化学习算法示例代码

强化学习模块主要功能是优化图神经网络模型参数或策略函数参数，包括图神经网络、前馈神经网络等模型参数，示例代码如下所示：

```
1  # 导入工具包
2  import torch
3  import torch.optim as optim
```

```
4   import numpy as np
5   # 定义强化学习算法类REINFROCE
6   class REINFROCE(object):
7       def __init__(self, policy, learning_rate=0.001, gamma=0.99):
8           super(REINFROCE, self).__init__()
9           # 强化学习算法优化目标：策略函数（图神经网络模型）
10          self.policy = policy
11          # 优化算子，输入待优化模型参数和学习率
12          self.optimizer = optim.Adam(self.policy.parameters(), lr=learning_rate)
13          # 折扣系数
14          self.gamma = gamma
15          # 经验数据存储池
16          self.experience_buffer = []
17          # 设定baseline，增加学习稳定性
18          self.baseline = []
19      # 保存经验数据
20      def memory_data(self, data):
21          self.experience_buffer.append(data)
22      # 更新神经网络模型参数
23      def learn(self):
24          self.optimizer.zero_grad()
25          discounted_reward_t = 0
26          loss = 0
27          for reward, prob in self.experience_buffer[::-1]:
28              discounted_reward_t = reward + self.gamma * discounted_reward_t
29              loss += -prob
30          if len(self.baseline) < 100:
31              self.baseline.append(discounted_reward_t)
32              loss = loss * discounted_reward_t
33          else:
34              self.baseline.append(discounted_reward_t)
35              loss = loss * (discounted_reward_t - torch.mean(torch.tensor(self.baseline[-10:-1])))
36          loss.backward()
37          self.optimizer.step()
38          self.experience_buffer = []
```

9.5.3 强化学习算法示例代码解析

强化学习模块的示例代码实现了策略梯度算法 REINFORCE。第 2 行至第 4 行代码导入了策略梯度算法 REINFORCE 调用的功能包。强化学习类（class REINFORCE）的初始化函数 __init__ 定义策略函数网络模型 policy（第 10 行），由深度图神经网络模块构建而成。初始化函数定义了 REINFORCE 算法更新策略函数参数的优化算法

torch.optim.Adam（第 12 行）。当优化算法初始化时，需要设定优化对象，即策略函数参数 self.policy.parameters()。同时，需要设定学习率 learning_rate 等超参数。

强化学习 REINFORCE 算法的模块类函数 memory_data 将智能体与环境交互得到的经验数据保存到属性变量 experience_buffer 之中，作为模型训练和梯度更新的样本数据。智能体与环境模型交互可获得轨迹样本数据由一连串的状态、动作和即时回报组成，代入策略函数参数更新公式

$$\boldsymbol{\theta} \leftarrow \boldsymbol{\theta} + \alpha \frac{1}{N} \sum_{n=1}^{N} \sum_{t=0}^{T} G_t \boldsymbol{\nabla} \log p_{\boldsymbol{\theta}}\left(a_t | s_t\right) \tag{9.1}$$

强化学习模块的示例代码第 23 行 learn 函数实现了上述 REINFORCE 算法更新策略函数参数过程。在示例代码中，折扣累积收益减去平均收益（第 35 行），使得训练过程更加稳定和高效。

9.6　智能体模块

图强化学习的智能体模块融合环境模型、图神经网络模型和强化学习模型等。智能体模块的主要功能是与环境模型交互，获得大量的经验轨迹样本数据。基于样本数据，智能体模块调用深度强化学习算法，更新图神经网络模型参数，即优化智能体策略函数。

9.6.1　智能体模块示例代码

智能体模块初始化环境模型和图神经网络模型，作为输入参数代入强化学习模型之中，运用基于图神经网络模型的策略函数与环境交互，获得轨迹数据，调用强化学习算法更新策略函数参数。此过程迭代进行，直至完成指定的迭代次数，具体示例代码如下所示：

```python
from utils import *
from policy import graph_nn
from drl import REINFROCE
from env import graph_env
from torch.distributions import Categorical

device = torch.device("cuda:0" if torch.cuda.is_available() else "cpu")
seed = 10
seed_torch(seed)
env = graph_env()
learning_rate = 0.0005
episodes = 500
gamma = 0.999
log_interval = 10
policy = graph_nn(action_space=env.action_space.n,
                  input_dim=3, hidden_dim=32).to(device)
```

```
17    learner = REINFROCE(policy, learning_rate, gamma)
18
19    sum_reward = 0
20    sum_reward_list = []
21    for episode in range(episodes):
22        state_graph = env.reset()
23        done = False
24        step = 0
25        while not done:
26            action_prob = policy(state_graph.x.to(device), state_graph.edge_index.to(device))
27            action_distrib = Categorical(torch.exp(action_prob))
28            action = action_distrib.sample()
29            next_state, reward, done, _ = env.step(action.item())
30            learner.memory_data((reward, action_prob[0][action]))
31            state_graph = next_state
32            sum_reward += reward
33            step += 1
34        learner.learn()
35        sum_reward_list.append(sum_reward)
36        sum_reward = 0.0
```

9.6.2　智能体模块示例代码解析

　　示例代码的第 1 行至第 5 行导入了基于图神经网络的策略函数类 graph_nn、强化学习类 REINFROCE 和环境类 graph_env 等。示例代码第 7 行至第 14 行设置模型基本超参数，如迭代总次数 episodes、学习率 learning_rate、折扣率 gamma、随机种子等。当学习率 learning_rate 较小时，图强化学习速度较慢，但训练过程比较稳定。

　　第 15 行代码实例化基于图神经网络模型 graph_nn 的策略函数 policy，策略函数输入参数为图神经网络输出的动作数量 action_space、图神经网络输入图节点向量长度 input_dim、隐藏层节点表示向量长度 hidden_dim。第 17 行代码定义了强化学习算法 REINFROCE 的实例化类 learner，该类的输入参数包含第 15 行定义的图神经网络模型 policy，优化算法的学习率 learning_rate，以及智能体累积回报的折扣系数 gamma。

　　从示例代码的第 19 行开始，智能体与环境进行交互，图强化学习模型进入迭代循环过程，收集经验数据并更新策略函数参数。示例代码的第 25 行到第 33 行展示了一个回合（episode）的游戏过程。策略函数基于当前状态返回了动作概率分布（第 26 行），通过随机采样获得智能体动作 action（第 28 行），将动作 action 传递给环境类的 step 方法，得到了环境的下一个状态 next_state、即时回报 reward 和是否为终止状态的信号 done 等（第 29 行）。

　　强化学习器 learner 记录下经验数据（第 30 行），智能体进行下一个状态（第 31 行），直至环境终止状态，完成一轮（一个回合）迭代，并调用强化学习算法更新参数，由函数 learner.learn 完成（第 34 行）。智能体进入下一轮与环境模型的交互之中，循环迭代至完成指定的交互总次数。

9.6.3　模型训练结果

深度强化学习智能体的训练过程存在较多挑战，如较多的超参数调优。深度强化学习算法的超参数调优也是工程应用过程中较为关键的环节。在图强化学习示例之中，图结构环境模型、图神经网络模型和深度强化学习模型等模块都包含大量的超参数。一般而言，图强化学习的超参数之间存在一些关联性，因此超参数调优是图强化学习模型训练的重要部分。

图强化学习模型的常见超参数分布在各个模块之中。例如，在图结构环境模型构建过程中，网络节点属性向量维度决定状态变量的复杂度。在图神经网络模型中，图卷积网络层数、全连接网络层数、神经网络隐藏层中神经元数量等都影响模型性能。在深度强化学习模型中，学习率、折扣率等超参数决定模型参数更新的效率。图强化学习模型可以认为是系统的系统，融合不同模块和子系统，各个子系统负责不同功能。任何一个模块的错误都将影响整个系统的最终绩效。因此，在模型训练过程中，我们需要认真调整超参数和模型设定。

图理论、复杂网络分析、图机器学习、网络嵌入等都是图强化学习的基础，也是理解和调节图强化学习模型超参数的基础。对图强化学习理论、算法和原理理解越深入，越能高效地优化模型设计和调节模型超参数。我们按照示例代码的超参数设置，训练图卷积神经网络模型，并分析智能体策略函数获得累积奖励情况，如图9-2所示。

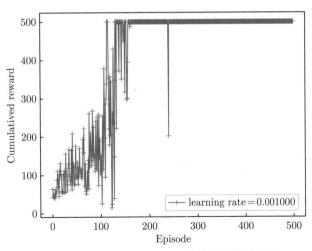

图 9-2　游戏 CartPole-v1 环境中模型训练结果

图9-2是模型训练 500 个回合，智能体获得的累积奖励值变化情况。图9-2横坐标为模型迭代的回合次数，纵坐标为每个回合累积收益情况。在倒立摆游戏 CartPole-v1 中，一

个回合是指从初始状态到倒立摆倒下或者达到最大时间步数（500 步）。智能体一步能够获得 1 分，因此最大得分为 500。

图9-2是图强化学习模型在 500 个回合训练中，智能体获得的累积奖励值的变化情况。图中模型学习率分别为 0.001。随着模型的训练次数增多，智能体获得的累积奖励值越来越高，然后收敛至最优策略。智能体获得的累积奖励值达到 500，CartPole–v1 环境设置最大时间步为 500 步。在机器学习模型中，学习率是一个重要的超参数。在图9-2中，模型迭代 200 个回合左右达到最优，但是模型收敛过程也存在不稳定情况。例如，模型达到最大累积收益后，也会出现在某个回合中累积收益下降的情况。

9.7　工具类模块

在图强化学习智能决策系统中，模块化结构使得整个系统架构和业务逻辑更加清楚，同时也便于模型升级和改进。一些智能决策系统项目具有普适性的功能函数，可以放到工具类模块之中，如数据预处理。复杂系统的数据预处理可能因为复杂系统变量的差异而需要重新实现。因此，只需要修改工具类模块之中对应的数据预处理函数，就可以达到不同项目间模型迁移的效果，本示例的相关工具类函数如下所示：

```
1   import torch
2   from torch_geometric.data import Data
3   from itertools import permutations
4   from matplotlib import pyplot as plt
5   import numpy as np
6   import random
7   def seed_torch(seed):
8       np.random.seed(seed)
9       random.seed(seed)
10      torch.manual_seed(seed)
11      if torch.backends.cudnn.enabled:
12          torch.backends.cudnn.benchmark = False
13          torch.backends.cudnn.deterministic = True
14  # def plot_reward(reward):
```

示例代码展示模型设定随机种子，使得模型结果具有可复现性。同样，功能模块可以集成结果可视化相关函数，直观展示模型训练结果和测试结果等。模块化程序设计能满足大型系统中功能模块和函数的复用性，也能够更好地管理和迭代更新各个模块或功能函数。

9.8　图强化学习模型改进

图强化学习模型融合多个功能模块，各个功能模块本身也相当复杂，也包含很多子功能模块。因此，图强化学习本身也是一个复杂系统。如何能够高效、稳定地训练和应用模型，也是一个复杂问题。一些学者和专家认为机器学习、深度学习、深度强化学习中诸多问题都是工程问题，很多子模块是一个系统工程中的"螺丝钉"，每一个小小的螺丝钉都有可能影响到整个系统训练和运行的平稳性和安全性。

9.8.1　模型改进目标

图强化学习的复杂性一直贯穿着图强化学习模型的构建、模型的训练、模型的优化和模型的部署等环节。模型优化和调试过程是图强化学习系统开发的重要部分。一般而言，图强化学习模型训练和优化的目标如下。

（1）稳定性：模型训练稳定性是指增强模型训练过程中累积收益曲线稳定性，有助于算法收敛。

（2）高效性：模型训练高效性是指模型能够在尽可能少的时间复杂度和空间复杂度内完成训练。

（3）泛化性：模型泛化性是指模型从训练环境应用到真实环境时同样得到较好的性能。

（4）可扩性：模型可扩性是指模型能从较小规模的网络结构数据迁移到更大规模网络结构数据环境，也能保持较高的模型性能。

（5）可解释性：模型可解释性是指模型能够直观地表示智能体行为，给出合理的解释。

9.8.2　模型改进方向

图强化学习模型复杂度较高，因此模型训练过程复杂度也较高。同时，模型优化过程也具有较高的计算复杂度。影响模型绩效的因素非常之多。例如，图结构环境模型中节点属性向量维度、图神经网络模型中深度强化学习的学习率、折扣率等。我们为了提高模型训练稳定性、模型训练高效性、模型泛化性、可扩性、可解释性等，需要对图强化学习模型进行大量的模块改进、系统改进以及整合优化。

我们将简单介绍一些图强化学习模型改进的方向和操作。

（1）图结构环境模型：图结构环境模型中图结构或网络结构来源于研究者基于给定复杂决策问题的抽象和建模。我们可调整网络构造方法（问题抽象的程度）来改变模型绩效。同样，我们也可以选择不同的网络节点属性，改进模型性能。

（2）图神经网络模型：PyTorch Geometric 包含大量流行且成熟的图神经网络模型，如图卷积神经网络模型、图注意力神经网络模型、GraphSAGE 等神经网络模型。针对不同的图结构环境模型，我们可以替换不同的图神经网络模型或改进图神经网络模型来调整图强化学习模型绩效。

（3）图神经网络模型参数：我们可通过调节图卷积网络层数、全连接网络层数、神经网络隐藏层中神经元数量、非线性函数层等超参数提升图强化学习系统绩效。

（4）深度强化学习模型：尝试多种深度强化学习算法优化图强化学习模型。

（5）深度强化学习模型参数：策略函数学习率、值函数学习率、折扣系数等超参数调优。

（6）优化模型：神经网络模型参数优化过程可以选择多种优化算法，如随机梯度下降

算法（SGD）、动量因子随机梯度下降算法 Momentum SGD 、Nestrov Momentum SGD、自适应梯度下降（Adagrad）算法、RMSprop 梯度下降算法、Adadelta 梯度下降算法和 Adam 算法。

9.8.3　图神经网络模型改进代码示例

图神经网络模型具有较好的图结构数据信息提取能力和表示学习能力。近年来，研究人员发展了大量的图神经网络模型。通过引入不同的图神经网络模型对图强化学习模型进行调优，获得较好的性能提升。将示例中图卷积神经网络模型替换成图注意力神经网络模型，具体示例代码如下所示：

```
1   # 导入图注意力神经网络模型
2   from torch_geometric.nn import GAT
3   # 模型训练过程中优先使用GPU加速
4   device = torch.device("cuda:0" if torch.cuda.is_available() else "cpu")
5   # 定义图神经网络模型结构
6   class graph_at(nn.Module):
7       def __init__(self,action_space=None,input_dim=2,hidden_dim=64):
8           super(graph_at, self).__init__()
9           # 定义图注意力神经网络层
10          self.gat1 = GAT(input_dim, hidden_dim, 2)
11          # ......
12      # 定义图神经网络计算图结构
13      def forward(self, x, edge_index):
14          # 图数据通过图注意力神经网络层后再通过非线性激活函数ReLU
15          x = F.relu(self.gat1(x, edge_index))
16          # ......
17          return output
```

9.8.4　图神经网络模块代码解析

图注意力神经网络模型的示例代码和图卷积神经网络模型示例代码具有极大的相似性。因此，示例代码只给出图注意力神经网络模型示例代码的不同之处。示例代码的第 2 行导入图注意力神经网络模块 GAT。第 10 行代码定义图注意力神经网络层，第 15 行代码应用图注意力神经网络层提取网络特征信息。其他代码与图卷积神经网络模型一致。

9.8.5　强化学习算法改进

智能体模块、图神经网络模块、深度强化学习模块和图结构环境模块等共同组成图强化学习智能系统，各个模块之间的关系示意图如图9-3所示。

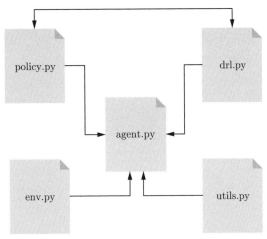

图 9-3　游戏 CartPole-v1 环境中图强化学习模型各个模块之间的关系示意图

　　policy.py 模块包含图神经网络模型，如图卷积神经网络模型和图注意力神经网络模型等。我们将图注意力神经网络模型替换图卷积神经网络模型时，只需要在 policy.py 文件中增加图注意力神经网络模型即可。在图强化学习模型中，图神经网络的功能近似智能体策略函数，以图结构环境状态为输入，输出智能体最优化行为动作。

　　深度强化学习模块 drl.py 包含更新智能体策略函数，即图神经网络模型参数的各类强化学习算法。我们为了改进深度强化学习模块，需要在 drl.py 中定义其他类型强化学习算法，不同强化学习算法输入和输出变量不一样，如有些强化学习算法输出离散型动作，有些算法输出连续性动作。因此，改进深度强化学习模块涉及较多的模块之间的同步更新。例如，如果将策略梯度算法替换为深度 Q 网络算法，图神经网络模型输出值从动作的概率值转变成动作的价值。

　　图结构环境模块 env.py 是智能体与之交互的对象，也是深度强化学习算法更新图神经网络模型参数的经验数据来源。工具包模块 utils.py 包含一些数据预处理和通用函数等。智能体模块 agent.py 将各个模块组合起来完成图强化学习模型的训练、测试和部署等操作。

　　模块化程序设计思路是面向对象程序设计的核心思想。PyTorch Geometric 对各类图神经网络模型进行了封装，各个图神经网络模型具有类似的接口和输入参数，使得模型很容易被调用和应用。模块化程序设计为系统优化和改进提供了便利。在强化学习算法进行改进过程中，图强化学习系统同步更新的模块较多。因此，深刻理解各个功能模块之间的关系以及模块本身的算法原理，是图强化学习系统改进的基础。

❧ 第 9 章习题 ❧

1. 图强化学习系统中图神经网络模型主要功能是什么？
2. 图强化学习系统中图结构环境模型主要功能是什么？
3. 图强化学习系统中强化学习模型主要功能是什么？

4. 改进图结构环境模型，提高图强化学习系统训练效率。

5. 采用其他深度强化学习算法进行模型训练。

6. 采用其他图神经网络模型提高智能体性能。

第 10 章
图强化学习展望

<table>
<tr><td colspan="2" align="center">内容提要</td></tr>
<tr><td>❑ 图</td><td>❑ 多智能体强化学习</td></tr>
<tr><td>❑ 网络</td><td>❑ 自动强化学习</td></tr>
<tr><td>❑ 图嵌入</td><td>❑ 分层强化学习</td></tr>
<tr><td>❑ 网络嵌入</td><td>❑ 自动强化学习</td></tr>
<tr><td>❑ 图神经网络</td><td>❑ 智能决策</td></tr>
<tr><td>❑ 图强化学习</td><td>❑ 知识图谱</td></tr>
<tr><td>❑ 强化学习</td><td>❑ 复杂系统</td></tr>
<tr><td>❑ 深度强化学习</td><td>❑ 可解释性</td></tr>
<tr><td>❑ 组合优化</td><td></td></tr>
</table>

10.1 图强化学习概括

图强化学习涵盖众多人工智能、机器学习和深度学习相关的理论、方法和技术。我们分三个部分简要介绍了图强化学习相关的理论、方法和应用。第一部分（1~3 章）为图和网络相关理论和背景知识，第二部分（4~7 章）为强化学习和图机器学习相关方法，第三部分（8~10 章）为图强化学习方法与应用。图强化学习的基础内容庞杂，极具跨学科特性。

第一部分的复杂系统、图和网络是图强化学习的基础，也是图强化学习研究的对象。复杂系统是复杂问题的来源和背景。一个复杂问题背后一般都存在一个复杂系统，复杂系统相关研究和理论都对图强化学习方法研究具有引导和启示作用。如何表示和研究复杂系统，复杂网络和复杂图理论和方法是较优选择，是解决复杂决策问题的重要工具。

10.1.1 方法的起源

图论作为古老的数学学科，一直以来都是数学专业人员研究的重要方向，积累了大量的理论和方法，为高度抽象现实复杂社会系统和物理系统提供思想源泉。复杂网络相关理论和方法近年来飞速发展，在不同学科和领域都取得了耀眼的成绩，同时在一些复杂问题和复杂系统中具有重要地位。在现实世界中，图相关和网络相关的问题很多，如关键节点识别、网络免疫、传染病防控等，都能够借助图和网络的工具进行有效求解。图论是图强化学习的核心基础，是图强化学习理论和方法的起源。

10.1.2　方法的发展

图与网络相关的机器学习方法和强化学习方法部分介绍了图嵌入和图神经网络方法，以及强化学习和深度强化学习方法。图神经网络方法可以看作是图嵌入方法的升级版，深度强化学习方法可以看成是强化学习的升级版。图神经网络和深度强化学习作为机器学习领域两大重要研究领域，是人工智能和机器学习的前沿，也是图强化学习发展的驱动力。因此，图强化学习方法具有非常大的发展潜力。

10.1.3　层次关系

深刻理解和掌握图神经网络和深度强化学习方法是入门图强化学习的基础。图嵌入和网络嵌入是浅层学习，是理解图神经网络模型的基础。图神经网络模型的可扩展性和普适性是图数据分析最具潜力的研究方向。在图强化学习中，图神经网络模型作为特征提取和表示学习的主要模块，是智能决策优劣的关键。

图神经网络模型具有大量的参数，需要强化学习算法进行参数更新、学习和优化。如何有效的融合两者的优势，解决复杂环境决策问题，是图强化学习的重要内容。图强化学习相关的技术和方法之间的层次性可由图10-1简单表示，也是本书章节之间的层次关系。

图 10-1　图强化学习相关方法之间的层次性示意图

10.2　图强化学习特色

图强化学习方法极具特色，如图结构数据处理、学科交叉性、系统复杂性、框架普适性等。

10.2.1　学科交叉性

图强化学习领域融合图理论、网络理论、图方法、网络方法、机器学习、图机器学习、图嵌入、网络嵌入、图神经网络、强化学习、深度强化学习等领域知识，具有显著的学科交叉特点，具有较高的入门门槛和学习难度。我们需要从基础开始，层层递进，掌握图强化学习所涉及的理论和方法，才能够取得较好的应用效果。

10.2.2　系统复杂性

基于众多理论和方法的融合，图强化学习系统和框架本身就是一个复杂系统，具有较高的模型复杂性，各个模块之间具有较高的耦合度和关联度。图强化学习模型的复杂性不仅仅表现在模型训练的困难之中，而且表现在代码实现和实践应用之中。我们需要对各个子领域的知识和模块都能深刻理解，而且在实际应用时还需要结合特定问题背景知识，抽象复杂决策问题，构建环境模型和智能体模型，搭建图强化学习系统的框架。

因此，如何将如此之多的理论和方法融合到一起，并进行整合优化，本身就是一个复杂问题。换而言之，复杂决策问题求解过程中，以复杂性对抗复杂性是一条极具挑战之路。以复杂系统对抗复杂问题，是求解复杂决策问题的一种解决之道。

在实际建模过程中，我们不刻意追求复杂模型，但是也不能过度简化模型。图强化学习模型需要在合理和合适的环境模型中解决复杂问题，为复杂系统中复杂问题的求解提供一个统一而普适的模型框架。

10.2.3　框架普适性

图神经网络模型和深度强化学习模型具有一定的普适性。图神经网络模型是通用的图数据或网络数据分析框架，对网络节点任务、网络连边任务和全局网络任务都有较好表现。深度强化学习模型是序贯决策问题的通用解决方案。图强化学习模型融合两者优势，因此图强化学习模型也同样具有普适性。

在现实世界中，图和网络是普遍存在的，很多复杂图问题、复杂网络问题和复杂系统问题都可以建模成图强化学习模型。图和网络是图强化学习方法的研究对象，图和网络模型具有普适性，因此图强化学习模型也同样具有普适性。

同时，很多复杂系统的动力学过程可以建模成马尔可夫决策过程。图模型和马尔可夫决策过程的普适性，也决定了图强化学习框架的普适性，能在众多复杂决策问题中提供具有洞见和智能化的解决方案。

10.3　图数据分析方法

图数据分析方法众多，可简单分作如下几类，如数值分析方法、仿真模拟方法、优化方法、数据驱动方法和图强化学习方法。我们将分别介绍不同方法的特征和优劣。

10.3.1 数值分析方法

一直以来，图理论和复杂网络方法就是分析复杂系统的重要方法和工具。图数据和网络数据普遍存在。在图和网络分析方法中，网络度、网络中心性、连边中心性、社团结构等，都属于数值分析方法。研究人员基于网络结构和动力学特征定义一些数值指标，通过指标来度量、表示、检测网络动力学发展规律，为解决实际问题提供重要参考。图数据的数值分析方法示例如图10-2所示。

图 10-2　图数据的数值分析方法示例

图10-2中网络节点大小对应网络度。数值分析方法计算简单，且直接明了，可以通过先验知识直接构建参数指标解决实际问题。但是，由于模型的高度抽象和指标方法的简单性，对于复杂决策问题而言，一些网络数值指标方法很难达到预期的效果。

10.3.2 仿真模拟方法

图或网络上的仿真模拟方法能够模拟网络上动力学现象，如传染病模型和知识扩散模型等。在很多情况下，我们很难预估一些特定情境和特定策略的实际效果，因此通过仿真模拟，能够在给定模拟情境下获得仿真结果。对于决策者而言，仿真模拟结果能够辅助决策。

仿真模拟方法不同于数值分析方法，总能够定义出详细的数学模型，如微分方程等。在很多情况下，环境的复杂性导致数学模型构建的难度较大，因此仿真模拟能够代替数值求解，通过蒙特卡洛模拟等方法，获得复杂决策问题的数值解、近似解或次优解。

图数据或网络数据的仿真模拟方法示例如图10-3所示。我们通过建立数学模型，定义网络中节点之间的简单交互规则，通过大规模的模型训练和参数拟合，通过模型校验，获得仿真模型的拟合参数。我们通过仿真模拟特定情境下模型的演化状态或网络的演化规律，从而通过计算实验方法解决现实问题或为现实问题求解提供参考建议。

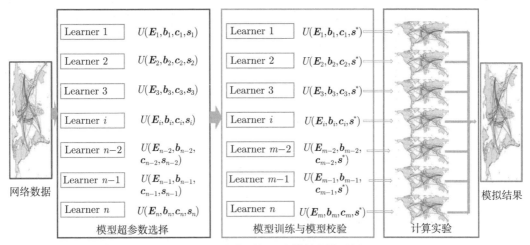

图 10-3　图数据的仿真模拟方法示例

10.3.3　优化方法

图上优化方法应用广泛，图上组合优化问题较为复杂，我们需要构建近似算法或是启发式算法来获得近似解或次优解。近年来，深度学习算法的蓬勃发展使得优化方法有着更加广泛的应用。在图数据分析基础上，图嵌入和网络嵌入算法，大部分都是优化方法，通过特定问题来构建目标函数，通过优化算法求解参数。图机器学习和图深度学习中存在着大量图数据分析的优化方法。

10.3.4　数据驱动方法

数值方法、近似优化算法、启发式算法、仿真模拟方法都需要大量的专业知识。在一些情况下，较多地依赖设计者的专业背景和经验知识也限制了模型的性能。大数据时代，基于数据驱动的算法和模型得到了大量推广，模型从数据中发现规律，适配模型，在动态数据中即时感知数据的变化及环境状态的变化，快速作出反应，使模型更加具有实用性。

10.3.5　图强化学习方法

图强化学习方法融合以上诸多方法的思想和方法，当然也存在一些局限和不足。在模型训练过程中，图强化学习模型也可以为网络节点设计一些特征变量，网络结构指标是网络节点特征的重要表示，如网络度、中心性等。强化学习算法本身就是一个优化算法，通过梯度下降、梯度上升等优化算法进行模型拟合和目标函数优化。

图强化学习算法的核心部件为强化学习策略函数。我们通过大量数据驱动的模型拟合和优化。智能体通过与环境的交互，获得大量的经验数据来优化策略函数。因此，图强化学习方法也是基于数据驱动的方法。数据蕴藏于环境模型之中，图强化学习智能体与环境模型交互，采样经验轨迹数据，这是图强化学习与其他数据驱动模型最大的区别。

从另一个角度而言，图强化学习的环境模型本身可以看作数据源，由图类型数据或网络结构数据构成的环境模型。图强化学习模型获得优化策略函数后，可以同时平行构建多个智能体模拟仿真，来完成特定问题的求解。例如，模拟仿真中的元胞自动机、集成学习等思想为解决大规模、超复杂问题提供求解思路。

10.4　图强化学习应用

图强化学习有着广泛应用，如网络关键节点识别、网络关键连边识别、知识图谱相关任务、图上组合优化等。

10.4.1　网络关键节点识别

复杂网络中关键节点具有重要的作用。在不同的复杂系统中，关键网络节点扮演了不同的角色。例如，国际贸易网络系统中关键网络节点表示贸易影响力高的经济体。在传播网络中，关键网络节点对应着高传染力节点，是控制传染病传播的关键因素。

如何找到一组关键网络节点，激活（或移除）此类网络节点集合能够最大程度地增强（或降低）某些网络功能，如网络稳定性和网络效率等。因此，网络关键节点的识别必须在特定问题背景下进行定义。针对不同的网络问题，关键网络节点不一样。例如，影响网络稳定性的关键性节点不一定是影响网络效率的关键节点。网络关键性节点的识别问题可以应用到网络免疫、市场选址、流行病控制、药物设计和市场营销等复杂问题之中。

基于深度强化学习识别关键网络节点的模型也能取得较好的结果，如深度强化学习模型 FINDER（https://github.com/FFrankyy/FINDER），在计算效率和有效性方面都可以得到提升。FINDER 在小型合成网络上训练，如随机网络 ER 图、WS 网络和 BA 网络等，训练完成后可以直接应用到实际网络，如大型社会网络。FINDER 使用深度学习技术和图神经网络技术进行网络关键节点识别，为使用深度学习技术理解复杂网络的特征规律开辟了一个新方向。基于深度强化学习识别关键网络节点的方法在增强网络稳定性、抵御网络攻击和随机故障方面具有广泛应用。

10.4.2　网络关键连边识别

与网络关键节点识别类似，深度强化学习方法同样可以识别关键网络连边，识别的网络关键连边具有重要作用。在不同的复杂系统中，关键网络连边扮演了不同的角色。例如，在国际贸易网络系统中，关键网络连边表示经济体之间影响力大的贸易关系。在传播网络中，关键网络连边对应着高风险的传播路径，是预防和控制传染病传播的关键因素。

10.4.3 知识图谱

知识图谱（Knowledge Graph）是刻画知识发展进程与结构关系的图，基于可视化技术描述知识，构建、绘制和显示知识及它们之间的相互联系。随着人工智能（AI）的发展，知识图谱已经成为众多实际应用的基础结构，将知识引入机器学习和人工智能算法之中，不仅仅需要大数据和大算力，同时知识的引入能够为智能系统增加更多可能性和更高的智能水平。强化学习在对话系统和知识推理中也有着广泛应用，提升对话系统和知识推理的智能水平，如 ChatGPT。

10.4.4 组合优化

组合优化是一个跨学科的领域。图上组合优化问题一直以来是运筹学和最优化算法等领域研究的重要课题。组合优化领域也是一个交叉融合领域，融合优化理论、运筹学、离散数学、计算机科学、图论等领域知识。现实世界很多复杂问题都可以建模成组合优化问题。例如，很多无约束优化和有约束优化问题，可以在图强化学习框架下进行优化求解。

经典整数规划、图算法等也能够应用图强化学习算法进行优化求解。宋乐教授将强化学习算法应用在现实世界的组合优化问题，将组合优化问题的解的构建过程建模成马尔可夫决策过程，应用强化学习方法获得图上组合优化问题的最优解（或次优解）。

10.5 图神经网络展望

图神经网络融合图和深度神经网络模型，近年来在各个领域取得举世瞩目的成就。在人工智能浪潮中，深度学习彻底改变现实世界很多智能模型的决策能力和感知能力，也改变许多机器学习任务的解决之道和应用效果，在各个领域发挥了显著推动作用，如图像分类、视频处理、语音识别和自然语言理解等。

10.5.1 人工智能的新引擎

人工智能领域涉及人类生活、学习、工作的方方面面。理解人工智能可以从人工智能先驱马文·明斯基的定义开始，简单了解人工智能近 70 年的发展以及辉煌成就。人工智能领域随着时间推移起起落落，春寒交错。在人工智能澎湃发展的时候，人们也需要居安思危，也需要一些寒冬论的声音提醒学科研究人员和行业从业人员，时刻反思人工智能发展的机遇和挑战。

一直以来，人工智能技术是计算机学院的学科，融合计算机、数学、物理学、心理学、认知科学、哲学等多学科，是交叉融合的新兴学科。人工智能一般可分作三个主要学派，包括符号主义（Symbolism）、联结主义（Connectionism）和行为主义（Actionism）。各个学派都有自己的关注点和研究目标，在方法上也存在一定的交叉融合，可以互相借鉴。计算机领域不同学科在发展过程中也存在相互融合的趋势，学科之间分久必合、合久必分的现象也会出现。

在人工智能领域，全球著名的计算机教材当属美国科学家 Stuart J.Russell 和 Peter Norvig 共同撰写的《人工智能：一种现代的方法》[133]。此书是最权威、最经典的人工智能教材，已被全世界 100 多个国家的 1200 多所大学选作教材，适合于不同层次和领域的研究人员及学生，一直都是人工智能领域的科研与工程技术人员的重要参考书。

在了解和钻研人工智能技术过程中，我们除了选择优秀的教材，还可以了解人工智能科学研究最优秀的机构和高校。在人工智能领域，世界范围内顶级高校有卡内基梅隆大学、麻省理工学院、加州大学伯克利分校、斯坦福大学等，顶级公司和机构有微软、IBM、谷歌等。近年来，OpenAI 和 DeepMind 异军突起，在人工智能领域作出了举世瞩目的卓越成果。在学习人工智能和深度强化学习技术过程中，我们可以重点关注 OpenAI 和 DeepMind 的研究工作，两个研究机构也都有网站专门介绍最新的研究工作，为入门人工智能和深度强化学习的研究者和从业人员提供高质量的学习资料。

图机器学习、图深度学习、图神经网络模型等都是人工智能的新引擎。机器学习是人工智能的核心，机器学习算法从海量数据中挖掘关键决策信息，进行智能决策。在人工智能不同方向和领域中，机器学习都有着非常重要的作用。特别是近年来深度学习兴起，很多传统领域和方向都引入深度学习模型进行模型升级和改进，使得智能模型决策精度显著提升，深度学习模型在科研界和工业界得到了广泛应用。

10.5.2　图神经网络进展

在文本、语音和图形等任务中，样本数据通常定义在欧几里得空间。在现实环境中，越来越多的应用问题的数据是定义在非欧几里得空间，并表示为具有复杂对象和复杂对象之间关联关系的图或网络。对象和关系是现实世界最普适的两个概念，基本上所有复杂系统都能够用对象和关系表示。图数据的普遍存在使得图神经网络模型的应用非常广泛。

在复杂系统中，图的复杂性或者网络结构和动力学特征的复杂性对经典机器学习算法提出了重大挑战。经典机器学习算法对于欧式空间中的向量、矩阵和张量具有较好的分析处理能力，对图结构类型的非欧几何数据处理起来具有局限性，模型构建和训练过程中需要解决很多问题，如空间不变性和等价性等。例如，机器学习领域中的流形学习（Manifold Learning），流形学习均匀采样高维欧氏空间的经验数据，恢复低维流形结构，并学习相应的嵌入映射，实现数据降维或数据可视化。

图神经网络模型解决了相关问题，许多扩展图数据深度学习方法的研究为图数据和网络数据分析提供了大量的理论和工具。图数据也存在着不同类型，如简单图、异质图、多重图等。在数据挖掘和机器学习领域中，图神经网络种类众多，能够处理不同类型的图或网络数据，如图循环神经网络、图卷积神经网络、图自动编码器和时空图神经网络等。

10.5.3　图神经网络的可解释性

图神经网络已被广泛应用于各种领域，如知识图谱、药物设计、交通流预测等。图神经网络模型得益于深度学习模型强大的表示能力和学习能力，在各个领域取得了较大进步。

但是，图神经网络模型同时也继承了深度学习的诸多局限性，如可解释性。深度学习模型的黑箱问题一直受到专家学者的诟病。因此，图神经网络模型的可解释性也一直是人们关注的焦点和研究的方向。

在诸多应用中，我们不仅仅需要提升模型的性能，更需要能够有一个合理的模型理解和结果解释，以增加模型的可靠性和可信度。深度学习方法在许多人工智能任务上实现了不断提高的性能，主要限制是它们可解释性较低。可解释性较差的限制可以通过开发事后技术来规避，如图像和文本的深度学习模型的可解释性取得的重大进展。深度学习的黑箱问题一直困扰着深度学习领域的专家和学者，深度神经网络模型可解释性的相关研究成果能够为图神经网络模型可解释性提供参考，也推动了图神经网络模型可解释性研究的发展。

图神经网络模型可解释性研究目标是让人们理解图神经网络背后的机制，从而为设计更加高效的图神经网络模型提供思路和方向，推动图神经网络模型的发展。为了解决图神经网络可解释性问题，我们需要提出方法来解释图神经网络作出智能决策的过程，或者提供人类可理解的解释。一般的科学研究活动中，理论指导实践，实践也能反馈理论分析，促进理论发展。

图数据领域、图神经网络领域及其可解释性研究领域正在快速发展。图神经网络可解释性方法的统一理论和框架还不足，也没有用于评估的标准基准和测试平台。科研人员希望提供图神经网络可解释性方法的统一框架，推动图神经网络模型可解释性研究的发展。研究人员致力于设计专门用于图神经网络可解释性的基准图数据集，设计用于评估图神经网络可解释性的指标。如果我们能够理论上给出更多关于图神经网络模型的特征和规律，那么在更少的数据和更少的算力上达到同样的效果，不仅能够节约计算资源，减少碳排放，同时也能更快地更新和迭代模型，推动人工智能技术的快速发展，为通用人工智能之路提供节能且高效的新引擎。

10.6　深度强化学习展望

深度强化学习融合深度学习和强化学习，一定程度上而言，图强化学习也属于深度强化学习的范畴。因为，图强化学习主要是融合图神经网络模型和深度强化学习模型。图神经网络模型也是深度学习的重要分支，为人工智能系统提供大量的理论、方法和应用工具。深度强化学习的历史和人工智能的历史重合，基于系统论、控制论、信息论、人工智能等思想和技术，是人工智能的重要组成部分。特别是自动化、控制论等相关专业和领域，一直和强化学习协同发展，取得了较多研究成果。

机器智能中计算智能、感知智能已经在某些领域超越人类。在决策智能、认知智能以及通用智能等方面，深度强化学习也将取得更大进步。深度强化学习飞速发展得益于"深度"部分的模型发展，加速了深度强化学习模型的发展，如深度神经网络（DNN）、卷积神经网络（CNN）、循环神经网络（RNN）、图神经网络（GNN）等。

深度强化学习的发展迅速，如自动强化学习、分层强化学习、多智能体强化学习、离线强化学习等，都是深度强化学习发展的前沿方向。深度强化学习也借鉴元学习、随机博弈、马尔可夫博弈、自动机器学习等前沿领域的方法和思想，继续朝着通用人工智能方向前进。

10.6.1　自动强化学习

自动强化学习类似于自动机器学习（Auto ML），通过算法进行超参数寻优。在深度强化学习中，强化学习算法超参数的选择一直是模型设计过程中耗费大量人力和计算资源的部分。而且，深度强化学习模型的性能受超参数影响较大，敏感度较高。

深度强化学习超参数众多，如深度学习模型中神经网络层数、神经元数量、学习率、优化器、卷积核大小、激活函数类型、强化学习方法、状态和动作空间的参数定义、批量大小和批量更新的频率等，都需要进行验证和调优。如此之多的超参数的寻优影响了模型训练和绩效。如何自动确定模型主要超参数，获得最优的策略函数，具有重要的研究意义和应用价值。

10.6.2　分层强化学习

在图强化学习中，分层强化学习的思想也有着较多应用，元学习（Meta Learning）等思想也都用在图强化学习领域。分层强化学习算法将强化学习策略分成不同层次，高层次的策略决定高层次行为，而低层次策略决定底层行动。例如，在视频游戏中，智能体可以先确定是否攻击，然后再确定攻击具体细节。

分层强化学习方法的顶级策略专注于更高级别的目标，子策略负责细粒度行为。分层强化学习中策略层次可以由专家确定，也可以由算法自动确定。在现阶段，一般分层强化学习方法都是专家将策略分成不同层次。层次化策略有助于模型可解释性和稳健性，如同决策树的可解释性。因此，分层图强化学习是值得探索和研究的领域。

10.6.3　多智能体强化学习

多智能体强化学习也同样是一个极具潜力的研究方向。多智能体强化学习主要研究智能体策略的同步学习和演化问题。多智能体强化学习在无人机群控制、智能交通系统、智能工业机器人等场景中具有很大的应用前景。图强化学习融合图和强化学习，而图上的博弈、随机博弈、马尔可夫博弈等都是重要的研究领域。图上博弈相关研究领域都直接和图强化学习有着天然的关联，有着非常广阔的应用前景。

在复杂系统中，大量异质性个体之间的交互和个体自身的适应性，造就了系统的复杂性。在建模过程中，多主体模型同时考虑大量个体能够更加贴合实际情况，对现实世界的模拟也更加真实，获得的智能策略也更加具有可靠性和实用性。但是，在多智能体强化学习方法中，大量智能体之间的通信交互和协同学习过程，加剧了模型训练难度和收敛难度。因此，我们需要开发更多的训练方法和学习方法，为多智能体强化学习提供技术保障。

10.7　图强化学习前沿领域

图理论的高度抽象，使得图强化学习方法具有普适性和应用价值[134,135]。图强化学习前沿领域包括图上的组合优化、图理论应用的前沿等。

10.7.1　图上的组合优化

图上组合优化问题也一直是理论研究和实际应用的焦点，如网络舆情控制、供应链管理等。一般而言，经典组合优化问题基本都是 NP 难问题，具有较高的计算复杂度，穷举法求解此类问题基本不现实。因此，求解图上组合优化问题一般依赖于设计良好的启发式算法或近似算法，如模拟退火、遗传算法、蚁群算法等。启发式算法或近似算法需要专业人员具备大量的专业知识，以及对实际问题深刻的理解，通过抽象建模和算法设计，找到问题的次优解或近似解。近似算法和启发式算法有时候难以达到需要的精度。

在启发式算法或近似算法设计中，如何将一些具有挑战性但令人乏味的设计过程转化成自动化的学习算法，是一个值得关注的重要问题。在实际应用中，我们抽象和建模复杂环境中的复杂问题，大部分现实世界的优化问题都具有共性，即具有类似的解结构和问题结构，但是遇到新问题都需要重新建模和重新设计求解器。

当复杂问题被一次又一次地建模和求解时，我们会发现这些实际问题的背后有着类似的问题结构，只是复杂环境不同、问题背景不同而表现出数据不同而已。因此，如何通过算法自动识别数据不同之处而采用相同的框架进行学习和优化，能够极大地加速问题的建模和求解过程，也能够增强解决方案或最优化策略的泛化能力，提高智能模型的智能决策水平。

强化学习和图理论的融合提供了学习同类问题结构和自动学习启发式算法的机会，对于大量组合优化问题都能提供求解思路。图强化学习是针对此类问题的求解框架。图强化学习提出强化学习和图表示学习这一独特组合的问题求解框架，融合强化学习强大的智能策略优化能力和学习能力，也融合图神经网络模型的图表示学习能力，为图上的组合优化问题和特定优化问题提供鲁棒而普适的模型框架。图强化学习模型的策略行为就像一个逐步构建解决方案的元算法，将网络表示学习算法提取的网络特征变量作为决策变量，解决图上的复杂智能决策问题。

10.7.2　图理论应用的前沿

经过近百年的发展，图理论一直焕发着活力。复杂网络在近几十年的发展过程之中，在各个领域发挥着重要作用。机器学习融合不同领域知识和方法，是人工智能浪潮的核心技术。深度强化学习得益于深度学习的浪潮而站上了人工智能的浪潮之巅。图强化学习融合如此之多、之广的学科理论、技术和方法，也一定能够在人工智能时代发挥着强大作用。

图强化学习针对不同图数据或网络数据的挖掘任务，深度结合高效的强化学习与图神经网络模型，在模型泛化和可解释性道路上将越走越远，并提高处理复杂图数据样本的能

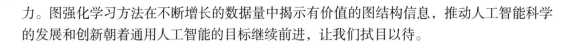

力。图强化学习方法在不断增长的数据量中揭示有价值的图结构信息，推动人工智能科学的发展和创新朝着通用人工智能的目标继续前进，让我们拭目以待。

10.7.3　交叉研究的前沿

图强化学习是典型的交叉研究领域。因此，图强化学习研究人员需要关注和学习不同领域研究进展，特别是图神经网络和深度强化学习领域的前沿进展，及时融合最新的科学技术来推动图强化学习领域的发展，同时也扩大图强化学习的应用领域和应用场景。图强化学习研究人员在应用中发展相关方法，在应用中提升理论和模型的实用性，同时也反馈给图神经网络领域和深度强化学习领域，做到学科和领域之间交叉融通，共同进步，互相学习，协同演化。

在图强化学习领域中，大部分模型都可以看作用深度强化学习方法解决图问题。同样，图强化学习还有一个重要的研究方向，即用图方法解决强化学习问题，如通过图的性质和方法，提高强化学习问题中的样本效率问题、探索和利用问题等。图是研究对象，也是研究方法。因此，图是图强化学习领域的核心概念，也是图强化学习领域研究人员需要具有的意识和理解。人们将复杂系统中复杂问题建模成图，也就是将研究对象从一个现实且纷杂的复杂世界抽象成图结构和图上的动力学过程模型，更重要的是图本身也是问题求解的方法。在复杂决策问题的建模和抽象过程中，一些图方法已经对特定问题进行了解答，为图上复杂问题求解提供了新的角度。

10.8　人工智能三大学派融合

在复杂智能决策领域，图强化学习具有极大的发展潜力，在各个领域都大有可为。图强化学习是高度交叉融合的研究领域。一般而言，人们习惯将人工智能分作三个主要学派：符号主义、联结主义和行为主义[136]。

10.8.1　人工智能的三大学派

符号主义学派的专家学者专注于数理逻辑，研究对象是符号化证明和计算两个直观概念后的形式系统。现如今流行的知识图谱融合了诸多信息技术，将人类的知识、经验建模成复杂图，然后通过智能算法学习和表示知识图谱信息，进而完成智能决策，提高智能体的智能决策水平。

联结主义代表性人物是生理学家麦卡洛克（McCulloch）和数理逻辑学家皮茨（Pitts），皮茨等人的感知机（Perceptron）是此次人工智能浪潮中深度学习的基础，深度神经网络模型极大拓展了感知机的学习能力和表示能力，为复杂系统决策提供了强大的学习模块和感知模块。

行为主义也被称为进化主义或者控制论学派。美国应用数学家诺伯特·维纳是控制论之父，也是人工智能的先驱人物。行为主义学派专注于智能体在复杂动态环境中的最优化决策。智能体基于环境状态能够在环境中自主进行决策，而强化学习是行为主义学派重要的研究领域。

10.8.2　图强化学习融合三大学派

人工智能技术解决了大量工程应用问题和复杂科学问题。面对复杂决策问题，单一方法和技术已经很难处理具有超高复杂度的决策问题，如 L5 级别的自动驾驶。科学发展的"分分合合"时有发生。在大数据、大模型、大算力时代，融合多种工程技术和科学理论，是解决复杂决策问题的不二选择。

图强化学习融合了人工智能三个主要学派的核心技术和工具。一般而言，图强化学习都是图深度强化学习，融合了图深度学习和深度强化学习。我们可以做简单类比，认为"图深度强化学习"可以表示成三部分，即"图 + 深度 + 强化学习"，其中第一部分"图"对应符号主义，第二部分"深度"对应联结主义，第三部分"强化学习"对应行为主义。图强化学习融合三大学派的核心技术，发展前景和潜力巨大，是人工智能技术的重要发展方向。

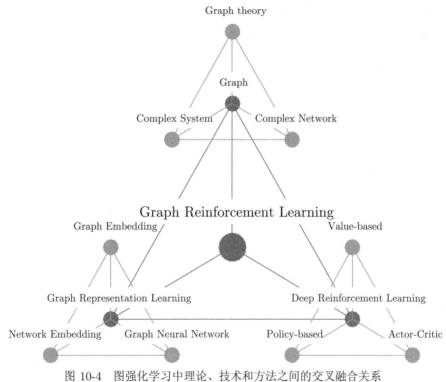

图 10-4　图强化学习中理论、技术和方法之间的交叉融合关系

图10-4简单描述了图强化学习（Graph Reinforcement Learning）相关学科之间的交叉融合关系，同时也是图强化学习的主要内容和结构。图强化学习基础知识可以简单分成三大部分，分别为图（Graph）、图表示学习（Graph Representation Learning）和深度强化学习（Deep Reinforcement Learning）。图是图强化学习的研究对象，也是核心方法，包括图相

关理论（Graph Theory）、复杂系统（Complex System）和复杂网络（Complex Network）等相关内容。图表示学习是图强化学习系统的特征提取模块，是挖掘图信息的核心组件，相关知识包括图嵌入（Graph Embedding）、网络嵌入（Network Embedding）和图神经网络（Graph Neural Network）等。深度强化学习算法优化图强化学习模型的策略函数（图神经网络模型），包括大量基于值函数（Value-based）、基于策略函数（Policy-based）和行动者-评论家（Actor-Critic）算法。

厘清图强化学习系统中各模块之间的关联关系，是建模、训练、优化和改进模型系统的关键。图强化学习作为典型的交叉领域，融合诸多理论、技术和方法，构建图相关的智能决策系统。我们学习图强化学习的过程本身也是构建各个知识点之间关联关系的过程，也是一个典型的强化学习过程。研究人员基于图强化学习的知识图谱，构建最优化的图强化学习智能决策系统。人类学习过程和智能体强化学习过程具有一定的相似性。因此，图强化学习在图相关智能决策领域将有广阔的应用空间和研究价值。

⌒ 第 10 章习题 ⌒

1. 图强化学习有哪些特色？
2. 图强化学习有哪些核心技术？
3. 图强化学习框架有哪些核心模块？
4. 举例图强化学习的应用场景。
5. 如何改进图强化学习模型？